# インフラメンテナンス大変革

## 老朽化の危機を救う建設DX

石田哲也・岩城一郎・日経コンストラクション 編

日経BP

# はじめに

多くの人々にとって、橋や道路、上下水道、土工といったインフラが正常に機能するのは当たり前のことだ。日常の中で、その存在を意識することすらない。しかし、ひとたび不具合が発生すれば、私たちの平穏な日常は一変し、失って初めてそのありがたみを知る。本書を上梓する2025年1月、埼玉県八潮市で大規模な道路陥没事故が発生した。今後、詳しい原因究明がなされることで詳細が明らかになるだろうが、何らかの理由で道路下に空洞が形成され、それが知らぬ間に拡大し、ついには大きな予兆もなく突然道路が陥没した。こうしたリスクは、私たちの社会の至る所に潜んでいる。

インフラの劣化は、気づかれない形で静かに進行する。また、その劣化速度は状況によって大きく異なる。劣化が顕在化し手に負えなくなる前に、タイムリーなアクションを打つことが極めて重要だ。しかし、重要と分かっていても、目の前で実際に問題が起こらなければ、人はなかなか動かない。そこで、先手を打つためには、さまざまな技術を駆使することが求められる。例えば、人の目では検知できないものを可視化することで劣化の進行を確実に捉える、あるいは数値解析を用いたシミュレーションにより劣化の進行を予測し、様々な未来のシナリオを想定して、ライフサイクルにわたって最適な対策を講じることなどが挙げられる。デジタル技術と基礎研究の発展により、こういった取り組みがインフラメンテナンスの世界に大変革をもたらしつつあるのだ。

本書は、その変革の一翼を担う社会実装プロジェクトの動きについて取りまとめたものだ。2023年に開始した内閣府の第3期戦略的イノベーション創造プログラム（SIP）の課題の一つ、「スマートインフラマネジメントシステムの構築（プログラムディレクター：東北大学大学院、久田真教授）」のサブ課題B「先進的なインフラメンテナンスサイクルの構築」の研究開発担当者が中心となって執筆している。

サブ課題Bには、産官学の多様なメンバーが、それぞれの強みを生かして参画している。社会実装を着実に進めるためには、チームが目指すべきビジョンの形成とゴールの明確化が不可欠であり、さらに、それらを実現するための具体的な方法論を確立し、研究成果の現場適用と検証・改良を積み重ねていく必要がある。また、国・自治体やインフラ事業者との協議や折衝も欠かせない。これらを一体として推進するには、組織を超えた緊密な連携と調整が求められる。試行錯誤を重ねながら社会実装を進める中で、その軌跡を記録にとどめることにした。本書を手に取った方々が、「インフラメンテナンスは面白い、自分もやってみたい」と感じ、そこから新しいプロジェクトが動き出し、全国へと広がっていくことを願っている。

ハーバード大学教授のダニ・ロドリック氏は次のように述べている。「公共投資は資産を消費するのではなく、蓄積されるものである。資産の収益率が資金調達コストを上回る限り、公共投資は政府のバランスシートを強化する」。世間一般では、公共投資による需要と雇用の増大という景気刺激策がよく語られる。これは、いわゆるフローとしての公共投資の効果である。このような効果が期待されることは当然だが、財政均衡やマクロ経済の安定といった観点から批判を受けることも少なくない。しかし、インフラは整備に伴うフローの効果にとどまらず、ストックとしての役割こそが本質である。ロドリック氏は、２００４年以降のエチオピアにおける年平均10％以上の成長率の実現、顕著な貧困削減、さらには保健衛生の向上を、公共インフラ投資の成果と分析している。インフラのストック効果が生産性や利便性を向上させた。

公共投資により形成されるインフラは、国家の繁栄を支える基盤である。インフラ整備にかかるコストは、単なる支出ではなく、将来にわたって価値を生み出し続けるための先行投資だ。しかし、インフラが適切に維持されなければ、その価値はすぐに損なわれ、政府のバランスシートを悪化させるなど、国全体の持続可能性にも影響を及ぼす。インフラメンテナンスは、安全・安心な社会を築き、持続可能なインフラを実現するために欠かせない営みであると同時に、資産価値を高め、未来を形作る戦略的な投資なのだ。

本書を通じて、インフラメンテナンスが単なるルーチンワークではなく、挑戦的で、創造的で、カッコよく、そして未来を切り拓く力を持つと感じ取ってもらえたらうれしく思う。

ＳＩＰ第３期「スマートインフラマネジメントシステムの構築」
サブ課題Ｂ　研究開発責任者
東京大学大学院　教授　石田　哲也

第1章

# プロローグ

橋梁や舗装、土工や水道管といった土木インフラは劣化が進んでおり、災害などの被害リスクが顕在化している。その状況を打破するために、産学官が一体となり、革新的な技術開発にとどまらず、社会実装まで推し進めるプロジェクトが始動した。目指すのは、メンテナンスのデジタルトランスフォーメーション（DX）による「創造的で、カッコよく、挑戦的な」働き方の実現。本章では、こうした取り組みの背景や、特に土木インフラの社会実装においてボトルネックとなる様々な「壁」を整理した上で、チームのコンセプトとして掲げる「箱庭ハイサイクル」「パッケージ」「スーパー松・松・竹・梅」といった考え方や、研究開発の起点となる「5大ニーズ」の概要について述べる。

# 今求められるインフラメンテナンスの大転換

CHAPTER 1-1

## インフラの超高齢化社会到来

第二次世界大戦による壊滅的な被害から立ち上がり、1960～1970年代の高度経済成長期から本格的な整備が進んだ日本のインフラ。全国津々浦々に、道路や港湾などの交通・物流ネットワーク、上下水道や利水・治水施設、電力などのライフラインが整備され、我々の生活は非常に便利で豊かになった。

その一方で、日本は度々大きな地震被害に見舞われており、将来南海トラフ地震をはじめとする巨大地震が、間違いなく襲いかかってくる。また、急峻な国土を有するこの国では気候変動の影響も受け、猛烈な雨による洪水の発生リスクが高まっている。災害などの非常時に、インフラやライフラインが寸断されると、状況は一変し、当たり前の日常が奪われてしまう（**資料1-1**）。突如として発生する大災害の被害リスクを減らすためには、インフラの状態を健全に保ち、資産として次世代に残していくことが重要だ。災害に対してより強靱にするための継続的な投資も欠かせない。

日本のインフラの現状を見てみよう（**資料1-2**）[1]。道路橋では、2023年3月時点で建

資料1-1●能登半島地震で被害を受けた道路インフラ（写真:門寺建設）

資料1-2●建設後50年以上経過する社会資本の割合

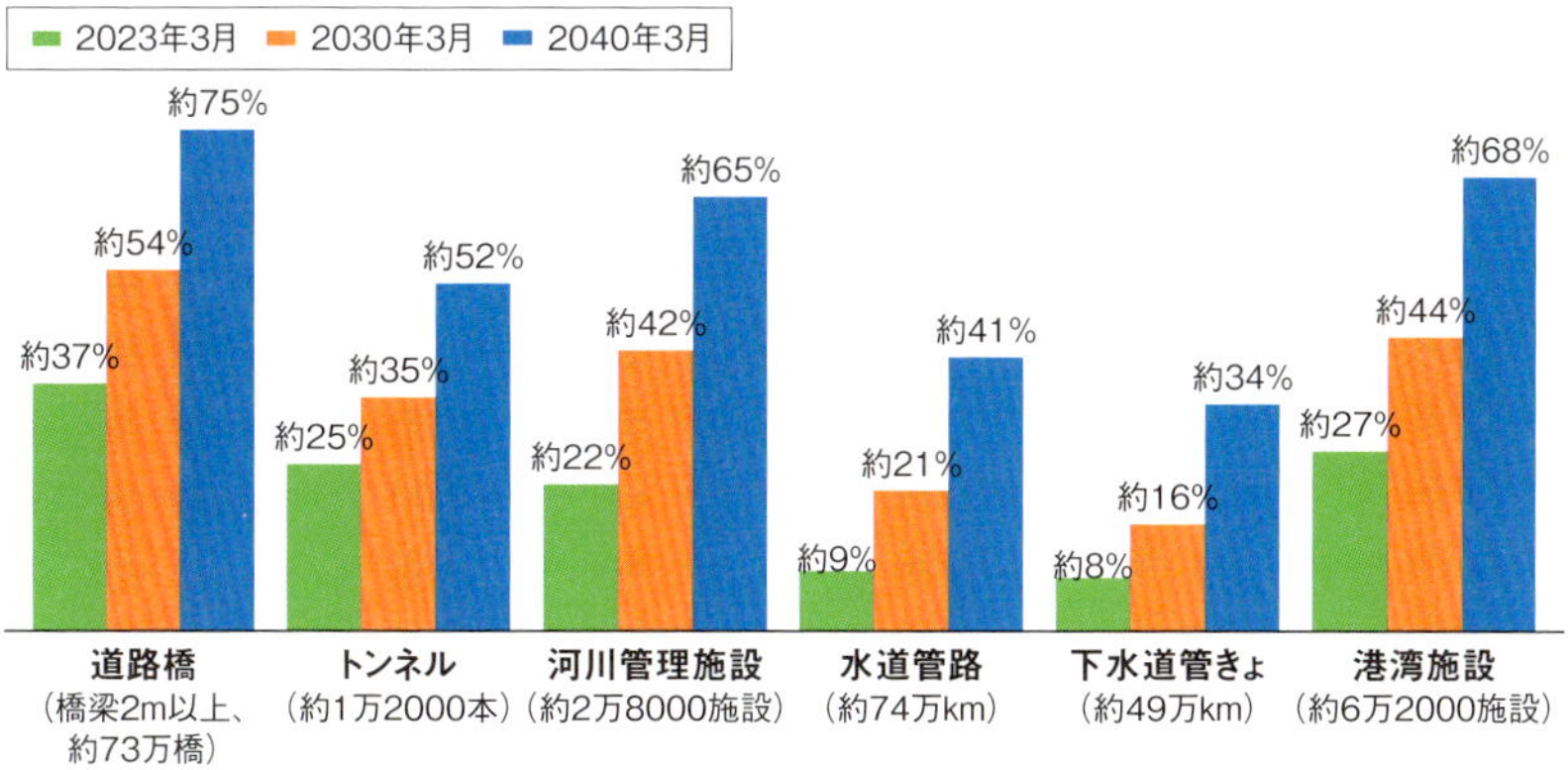


カッコ内は各施設の総数、総延長。2023年3月時点のデータを基に算出（出所:国土交通省）

設後50年以上を超えるものが約37%。これが2040年3月には約75%に達する。その他のインフラも加速度的に老朽化が進む。インフラの超高齢化社会が到来することは間違いない。だからこそ、老朽化したインフラの状態を適切に把握することで、タイムリーな補修や改修に加え、時には大規模な更新を戦略的に行っていく必要がある。

しかし、メンテナンスの担い手である建設業の就業者は、他産業に比べて高齢化の進行が明らかに目立つ(**資料1-3**)。2023年時点で、55歳以上の占める割合が36・6%と多く、29歳以下の若年層の占める割合は少ない。今の建設業界は、若者にとって魅力的な働き先として映っていないのだろう。こうした深刻な労働者不足に対応するため、少人数でも効率的に作業を進められるよう、生産性を向上させる技術開発が進む。ただし、インフラメンテナンスを将

**資料1-3 ● 29歳以下と55歳以上の就業者数の推移**

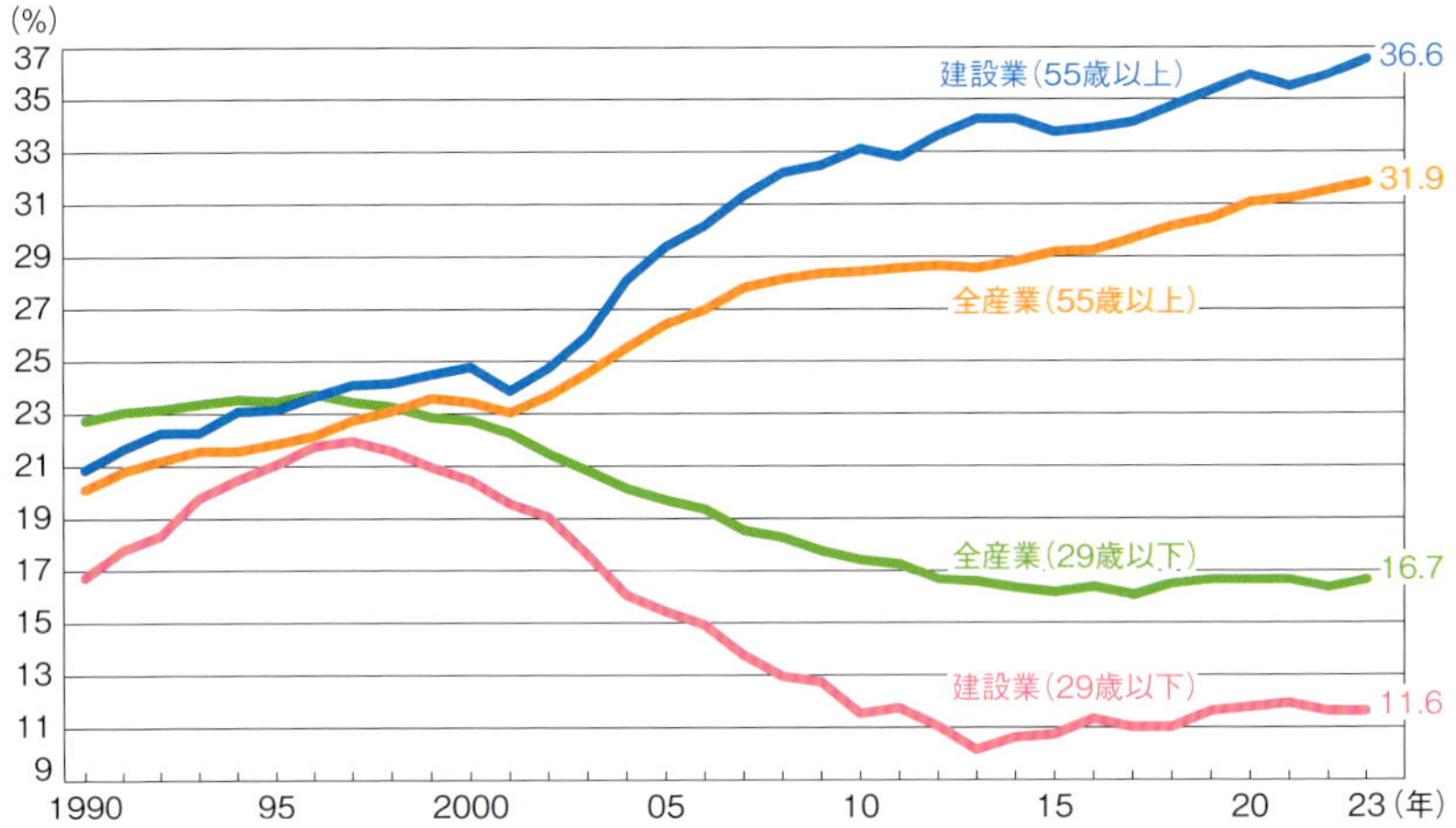


総務省「労働力調査」を基に作成(出所:総務省)

来にわたって持続可能にするには、技術開発に加え、建設分野で働く若者を増やさなければ、根本的な解決にはつながらない。そのためには、若者が自分の将来を託せるような魅力的に映る産業へと転換することが欠かせない。

そこで、建設分野の技術者の働き方を抜本的に変えるために、これまで建設業を表す言葉としてよく使われていた3K（きつい、汚い、危険）から脱却し、3C（創造的：Creative、カッコいい：Cool、挑戦的：Challenging）に転換することを目指す大目標を掲げたい（**資料1-4**）。最新のデジタル技術の活用によって、インフラメンテナンスの在り方を全く新

**資料1-4 ● インフラメンテナンスで目指す姿**

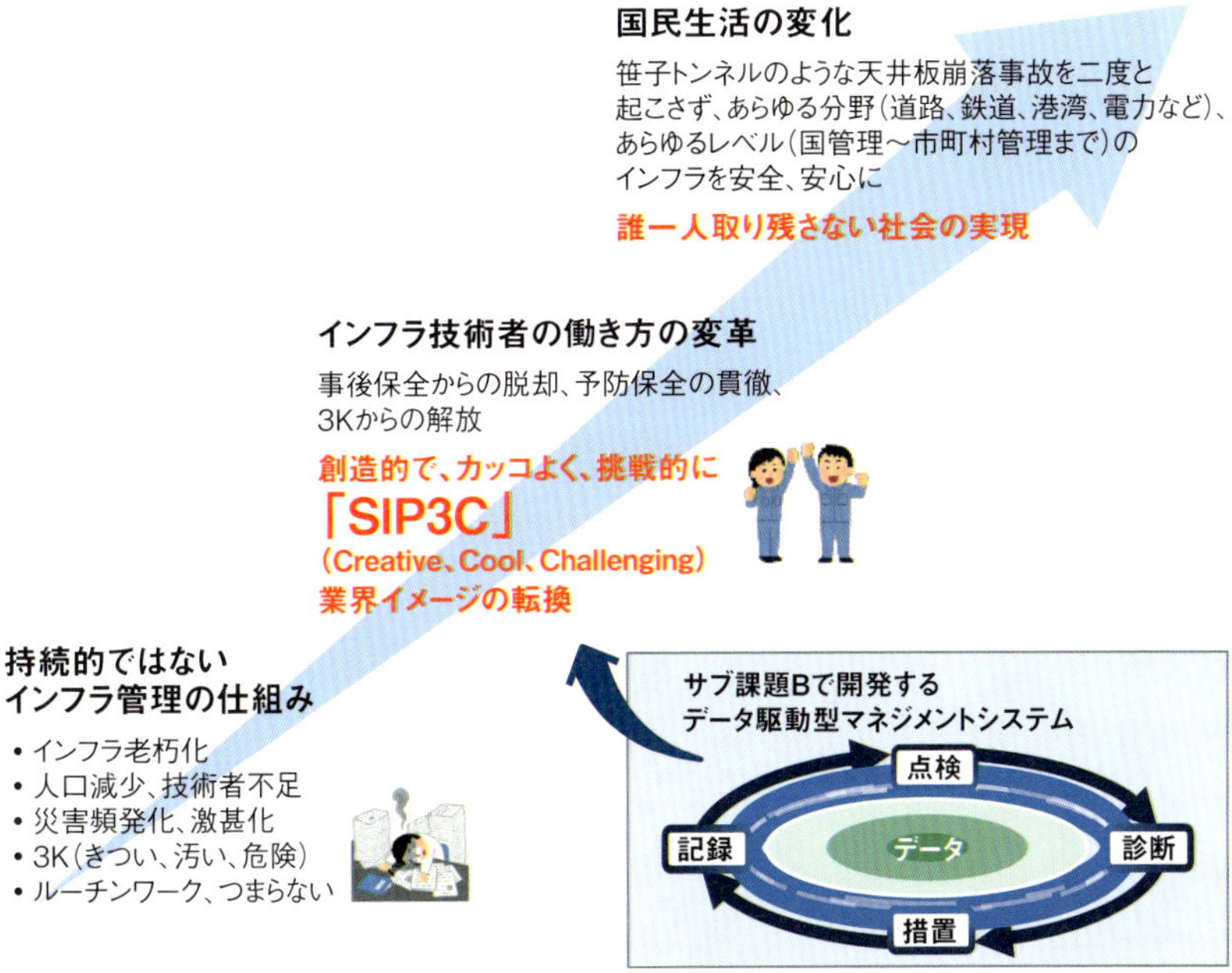

国民生活の変化
笹子トンネルのような天井板崩落事故を二度と起こさず、あらゆる分野(道路、鉄道、港湾、電力など)、あらゆるレベル(国管理～市町村管理まで)のインフラを安全、安心に
誰一人取り残さない社会の実現
インフラ技術者の働き方の変革
事後保全からの脱却、予防保全の貫徹、3Kからの解放
創造的で、カッコよく、挑戦的に
「SIP3C」
(Creative、Cool、Challenging)
業界イメージの転換
持続的ではないインフラ管理の仕組み
• インフラ老朽化
• 人口減少、技術者不足
• 災害頻発化、激甚化
• 3K(きつい、汚い、危険)
• ルーチンワーク、つまらない
サブ課題Bで開発するデータ駆動型マネジメントシステム
点検
診断
措置
記録
データ

(出所:石田 哲也)

しいカタチへと変革する、ＤＸ（デジタルトランスフォーメーション）を強力に推進することで、３Ｋから３Ｃへの転換を図る。例えば、あらゆるモノがネットにつながるＩｏＴを活用した遠隔点検や、ＡＩ（人工知能）による劣化予測などで生産性を高めるとともに、重労働や危険作業といった苦渋作業を減らし、単調なルーチンワークから創造的な仕事へと転換する。これこそが、未来志向のインフラメンテナンスを実現するＤＸの力だと言えよう。

## 内閣府ＳＩＰ第３期サブ課題Ｂの研究担当者が執筆

インフラメンテナンスは、国としても重要かつ喫緊の課題と捉えている。２０２３年秋から始動した内閣府の戦略的イノベーション創造プログラム（ＳＩＰ）第３期の課題の１つに、インフラメンテナンスが取り上げられた。ＳＩＰは、府省の垣根や旧来の専門分野の枠を超えた科学技術革新の実現を目的に２０１４年に創設された。

第３期では、サイバー空間とフィジカル空間が高度に融合した社会を意味する「Society5.0」を目指すための14課題を選定。そのうちの１つである「スマートインフラマネジメントシステムの構築」について東北大学大学院の久田真教授がプログラムディレクター（ＰＤ）を担う[2]。５つのサブ課題を設定し、デジタルデータによる設計から補修までの一貫した管理を行う他、持続可能で魅力ある国土、都市、地域づくりを推進するシステム構築が目標だ（**資料1-5**）。本書は、サブ課題Ｂ「先進的なインフラメンテナンスサイクルの構築」の研究担当者が分担して執筆を行った。

インフラメンテナンスは主に、点検、診断、措置、記録の4つのプロセスに分けられる。

まず、一定間隔でインフラを点検し、目立った不具合や異常がないかを確認する。人間の健康診断や人間ドックと同様で、異常の早期発見のために重要な役割を果たす。次に、点検結果に基づき、ひび割れや腐食が安全性に影響を与えるかなど、インフラが必要な機能や性能を有するか否かを診断する。これらは、血液検査の結果を基に、医師が病名を特定することに相当する。続いて、診断に基づいて措置を行う。ここでは、ひび割れの補修や再塗装などの簡易な

**資料1-5 ● 研究開発テーマ（5つのサブ課題）の概要**

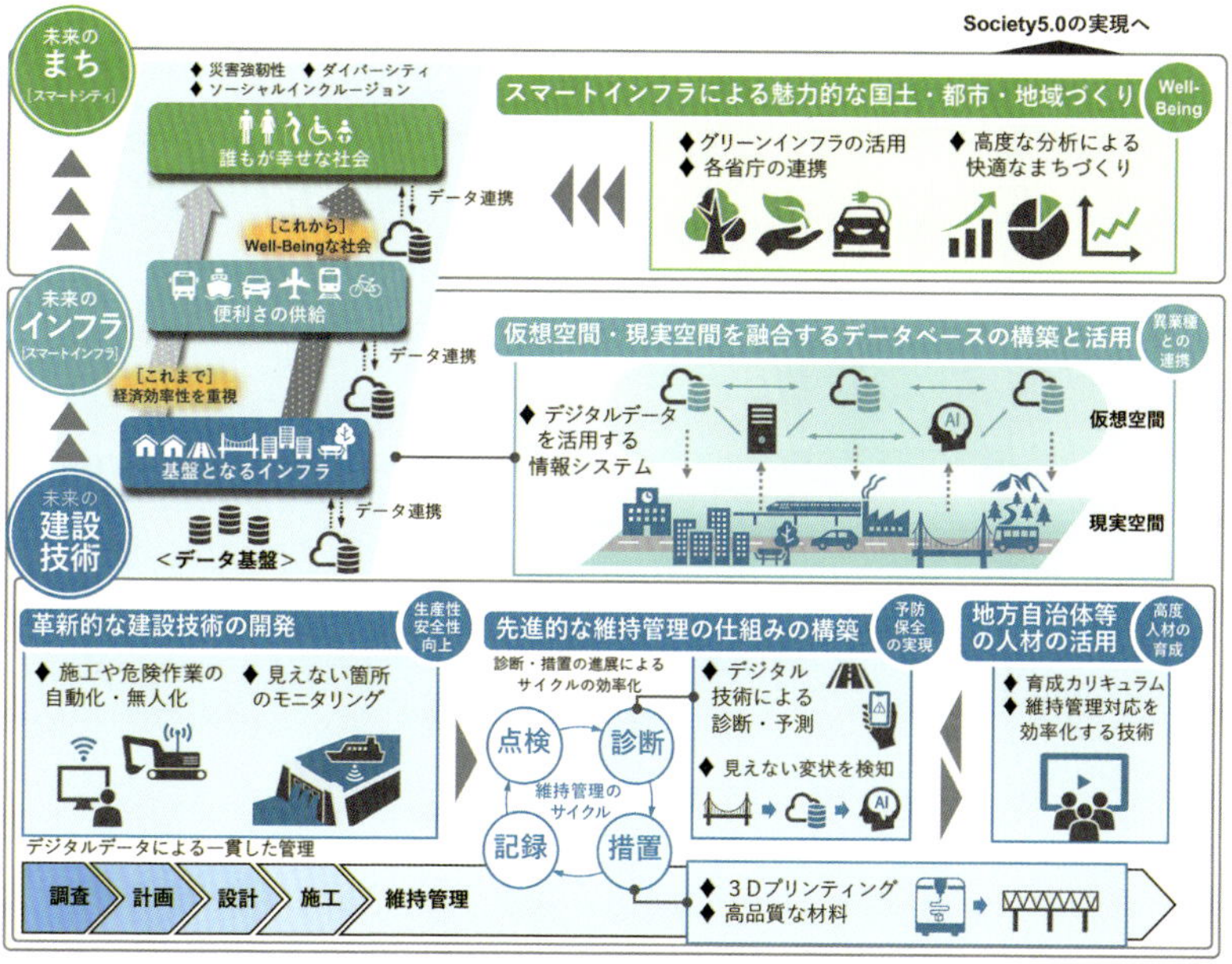


「SIP 戦略的イノベーション創造プログラム スマートインフラマネジメントシステムの構築」より抜粋
（出所：土木研究所）

修繕から、構造物全体の補強や部材の交換といった大掛かりな措置まで、対象インフラに応じた適切な方法を選択する。内科的な投薬治療や、外科手術による損傷部位の修復に当たる。こうした一連の行為は台帳などに記録し、次回の点検や長期的な維持管理のための重要な情報基盤として活用していく。

ＳＩＰサブ課題Ｂが掲げる「先進的なインフラメンテナンスサイクルの構築」とは、点検、診断、措置、記録の各プロセスをデータでしっかりとつなぎ、一連のサイクルをきちんと回しながら、データ駆動型のメンテナンスの実現を目指すというものだ。インフラは、数十年から数百年にわたり使用されるため、このサイクルを回す過程で、世代を超えたデータの受け渡しが必要になる場合もある。また、インフラの計画、設計、施工、維持管理には多様なプレイヤーが関わり、組織や立場を超えたデータの共有が求められる。このような理由から、メンテナンスサイクルを安定的に回すことは容易ではない。

そこで、ＡＩやＩｏＴ、デジタルツインといった最先端技術を駆使し、効率性と信頼性を高めつつ、様々な創意工夫や知恵を活用することが求められる。

## 「箱庭」×「ハイサイクル」によるメンテナンスの変革

インフラメンテナンス分野でのＤＸを着実に進めるために、著者らは「箱庭」×「ハイサイクル」という方法論を考案した（**資料1-6**）。箱庭とは、全国各地に設定する大小様々な規模の実証フィールドを意味する（**資料1－7**）。いくら有望な良い技術といっても、最初から完璧な技術などは存在しない。色々と試行錯誤し、改良を重ねて段々と良いものにしていく必要がある。

例えばＩＴ業界では一般的に、新しいＯＳ（オペレーションシステム）やアプリケーションをリリースする際、開発途上の未完成なもの（いわゆるアルファ版やベータ版）を、試作や評価を目的として限定的に配布し、ユーザーから使い勝手やバク（不具合）などのフィードバックを得ながら、完成度を高めていく。これらのプログラムはインターネット上でやり取りするため、開発者はユーザーから上がってきた報告や要望に基づきプログラムを改良し、ユーザーに再配布するというサイクルを非常に速く回すこと

**資料1-6 ● 箱庭×ハイサイクルによるメンテナンスの革新**

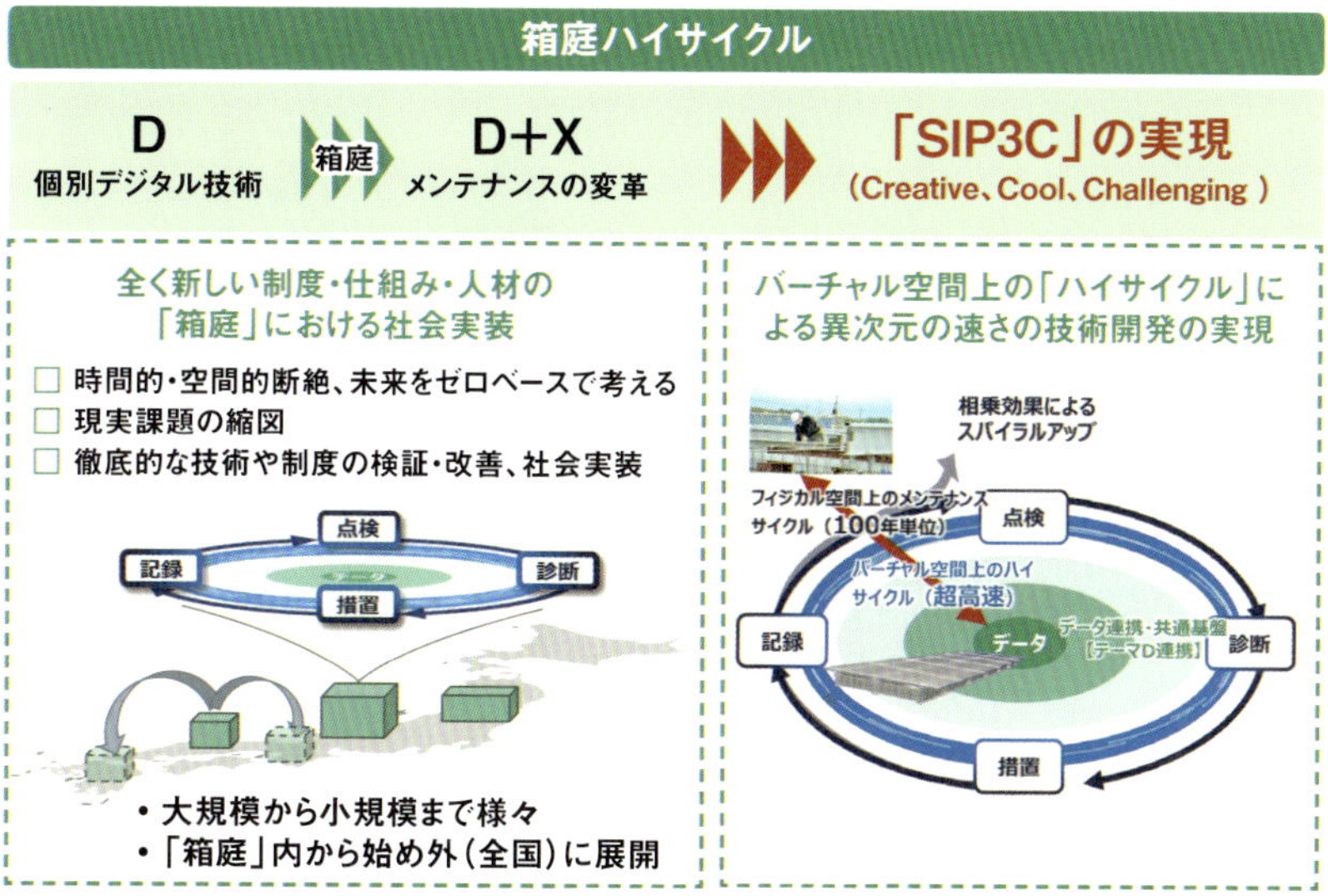


（出所：石田 哲也）

（ハイサイクル）ができる。米国発の巨大テック企業は、このようなインターネット環境をフルに活用したアジャイル（素早く機動的）な開発によって、すさまじい成長を遂げてきた。

インターネットの世界とインフラの世界では、扱う課題の性質や考える時間軸が大きく異なるものの、プログラム開発のアジャイルな開発手法を、インフラの分野に適用、応用できないかと考えた。これが箱庭×ハイサイクルの概念だ。箱庭において、アルファ版、ベータ版の技術や仕組み、制度を投入し、明らかになった課題などをできる限り速く改善して（ハイサイクル）、再度箱庭に投入するというやり方である。

資料1-7 ● 全国各地で展開する代表的な箱庭

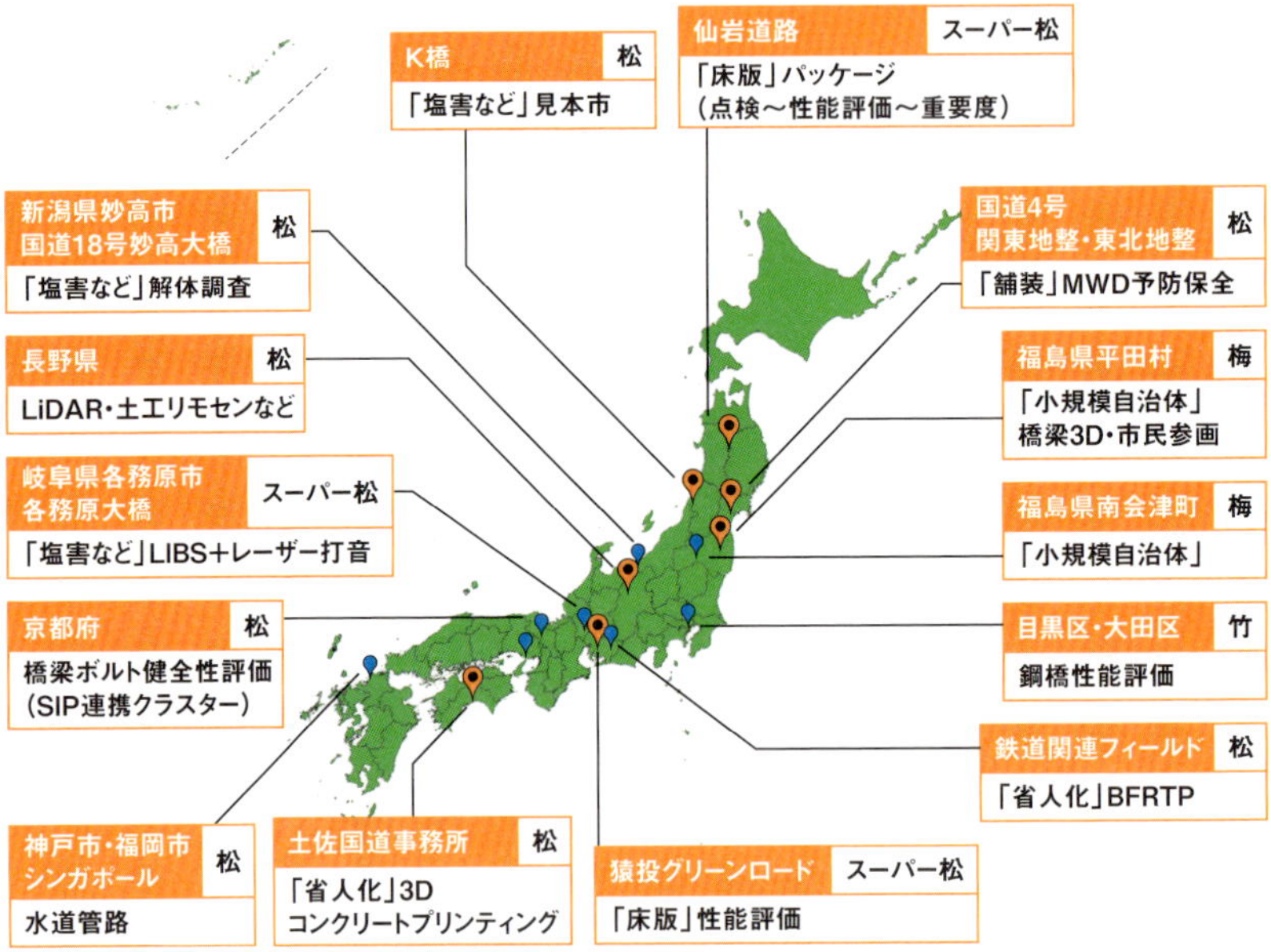


（出所：石田 哲也）

我々の研究チームが扱うインフラの場合、道路分野でいえば、直轄国道や高速道路といった広域かつ重要な構造物の管理者から、日常の生活道路を所管する小規模自治体まで、様々な階層に対応した地域が箱庭となり得る。インフラメンテナンスが抱える課題の縮図となるフィールドを箱庭として定め、外界から隔絶する塀で囲む。その中で思う存分、開発した技術の適用、検証、改良を速いサイクル（ハイサイクル）で回すことをビジョンとして掲げた。

最先端技術が開発されたとしても、現場で実装してみないと分からないことは多い。人間の想像力には限界があるからだ。多くの人々が使うインフラの場合、検証が不十分な技術を広く展開し、思わぬ不具合が起こると損失は大きい。また、有望な技術であっても、変に失敗の烙印が押されてしまっては、その後の社会実装の展開が見込めなくなる。こういったことを避けるために、外界とは隔てた塀の中で存分にチャレンジする機会を確保する箱庭という概念を導入した。

革新的な技術は、従来の考え方や方法を大きく変える変革をもたらすことがある。いわゆる「不連続な破壊的イノベーション」である。例えば、ＡＩ技術やＩｏＴ技術を一部の業務に導入するだけでは、従来の手法と併存することで全体の効率化が妨げられる場合がある。このような状況を打破するためには、従来の枠組みを一度リセットし、ゼロから新しい仕組みを構築することが重要だ。

この考え方は、インフラメンテナンスにおいても同様である。新しい技術を部分的に導入したとしても、旧来の手法が一部に残っている限り、全体としての効率化や高度化は実現しない。さらに、新技術の導入や既存技術との単純な置き換えが、コストアップや手間の増加につながり、結局、活用が進まないという事態も起こりうる。そのため、これまでの経緯やしがらみをいったんリセットして、現在の技術を出発点として未来をゼロベースで再構築することが求められるのである。こうした視点に基づき、前述の「空間的隔絶」だけでなく、過去との「時間的隔絶」をも箱庭の意味に込めている。

箱庭の中では、新たな技術の実証に加え、インフラメンテナンスに関わる制度、仕組みをパッケージとして一体的に整備することで、従来の手法にこだわらない変革を目指したい。

本書では、箱庭における現在進行形で進む事例を多く紹介する。ここで生まれた成功事例は今後、本格運用・正式運用のフェーズに移り、箱庭を飛び出して全国展開を図っていく。その実現のために、ＳＩＰ第３期が終了する２０２８年度に向け、全国各地のインフラ維持管理の現場で、本研究で開発した技術や制度などの本格的な展開拡大を進める予定である。大学の研究室や国・企業の研究所などにおける基礎研究のフェーズ、実際の箱庭でハイサイクルを試みる実証フェーズ、箱庭で鍛え上げられた技術や仕組みを本格的に正式運用するフェーズにつなげる一連の方法論が確立されれば、インフラメンテナンスの世界はダイナミックな変貌を確実に遂げられるだろう。このような世界の実現を全力で目指したい。

## KPIは情報量1000倍、生産性100倍、維持管理性10倍

老朽化するインフラの増大と逼迫する国の財政を踏まえ、コスト削減のために抜本的な維持管

理性の向上が求められる。また、著しい担い手不足が今後も見込まれる中、インフラメンテナンスにおける抜本的な生産性の向上も待ったなしだ。

一方で、発展が著しいデジタル技術を有効活用すると、インフラから得られる情報量の急激な拡大が見込まれる。それゆえ、箱庭で展開する各開発項目に対して、従来と比べて１０００倍の豊富な情報量をフル活用して１００倍の生産性を達成し、それにより維持管理性を10倍向上させるという野心的なＫＰＩ（重要達成度指標）を設定した。個別具体の取り組み内容については2章以降を参照してほしい。ここでは概要を紹介する。

例えば、東京大学の水谷司准教授らのチームは、「車載型地中レーダー・ＬｉＤＡＲ統合解析による大規模道路インフラ内部の高速三次元可視化」に取り組んでいる（**資料1-8**）[4,5,6]。従来、土工部や法面の変状を把握するには、現場での目視確認が主な手段であった。この取り組みでは、車

**資料1-8 ● 車載型地中レーダー・LiDAR統合解析による大規模道路インフラ内部の高速三次元可視化の事例**

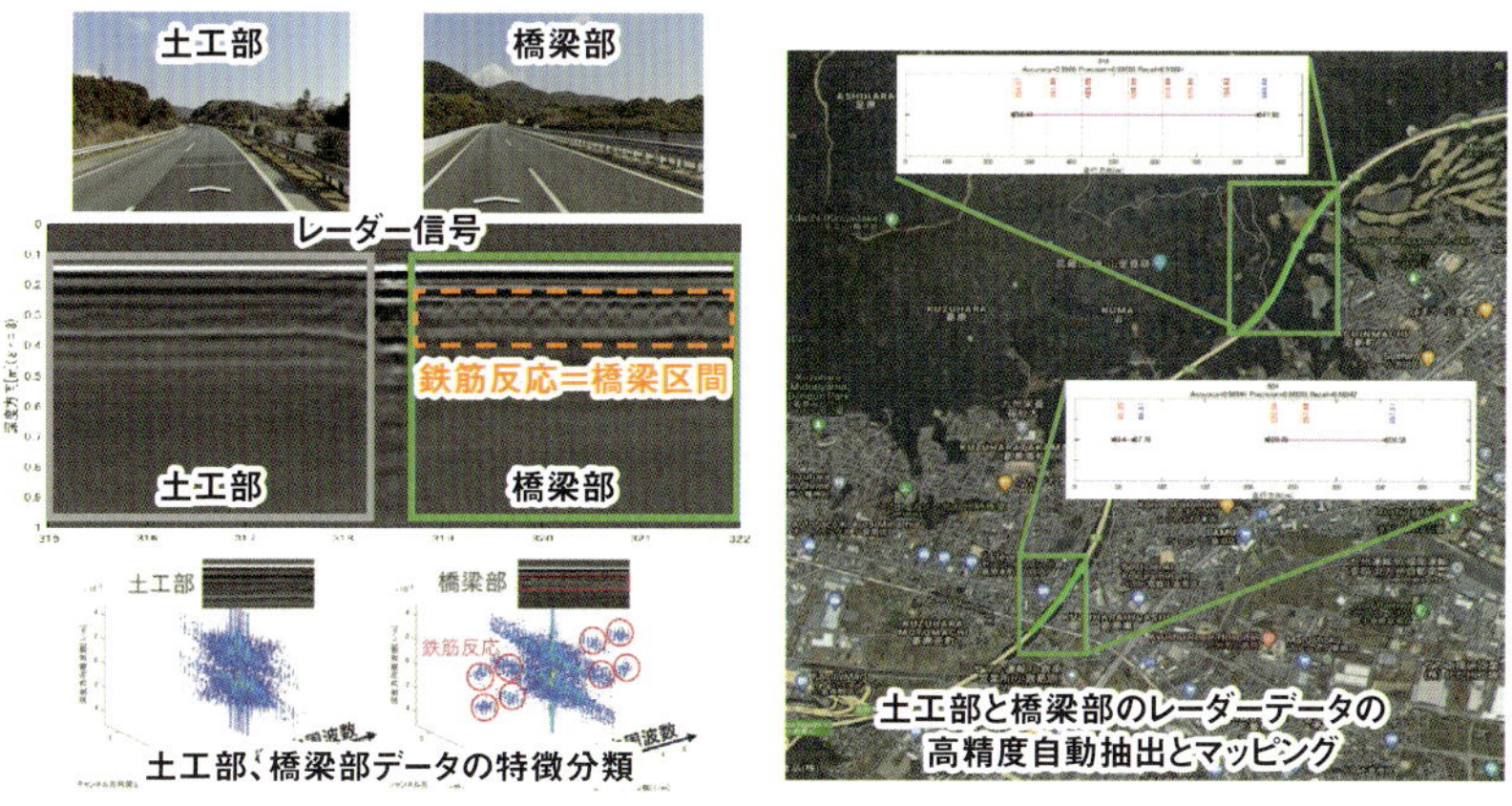


（出所：東京大学生産技術研究所水谷司研究室）

両にＬｉＤＡＲ（ライダー）や電磁波レーダーなどを搭載し、リアルタイムにデータを処理することで、超高速な調査を目指している。単位距離当たりの点群データを近接目視で得られる情報の10倍の密度で取得できるようになれば、全体として10の3乗である１０００倍の情報量を得ることが可能となる。さらに、既存の点検手法よりも高頻度で車両を走らせれば、時間的な情報密度も大幅に増加することになる。また、人手を介さずに点検が済めば、人工（にんく）が１００分の１（生産性１００倍）の実現も見込める。

筆者を含む東京大学のチームでは、「マルチスケール・マルチフィジックス解析システムを用いた構造物のハイサイクルシミュレーション技術の開発とインフラメンテナンスサイクルの高度化」に取り組んでいる[7、8、9]。コンクリート構造物を対象に、DuCOM-COM3（デュコムコムスリー）と呼ばれる非線形解析手法を駆使し、複数の構造物の長期にわたる性能予測や、補修補強の効果を迅速に評価することを目指している。本解析手法は、時間と空間の四次元座標上で構造物の状態や性能を精緻に予測でき、従来の解析手法では分からなかったセメント・コンクリートの材料情報や損傷の情報を得られる（情報量１０００倍）。また、解析前後の処理プロセスの効率化にも取り組んでおり、従来10日（１００時間）要していた解析作業を1時間までに短縮（１００倍の生産性向上）することを目指している。

さらにDuCOM-COM3は、実物大モデルでの再現実験などにより、その解析結果の妥当性を徹底的に検証している。構造物の性能評価や補強策を検討するために、コストや時間をかけた大規模実験が不要になる可能性があり、生産性が抜本的に向上することが期待される。現在はある有料自動車道路を対象に、２０２５年度までの維持管理戦略決定を見据えた技術開発を進めており、今後国道や高速道路などに拡大していく予定である。

日本大学の岩城一郎教授らのチームでは、「国・県・中核市における橋梁メンテナンスサイクルの高度化」に取り組んでいる[10、11]。ここでは、機械学習による橋梁の劣化予測技術に加え、人流シミュレーションによる橋梁の重要度の評価技術や、モニタリング技術を活用した橋梁の最適な措置の方法を同定する技術の研究も併せて行っている。橋梁の老朽化が進むと、その補修に健全だった時以上の費用がかかるだけではなく、仮に通行止めや落橋に至った際の交通渋滞などを含めると膨大な経済的損失が生じる。国土交通省東北地方整備局や福島県郡山市などの管理者と密に連携し、国道の橋梁群を対象に、措置（例えば通行止め）に伴う経済的損失を含めたライフサイクルコストの縮減を狙う。車載型地中レーダーとＬｉＤＡＲ（ライダー）による統合解析や、マルチスケール・マルチフィジックス解析システムもパッケージとして組み合わせて、対象とする橋梁群などの「維持管理性10倍」を目指している。

これらのＫＰＩは、技術単体ではなく、新しい制度や仕組みとパッケージにすることで初めて達成可能と考えている。「情報量１０００倍」「生産性１００倍」「維持管理性10倍」の実現を、多くのインフラ管理者と密に連携しながら取り組んでいきたい。それにより、我々の社会や暮らしを支えるインフラを健全な状態に保つと同時に、３Ｃの実現によって優秀な若手人材の確保につなげ、安全、安心で、誰一人取り残さない社会の実現に貢献したい。

# 我々の目指す社会実装

CHAPTER 1-2

## 誰一人取り残さない社会の実現のために

前述の通り、我々の掲げるインフラメンテナンスの基本方針は、この業界を3Kから3Cへと変革すること、デジタル技術によってインフラメンテナンスに変革をもたらすこと（インフラメンテナンスDX）だ。その実現のために「箱庭」×「ハイサイクル」を実践する。具体的には、国内外に設置した「箱庭」において時空間的な制約（しがらみ）を断絶し、客観的に新技術の検証を行い、そこで明らかになった課題や問題点を極力速く改善して（ハイサイクル）、箱庭の外へ飛び出し、実装、すなわち「本格的な正式運用」につなげるというものだ。

我々の目指す理想（インパクト）は上述したインフラメンテナンスによる「健全で持続可能なインフラ」と、その結果もたらされる「誰一人取り残さない社会」の実現にある。このまま手をこまねいていればインフラの老朽化により、各地で落橋などのリスクが高まるとともに、過疎化・高齢化の進む地方部では道路や上下水道といったライフラインの機能停止により、住み慣れた土地を離れざるを得ない状況が危惧される。社会の下部構造であるインフラに対し、様々な種類やレベルに応じたメンテナンス技術を適用し、健全で持続可能なものに変革することで、都市部から地方部に至るすべての人たちが安全・安心に暮らしていける社会を実現することが我々の目指すところだ。

その際、橋に関するメンテナンス技術だけが進歩したり、高速道路などに適用するレベルの高い技術だけが確立されたりしても、橋以外のインフラや、地域の生活道路などが疎かになってしまっては「誰一人取り残さない社会」は実現しない。インフラの多様性（ダイバーシティー）を理解し、技術力や財政力に応じた様々な階層（レベル）に求められる適材適所の技術を研究開発し、社会実装して初めてこの理念が実現するのだ。本節ではそのために必要なキーワードを掲げ、その解説を行うことで我々の社会実装方針を示す。

## ニーズ重視型・データ駆動型・性能評価型

インフラ分野における社会実装が他産業に比べ迅速かつ円滑に進まなかったことは事実であり、その現状を打開するためには、ニーズ重視型（Needs-Oriented）、データ駆動型（Data-Driven）、性能評価型（Performance-Based）を意識することが重要だ。

これまで多くの研究者は「シーズ重視型」の研究開発により成果を出してきたといえる。すなわち、自身の得意とする分野（コンクリート、鋼、橋、トンネルなど）や手法（実験、解析、調査など）を駆使し、成果を論文として公表するものだ。こうしたシーズ（種）は、時に革新的な成果を生み、その成果を応用することで社会実装が急速に進むことが期待される。一方、インフラ業界ではこうしたシーズが市場のニーズと合致しないことが多く、優れた研究成果が実装されずに埋没してしまうケースが後を絶たない。本気で社会実装を目指すのならば、これまで得意としてきたやり方に固執することなく、市場におけるニーズ（課題）を掘り起こし、課題解決に向けた道筋を明らかにした上で、研究開発を行うことも必要だ。これが「ニーズ重視型」の概念だ。

「データ駆動型」については、情報量１０００倍を掲げているように、質・量を兼ね備えた膨大なデジタルデータが集積可能な状況において、これらのデータを駆使し、有用な情報に結び付け、知識・知恵につなげ、インフラメンテナンスに適用するというものだ。Society5.0を引き合いに出すまでもなく、いかに膨大なデータを使いこなし、インフラメンテナンスの合理化・効率化を図るかは時代の要請であり、言うまでもなくＡＩ（人工知能）やデータサイエンスといった先進技術との組み合わせが期待される。

最後は「性能評価型」だ。これまで構造物の施工に当たっては初期の建設コストが重視されてきた感が否めず、また維持管理においては、構造物の「見た目（変状）」でその健全性を評価することが主として行われてきた。その結果、厳しい環境下において、供用期間中の構造物の性能を確保できず、早期劣化に至る事例や、構造性能は確保されているにもかかわらず、見た目が悪いとの理由で、不要な補修・補強を実施する事例が後を絶たない状況にある。こうした負の連鎖を断ち切るためには、構造物のライフサイクルにわたる「性能」を確保するための設計・施工や、構造物の見た目ではなく「性能」に基づきメンテナンスする枠組みが必要だ。

２０２４年３月に改定された国土交通省の道路橋定期点検要領においても構造物の「見た目」

から「性能」を重視する方向に舵が切られており[12]、2022年制定のコンクリート標準示方書［維持管理編］（土木学会）[13]の考え方とも整合する。ようやく「コスト」や「見た目」から「性能」に基づく設計・施工・維持管理への転換が図られる中、性能評価型のインフラメンテナンスが求められている。

## スーパー松・松・竹・梅

社会の下部構造であり我々の生活を支えるインフラは実に多様だ。現在インフラメンテナンスの技術開発は橋梁が先行しているように感じるが、橋梁だけが高耐久になれば良いというものではない。トンネル、舗装、土工をはじめとする道路、鉄道、河川、港湾、水道、電力施設、ひいては農業施設や建築など広義のインフラも健全でかつ持続可能であることが求められる。我々はこのように多様なインフラに対し、前述のニーズ重視型、データ駆動型、性能評価型を意識した研究開発と社会実装を目指した活動を進めている（**資料1-9**）。個別の技術については巻末の技術カタログを参照されたい。

インフラのうち道路橋一つとっても実に多種多様だ。日平均断面交通量が10万台に及ぶ高速道路橋もあれば、一日数台しか通らなくても住民にとって欠かせない生活道路に架かる橋もある。両者のインフラ管理者は技術力や財政力も大きく異なる。これらをすべて同列に扱うことは不合理で、いかにメリハリの利いたメンテナンスを行うかが肝となる。費用対効果の視点から、経済効果の低い橋を片っ端から切り捨てることは許されないはずだ。そこで我々は、インフラに対する技術レベルに応じて「スーパー松」「松」「竹」「梅」という4階層に分け、各階層の身の丈に合った技術を研究開発し、社会実装を進める方針を取っている（**資料1-10**）。

例えば、ＮＥＸＣＯや首都高速道路などの重要構造物はスーパー松、直轄国道などは松に位置づけ、「事後保全から予防保全への転換」を目指している。両者の構造物は一般に交通量が多く、簡単に通行止めにできないなどの制約がある。寒冷地においては凍結防止剤が大量に散布されるなど、構造物にとって厳しい環境にさらされている。もしこうした構造物が重大な損傷を受けると、大渋滞を引き起こしたり、迂回に伴う多大な経済損

**資料1-9 ● 技術パッケージの開発対象**

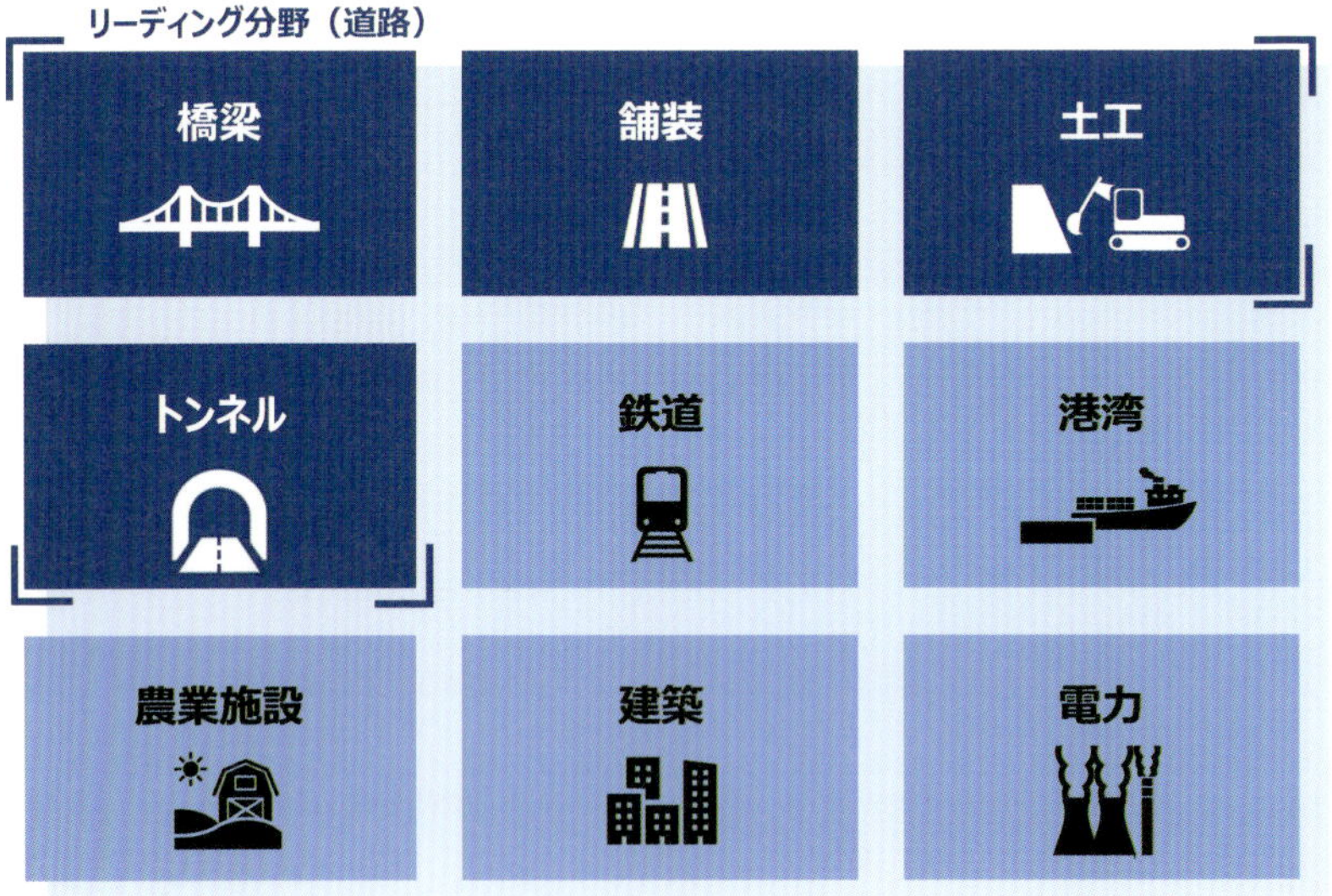


（出所：岩城 一郎）

失を招いたりしかねない。こうした構造物に対しては技術と予算をかけてでも、事後保全から予防保全に転換し、その後のメンテナンスに負荷をかけない状況を作り出すことが重要となる。そこで、先端技術の粋を結集し、高度なセンシングやシミュレーションを行い構造物の性能のみならず、社会的影響度を評価することで、予算措置や制度といった仕組みそのものから見直す提言を行おうとしている。ここで活躍するのが主にスーパー松・松に区分される先進技術である。

一方、人口十万人程度の市（竹）や、人口1万人前後の町村（梅）では、「予算を極力かけないメンテナンスによるインフラの性能確保」を目指し、簡易なデータ駆動型の技術の導入を試みようとしている。これらの構造物は損傷した際の社

**資料1-10 ● スーパー松、松、竹、梅のイメージ**

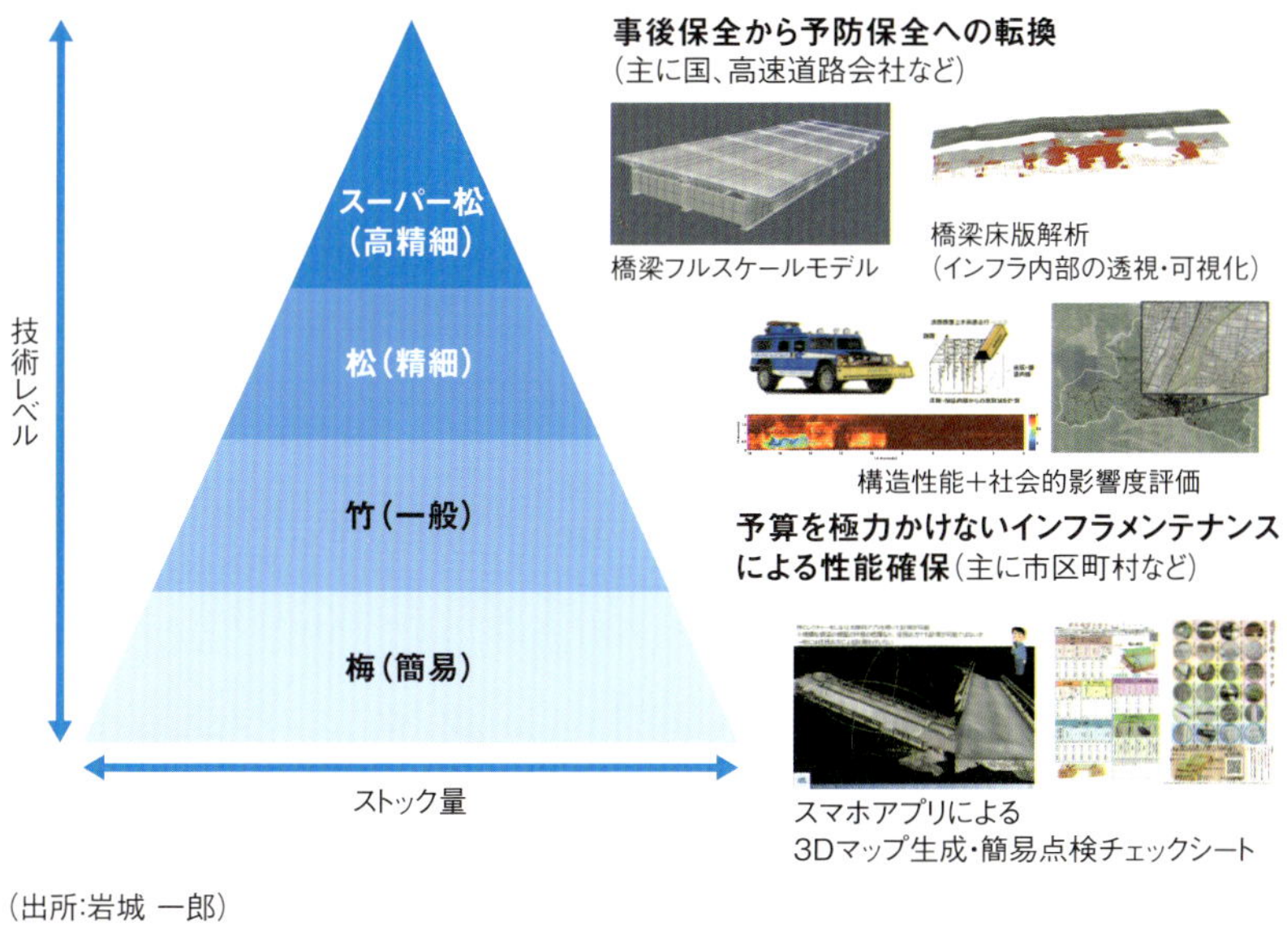


（出所:岩城 一郎）

会全体に与える影響は比較的小さいが、それが集落に続く一本道に架かる橋だとすれば、使えなくなることでその集落は孤立することになる。技術と予算を極力かけない簡易なメンテナンスにより、構造物の致命的な損傷を防ぐことが重要だ。そのため、スマートフォンなど身近なツールを駆使して取得したデジタルデータに基づきインフラの状態を把握し、日常的なメンテナンスでインフラを長持ちさせたり、簡易な手法で構造物の性能を評価し、限られた予算の中で修繕の優先順位を付けたりすることを目指している。その結果、優先順位が低く、メンテナンスを放棄せざるを得ない構造物に対しては、速度制限や車両規制など段階的にダウンサイジング（規模縮小）しながら最終的には住民との合意形成の下、供用を停止するといった判断も求められる。こうしたケースで求められるのは主に竹・梅に区分される手軽な技術である。

　社会実装に当たっては、個別技術（アラカルトメニュー）を開発するとともに、これらを「パッケージ」（コースメニュー）として前述の「箱庭」で検証し、箱庭外に展開する方法論を提案している[14]。個別技術は料理に例えればアラカルトメニューであり、構造物管理者が点検・診断・措置・記録というメンテナンスサイクルの中で、どうしてもこの技術を採用したいとするニーズに応えるものだ。一方、個別技術のみを提供しても、平行して使われる他の技術との折り合いがつかず、データの連携が図れずに、結果として、十分な効果が期待できないうえにコストがかかるといった問題も生じる。その場合にはメンテナンスサイクル全体に対しパッケージ、すなわちコースメニューとして前菜からデザートまで提供した方が顧客の満足度が得られる場合もある。我々はこうした構造物管理者からのニーズに応えた研究開発と社会実装を進めようとしている。

## 5大ニーズ

前述の通り、インフラメンテナンス技術の研究開発や社会実装に向けてはニーズを重視することが極めて重要だ。我々は多種多様、かつ膨大なインフラにおけるメンテナンスの現状を徹底的に議論した結果、最もニーズが高いと思われるテーマを厳選し、これを5大ニーズと位置付けている。それは、「床版」「塩害」「舗装」「新材料・新工法」「小規模自治体」だ。もちろんこれ以外にも取り組むべき課題は山積しているが、ここでは5大ニーズの重要性について解説する。

**①床版**：現在、道路橋において最も劣化が深刻化しているのは床版と言っても過言ではない。床版の劣化として、都市部の高速道路のような交通量が多い中で50年以上供用され、疲労が蓄積しているものと、積雪寒冷地において凍結防止剤として塩化ナトリウムが散布されることで、疲労のみならず、塩害、凍害、アルカリシリカ反応（ASR）といった劣化が複合し（複合劣化）、砂利化などの変状を引き起こすものに大別される。高速道路会社では既設床版をプレキャストPC（プレストレストコンクリート）床版に更新する事業（大規模更新事業）が進められているが、そうした特別な予算がない国で管理する道路（直轄国道）では限られた予算の中で事後保全を繰り返している状況にある。

そこで我々は、直轄国道において、事後保全から予防保全への転換を図るため、凍結防止剤による床版の劣化が顕著な路線を抽出し、そこを箱庭として車両搭載型の電磁波レーダなどにより取得した膨大なデジタルデータに基づくシミュレーションを行い、床版の構造性能や余寿命を評価しようとしている。加えて、この床版の抜け落ちなどにより通行止めになった際の迂回などに伴う社会的影響度も評価し、このような事態を回避するために必要な措置（補修・補強、改築・更新）について、新たな予算や仕組みを含め提案することを目指している。

②**塩害**：塩害は1980年代以降問題視されてきたが、いまだに橋の架け替えなどを余儀なくされる事例が後を絶たない。塩害は海水や凍結防止剤による影響を受ける橋で顕在化している。具体的には日本有数の厳しい塩害環境とされている東北地方の日本海沿岸（山形県鶴岡市温海地区）において、約60年前に架設した橋のPC上部構造が著しい塩害を引き起こし、わずか30年余りで架け替えに至った例がある。凍結防止剤に含まれる塩化ナトリウムがPC鋼材上縁定着部より浸入し、グラウト不良とも相まって内部の鋼材を腐食させ、架け替えを余儀なくされた妙高大橋などの例もある。また、塩害により劣化したコンクリート構造物は腐食に伴う鋼材の膨張圧により、かぶりに浮きが生じるため、こうした部位を特定するためのレーザー打音装置の開発を進めている。我々はこれらの現場を箱庭に設立した。新たに研究開発された技術を駆使し、既存技術を含む各技術を相互に評価することで塩害により劣化した構造物のメンテナンスに有用なメニューを提供しようとしている。

③**舗装**：日本のインフラメンテナンスに関する研究開発はこれまで橋梁を中心に行われてきた。その理由として、橋は様々な要因により劣化しやすく、加えて重力に逆らって成立している構造のため、実際に海外においては落橋事故により多くの人命が失われていることが背景にある。一方、道路の舗装については100万kmを超える膨大なストックがありながら、これまで構造性能

に着目した点検・診断・措置・記録といったメンテナンスサイクルが十分に体系化されておらず、データ駆動型のメンテナンスについても橋梁に比べ遅れているように感じる。そこで我々は、近年開発された移動式たわみ測定装置（ＭＷＤ）を軸に舗装のみならずその下の路盤・路床の変状を非破壊試験により捉え、得られた大量のデジタルデータを駆使して診断を行い、適切な措置を行う研究に着手している。

④**新材料・新工法**：近年、建設分野において３Ｄプリンティングによる構造物の施工に関する研究が急速に進められ、国際的な競争を生んでいる。日本でも３Ｄプリンティングに関する特色ある研究開発が進められ、ガイドラインの策定に向けた動きも加速している。加えてこの業界ではスタートアップ企業の参入も目覚ましく、建設業界に新たな風を吹かせている。一方、塩害など、コンクリート内の補強材の腐食が大きな問題となっている現状を踏まえ、新たな補強材としてバサルトＦＲＰ（繊維補強ポリマー）の研究開発にも乗り出している。これは、玄武岩を原料とした熱可塑性の補強材で、軽量かつ加工も可能であり、何よりも腐食しない材料だ。今後の建設産業における新素材として期待されている。我々は３Ｄプリンティングによる埋設型枠内に補強材としてバサルトＦＲＰを建て込み、高流動コンクリートを流し込むことで圧倒的な省人化・省力化に加え、高耐久性と高耐震性を有し、低炭素社会の実現にも寄与する革新的な構造形式の提案を目指している。

⑤**小規模自治体**：インフラの老朽化問題は技術力や財政力が不十分な地方の小規模自治体ほど深刻だといわれている。小規模自治体といっても、橋の置かれている状況は千差万別だ。例えば

福島県平田村（人口約5300人）では約70の橋を管理している。そのほとんどは「健全性の診断の区分」Ⅱ以下のいわゆる予防保全型であり、ここでは住民との協働による橋守活動が功を奏している。具体的には、住民が「簡易橋梁点検チェックシート」を使って橋を日常点検し、得られた結果を「橋マップ」として可視化し、橋面上の土砂の堆積や排水口の詰まりといった問題のある橋を週末に住民が「橋の歯磨き」と称して清掃活動を行うことによって橋の健全性が保たれている。

一方、人口約1万4000人の福島県南会津町では400もの管理橋梁を抱え、Ⅲ判定の橋梁数が多く、未措置率も高い。このように事後保全に追われる自治体であっても打開策はある。実際、南会津町にあるⅢ判定の橋をチェックすると、見た目は多少悪くても構造性能が低下しているものは意外に少ない。さらに、構造物の将来予測をした場合、今後性能が顕著に低下する恐れのあるものも限定的だ。

これまでの国交省の橋梁定期点検要領は橋の変状を近接目視点検により評価し、グレーディング（ランク分け）するものであった。しかし、2024年に施行された改定版では、橋の健全性の診断の区分を性能に基づき評価することが明記されている。これに従えば、これまでⅢと判定されていたものを工学的判断により、Ⅱに見直しても良いことになる。我々は簡易な構造性能評価により、各橋梁の健全性を見直すとともに、橋の重要度に応じた合理的な措置（補修・補強方法）を提案するその一方で、必要に応じて廃橋に向けたシナリオ策定と、住民との合意形成に関する枠組みの構築を役場と協働し進めている[15]。

## 箱庭を飛び出すためには？

公共事業・公共調達における社会実装の実現には前節で示した通り様々な障壁があり、これらを打破しないと真の社会実装には至らない。プレイヤー側はニーズ重視型・データ駆動型・性能評価型の研究開発を行うとともに、得られた技術を箱庭内で徹底的に検証し、その有用性を立証する。加えて、プレイヤー側は成果をガイドラインなどに落とし込むまでの役割を担うが、市場の開拓や制度・仕組みの構築にまで手を延ばすことは困難だ。後者については、こうしたプロジェクトを総括するディレクターやマネジャーの力が必要であり、プレイヤー側とマネジメント側が一体となって初めて箱庭を飛び出し、その先の社会実装が果たせるものと確信している。

日本は欧米とは異なり、限られた財源下での集中的なメンテナンス、人口減少下でのメンテナンス、複雑な地形と厳しい自然環境（島国、北海道〜沖縄、頻発する地震・豪雨災害）でのメンテナンスを余儀なくされる。その結果、このまま事後保全を続けていけば、いつかは大事故が起こる可能性も否定できない。一方、こうした特殊性を踏まえ、日本独自のメンテナンス技術の体系化が確立できれば、諸外国への技術提供が可能となり、国際競争力のある新たな看板として発展することが期待される。本書に示す研究開発と社会実装により、日本のインフラを襲う将来の危機から救い、メンテナンス技術を世界のトップに押し上げる挑戦が始まっている。

# 社会実装のボトルネック

CHAPTER 1-3

## 新技術の社会実装とは

インフラ分野における新技術の開発は急速に進展している。とりわけ、２０１２年に中央自動車道笹子トンネル天井板崩落事故が発生し、国土交通省が２０１３年を「社会資本メンテナンス元年」として位置づけて以降、その取り組みは活発になった。２０１４年から開始した内閣府の戦略的イノベーション創造プログラム（ＳＩＰ）第１期では、「インフラ維持管理・更新・マネジメント技術」の課題が採択され、約60テーマの研究開発が進められた。また、２０１５年からは、国交省において、ＩＣＴ（情報通信技術）の全面活用により建設現場の生産性向上を目指す「i-Construction」の政策が始まり、設計や施工、維持管理といった建設生産プロセスの各段階における革新的技術の開発を後押しした。さらに、２０２０年には、同じく国交省で、「インフラ分野のＤＸ（デジタルトランスフォーメーション）」もスタートし、データとデジタル技術を活用し、業務だけではなく、組織やプロセス、建設業、働き方の変革を目指すインフラ分野における取り組みを推進している。

一方で、開発した技術の導入・利用という観点では大きな課題がある。これまでの技術導入では数回お試し的に利用するといった現場での試行という位置づけが多く、国の補助金や大規模プロジェクトが終了すると、取り組みそのものがとん挫してしまうことも少なくなかった。試行と実証実験のみが繰り返されることで、利用者であるインフラ管理者や技術を提供するベンダー企業の双方で負担のみが大きくなり、取り組みに対する意欲が薄れる状況も見え始めている。インフラ維持管理の問題は待ったなしの状況だ。開発した技術が真に有用なのであれば、その技術を業務プロセスに組み込み、実業務の中での利用を定着させ、継続的に改善していくことが欠かせない。試行や実証といった一時的なものではない、本当の意味での「社会実装」が求められている。

それでは、一度、インフラ分野の課題から離れ、一般的な「社会実装」の考え方について見てみよう。日本の科学技術振興を担うJST（国立研究開発法人科学技術振興機構）では、以前から新技術の社会実装の方法論について知見を蓄積してきた。2019年には、JSTの社会技術研究開発センター（RISTEX）が、「社会実装の手引き　研究開発成果を社会に届ける仕掛け」を出版しており、様々な分野の社会実装の具体例とともに、社会技術の研究開発の進め方や考え方を取りまとめている[16]。

同書籍では、「社会実装」は、その定義が明示的ではなく多義的な解釈が可能であること、「社会技術」を巡る議論で生まれた概念とされた。RISTEXでは、「研究開発成果が事業化し、特定の地域に定着〜他地域へ普及・定着する段階」を「社会実装」としている。2015年にRISTEXのメンバーが執筆した論文[17]では、社会技術の研究開発・領域設定と社会実装との関

資料1-11 ● 社会技術の研究開発と社会実装との関係

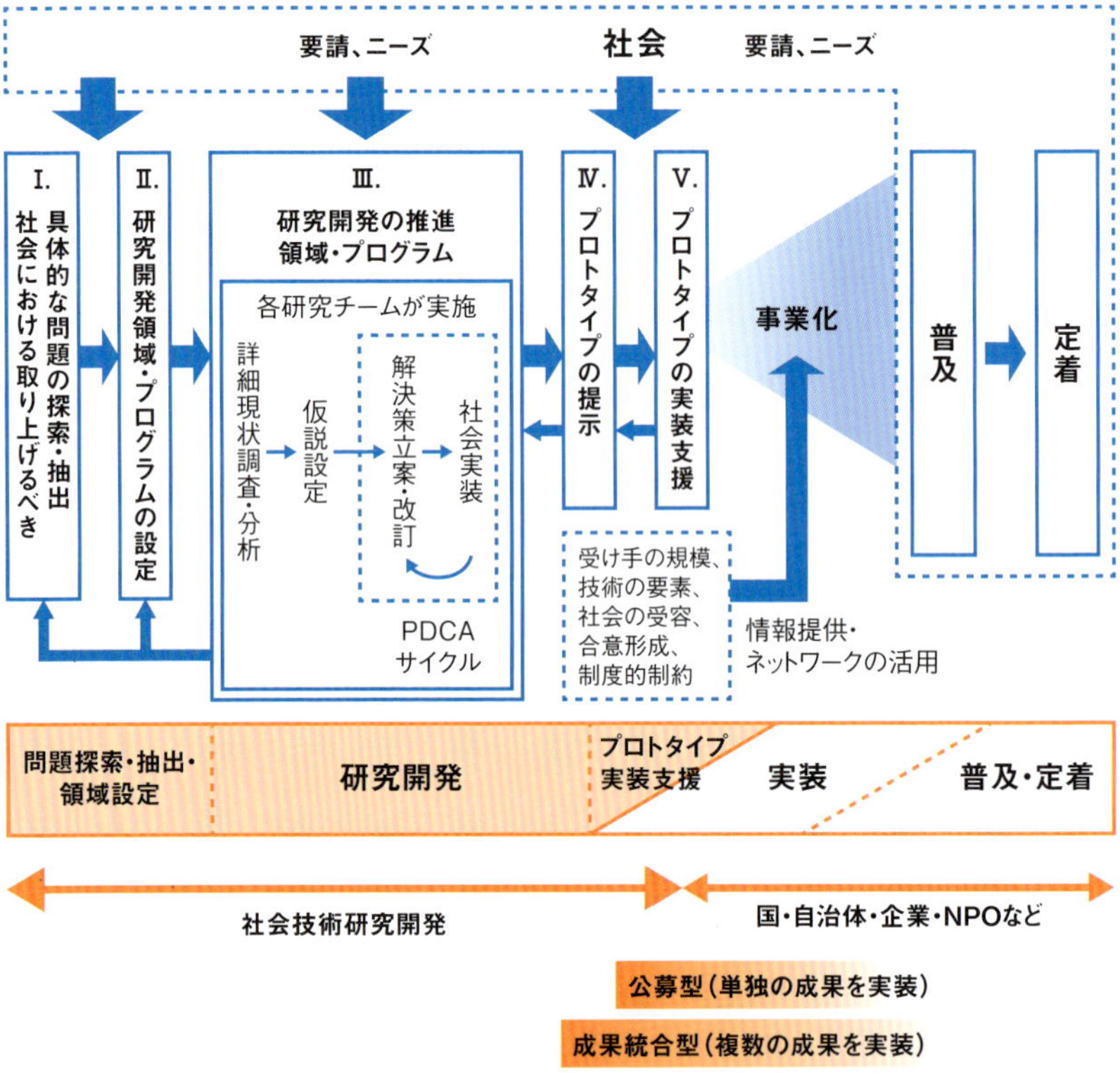


（出所：茅明子ら17）

係として、**資料1-11**のような全体像を示しており、「問題探索・抽出・領域設定→研究開発→プロトタイプ実装→社会実装→普及・定着」といった標準的なプロセスを整理した。

## 社会実装に必要な5つの要素

新技術の社会実装については、2021年に出版された馬田隆明氏の「未来を実装する　テクノロジーで社会を変革する4つの原則」（英治出版）で提示したフレームワークが示唆に富んでいる[18]。馬田氏は東京大学の起業家支援プログラムFoundX（ファウンドエックス）のディレクターを務めており、スタートアップ支援・アントレプレナーシップ（起業家精神）教育に従事しながら、中央官庁や自治体などでの事業構築関連の有識者としても活躍している。同書では、社会実装を「社会の多くの人が利用する」という段階、つまりキャズム（製品やサービスが新しいものを積極的に試そうとするアーリーアダプター以降の人々に広まらない現象や段階のこと）を超えて普及する段階を指すものとして整理している。

加えて、社会実装するテクノロジーには「デマンド」があることを前提に、社会実装のための4つの要素として「インパクト」「リスク」「ガバナンス」「センスメイキング」を掲げている（**資料1-12**）。現代の日本で社会実装のプロジェクトを成功させるための要素として、「デマンドがある前提で、長期的な目的や理想であるインパクトについて考え、それを達成するための適切なガバナンスの方法を示しながら、そのインパクトとガバナンスの在り方を関係者にセンスメイキング（腹落ち）してもらうこと」と「リスクと倫理を並行して考えていくこと」を挙げている。

## インフラ産業における社会実装の難しさ

さて、本書が対象とするのは「土木インフラ」、すなわち道路（橋梁、トンネル、舗装など）や鉄道、港湾、水道などに対する技術の社会実装である。同分野では、「社会実装」が大きなバズワード（流行の言葉）になっている。とりわけ本書籍の執筆者が多く参画するSIP第3期では、新技術の「社会実装」が命題として掲げられている。具体的には、各研究機関は社会実装に向けた戦略として、技術に加え、制度、事業、社会的受容性、人材の5つの視点から必要な取り組みを抽出する。それとともに、各視点の成熟度レベルを用いてロードマップを作成し、府省連携、産学官連携により、それぞれの課題解決に向けた取り組みを進めている（**資料1－13**）[19]。

一方で、インフラ産業における社会実装は、他の産業

**資料1-12 ●「未来を実装する」における社会実装の5つの要素**

| 社会実装に必要な要素 | 詳細 |
| --- | --- |
| **デマンド** | サプライサイド（研究開発側・供給者側）の視点ではなく、ユーザーや市民の課題を中心とした社会実装が前提 |
| **インパクト** | デマンドの醸成・関係者への説明等のため、ロジックモデルなどを活用して、社会に対して与える長期的な成果を示すことが重要 |
| **リスク** | 技術の抱えるリスク（目的に対する不確実性の影響）を適切に評価した上で、関係者と信頼関係に基づくリスクコミュニケーションが重要 |
| **ガバナンス** | 法律（制度）だけでなく社会規範、市場、アーキテクチャなどを含めたガバナンスを、民間企業もアップデートできるという発想で議論に参加することが重要 |
| **センスメイキング** | 利用者・市民などのステークホルダーが動き出せるよう、「腹落ち」してもらえるようなコミュニケーションが重要 |

（出所：馬田隆明「未来を実装する」[18]を基に三菱総合研究所が作成）

に比べても極めて進展が遅いと言われている。その背景として筆者らは、インフラ産業の特殊な業界構造や商習慣に起因する様々な課題（ボトルネック）が存在するからだと考えている。SIP第3期での具体的な技術開発と社会実装の取り組みを通し、今後さらなる検証を進めていく考えだが、現時点では主に「6つの壁」の存在を指摘したい。具体的には、①動機付けの壁、②ニーズ理解の壁、③制度の壁、④公共調達の壁、⑤予算確保の壁、⑥ビジネスモデルの壁が挙げられる（**資料1-14**）。以下、①～⑥のそれぞれのボトルネックについて詳細に説明しよう。

**〈動機付けの壁〉** 新技術の実装先、すなわち新技術を導入・利用するのは

**資料1-13 ● 社会実装に向けた5つの成熟度レベル**

| | |
|---|---|
| **TRL（Technology Readiness Level）**<br>**技術成熟度レベル**<br>必要な技術はどれくらい発展しているのか | 「ある技術」が、社会の技術要求水準に達するまでの段階を示す指標 |
| **BRL（Business Readiness Level）**<br>**ビジネス成熟度レベル**<br>ビジネスとしての継続可能性はどうか | 「創出財*を利用した事業」が、安定した事業として成り立つ水準までの段階を示す指標 |
| **GRL（Governance Readiness Level）**<br>**ガバナンス成熟度レベル**<br>制度や規制は整っているか | 「創出財」が社会に普及するために必要な制度、規制が完備（改善）するまでの段階を示す指標。 |
| **S（C）RL（Social（Communal）Readiness Level）**<br>**社会（コミュニティー）成熟度レベル**<br>受容しようと思えるか | 「ある技術」そのもの、あるいは「ある技術」によって生み出された「創出財」の社会（コミュニティー）受容性を高め、社会実装し、一定の普及水準に達する段階を示す指標 |
| **HRL（Human Resources Readiness Level）**<br>**人材成熟度レベル**<br>実装に必要な人材はそろっているか | 「ある技術」を利用した事業が社会に普及するために必要な人的資源の涵養と活用の手順を示す指標 |

*創出材:SIPを起点として将来創出される新しい技術や財、サービスの総称
（出所:内閣府19）

資料1-14●インフラ産業における新技術の社会実装に存在する壁

**動機付けの壁**

インフラ産業固有の体制・環境により、新技術を導入する
インセンティブが働きにくく、挑戦の第一歩が踏み出せない

**ニーズ理解の壁**

挑戦に踏み出しても、技術提供者が「真のニーズ」を理解しきれない

**制度の壁**

ニーズに合った技術があっても、硬直的な制度（法・基準類）が
その活用を認めない

**公共調達の壁**

制度が新技術活用を後押ししても公共調達の枠組みの中で調達できない

**予算確保の壁**

調達できるめどが立っても、予算の適正性や有効な財源を示せない

**ビジネスモデルの壁**

予算が確保できても、サービスを事業（ビジネス）として維持できない

（出所：三菱総合研究所）

主に、国や自治体といったインフラ管理者である。国や自治体の職員は数年に1回程度の頻度で、他部署・他部門への人事異動が行われるのが一般的だ。しかし、橋梁の寿命が平均100年と言われるように、インフラのライフサイクルは非常に長く、長期戦略を立てて継続的にマネジメントを図っていく必要があり、現状の人事異動のサイクルとは大きなギャップがある。後述する通り、新技術の導入のためには担当者が様々な壁を乗り越えていく必要があり、また技術の導入後は継続的な改善活動が欠かせない。「自身は数年後に担当者では無くなる可能性が高い」と分かっていれば、中長期的な目線で新しいことに挑戦する動機が働きづらいという面は少なからずあるだろう。

そもそも、インフラ産業は深刻な担い手不足に直面しており、インフラ管理者も体制の脆弱化が懸念されている。多くのインフラ管理者は限られたリソースで現状の業務に追われているので、新しいことに挑戦する余力を生み出すのは極めて難しい。また、新技術活用のような新しい施策を導入するためには、一定の専門的な知識や業界動向を把握できるつながりも必要だが、全国には土木系の技術職員がゼロの自治体も少なくない。JSTの整理する社会実装に向けた最初のステップは「問題探索・抽出・領域設定」だが、このような状況では自分たちの現場が抱える問題が何かを客観的に理解・整理することすら難しく、それを外に発信・共有することは期待できない。ましてや、「予防保全」のような新しい考え方は、現状の業務の効率化という話ではなく、メンテナンスの計画や予算配分、モニタリングの仕組みなど、維持管理の在り方そのものを変革する取り組みであり、既存業務の抜本的な見直しにつながる。現状整理（As-Is）が難しい状況では、こうした望ましい業務や働き方といった将来像（To-Be）を描くことも困難だ。新技術の社会実装には、まずこの動機付けの壁を乗り越える必要がある。新技術を有する民間事業者や大学などの機関がインフラ管理者に対して、協働を積極的に進め、挑戦を促すことも必要だろう。

**〈ニーズ理解の壁〉** 一部の発注者は動機付けの壁を超え、組織として業務や仕事の将来像を描き、新技術を活用した変革に足を踏み出そうとしている。例えば千葉県君津市では、自治体がドローン技術を有する民間企業と協力関係を結び、橋梁点検の実証実験などを進めている[20]。また、熊本県玉名市では自治体職員が自ら修繕技術を学び、補修を手掛ける「橋梁補修ＤＩＹ」に取り組む[21]。

技術の導入に当たっては、発注者の描く将来像に対して、具体的な解決策を提供し、実際の業務や工事の中で応えるという受注者（主に民間企業）の役割が重要である。ここで、インフラの維持管理に関心のある民間企業は、従来の建設会社や建設コンサルタント会社に限らない。国交省は、２０１３年に国内のインフラメンテナンスの市場規模を約５兆円と試算した。日本の国内総生産（ＧＤＰ）の約１％に相当しており[22]、この市場にチャンスがあることは、業界外やスタートアップ業界を含め、多くの民間企業に伝わっている。さらには、前述したi-Constructionやインフラ分野のＤＸなどの政策が民間企業の参入を大きく後押ししている。

他方で、業界外から参入する企業にとって、インフラ産業の業界構造や商習慣を理解し、現場が抱える「真のニーズ」を捉えることは難しい。設計・施工や点検・診断・措置といったプロセスの細部には、技術による解決が期待されるニーズの原石があるものの、それを理解するには土木工学の専門的な知識や業務経験が必要となる場合が多い。業界外の企業がその内部にこうした知見・経験を有する技術者を抱えていることは極めてまれだ。また、後述のように公平性や公正性、透明性が求められる公共調達の観点から、想定ユーザー（発注者である国や自治体など）は、特定の民間企業と業務外での密なやり取りを避ける傾向にあり、他業界のように営業訪問を重ねてユーザーのニーズを掘り起こすことも難しい。

また、真のニーズを捉えにくいというボトルネックは、業界外の企業だけが直面する課題ではない。建設業界で長く活動を展開する民間企業や大学などの研究者であっても、ニーズ把握に苦労する場面は多い。インフラ管理者は全国数千者にも上り、業務フローやシステムなどの状況はそれぞれ千差万別である。そのため、技術提供者は、仮にある管理者から特定のニーズを発掘したとしても、さらにそのニーズに合致する管理者が実際に全国でどの程度いるのか（母数）が予測しにくい。現場からニーズを聞き出せたとしても、それは管理者がお金を払ってでも満たしたいと思うニーズなのか判断することは難しい。結果的に技術開発がシーズ側の視点に偏りがちで、発注者のニーズとのギャップが大きいというケースが至るところで発生している。

**〈制度の壁〉**　新技術の提供者が現場のニーズを適切に捉え、それに応えられる優れたサービスを用意できたとしても、制度の壁が待ち構えている。既存の業務プロセスを抜本的に変えられる革新的な新技術も存在するが、多くの場合、制度（法や基準類）が活用を許さないのだ。デジタル庁では、こうした制度を「アナログ規制」と呼び、２０２２年の一斉調査において、全産業で約1万のアナログ規制の存在が明らかとなった。大別して、①目視規制、②実施監査規制、③定期検査・点検規制、④常駐・専任規制、⑤対面講習規制、⑥書面掲示規制、⑦往訪閲覧縦覧規制の7項目で整理しており、いずれもインフラ産業と関わりが深い[23]。

一概に制度といっても、ハードロー（法律など）、ソフトロー（基準、ガイドラインなど）、アーキテクチャー（技術仕様など）の構成要素が存在しており、それぞれが業務のＤＸを阻んでいる。例えば、法律による目視・実施検査などの原則化や、基準による作業報告時の帳票作成、技術仕様と新技術の不整合などのように、規定する内容や影響が及ぶ範囲は様々である。

もちろん、人々の安全・安心を守ることが最優先である土木インフラでは、それを維持するための制度・仕組みが極めて重要であり、必要な制度・仕組みは今後も堅持していく必要がある。一方で、技術革新のスピードが非常に速く、過去には想像もできなかった技術の登場により、一部では制度の陳腐化が発生している。

こうした制度の弊害により、新技術を導入したとしても、その成果のみで業務を進めることが認められず、既存の手法との併用を求められるケースは少なくない。結果として、現場目線では新技術導入によって二重の作業が生じ、かえって負荷がかかるだけで業務効率化などの効果は感じられず本格導入に至らないというケースも多い。

一方で、インフラメンテナンスに関していえば、アナログ規制の影響と、それを改善することによる効果を既に業界として経験している。具体的には、２０１４年から始まった5年に1回の定期点検で、近接目視点検が義務化された。安全・安心なインフラを維持していくためには定期点検は間違いなく必要だが、すべての構造物に対して同一の対応が義務付けられたことで、点検会社やインフラ管理者の双方にとって大きな負担となった。そこで、2019年からの定期点検2巡目の開始に当たり、国交省は定期点検要領を改定した[24]。例えば、道路橋定期点検要領の運用上の留意事項として、「定期点検を行う者は、健全性の診断の根拠となる道路橋の現在の状態を、近接目視により把握するか、または、自らの近接目視によるときと同等の健全性の診断を行うことができると判断した方法により把握しなければならない」という記載を追加した。近接目視と同等の診断ができれば他の方法も認める、という整理で、近接目視の補完や代替、充実につながる技術の市場が一斉に開かれ、新技術活用の動きがより加速したことは間違いない。新技術の社会実装のためには、技術開発だけではなく、こうした制度と一体での変革を考えなければならない。

## 〈公共調達の壁〉

インフラ管理者が、何とかして自分たちのニーズに直接応える技術を特定し、制度上のボトルネックをクリアできたとしても、民間企業のようにその技術をそのまま採用できるわけではない。ここで登場するのが公共調達の壁である。政府などの公共部門が物品やサービスを民間から購入する際には、公平性や公正性、透明性が求められる。公共調達の場合は最低価格落札方式による一般競争入札方式が原則とされているが、「安かろう、悪かろう」になりがちで、インフラ管理者が期待する価値を得られないことも多い。そこで、近年は価格点だけではなく技術点も勘案できる総合評価落札方式や、応募者からの提案内容に応じて仕様書を調整できるプロポーザル方式など、選択肢が広がってきた。しかし、インフラ管理者の限られたリソースでは、そうした選択肢を準備するための体制を確保することは極めて難しい。

また、公共調達では標準的な歩掛かりに含まれない技術や方法を採用する場合、その妥当性とコストの適正性を確認するために複数社から見積もることが一般的である。これによって正当な価格設定と公平な取引が保証されるが、唯一の提供者しかいない革新的な技術の場合は同等の技術を提供できる会社が複数社出てくるまで待たないといけなくなり、導入に時間がかかる。随意契約も可能ではあるが、唯一性の証明の手間や、重点的な監査対象となることから、調達側に業務的・心理的ハードルが生じる。

国民からの税金が主な原資である以上、公共調達の原則自体は重要である。その原則を踏まえつつ、より柔軟な調達制度の採用や既存制度の活用が進むための仕組みを考えていく必要がある。

**〈予算確保の壁〉** 新技術を調達できるめどが立ったとして、次に課題になるのが、予算の壁である。特に自治体では、歳入減少や社会保障費の増大が見込まれる中で、適切な財政収支を確保するために歳出項目の適正化が要請されている。インフラメンテナンスでも、その歳出の適切性を説明することが重要である。建設部などの担当部局は、財務部局や議会、市民などから説明を求められる立場にある。

予算確保に関して特に課題となるのが、予算根拠となる新技術の成果（アウトカム）の不明瞭さ、単年度会計の制約、地方債・助成などの活用に対する労力である。

新技術は本来、点検などによる網羅性や精度の向上、省人化、長寿命化、現場の安全性向上、環境負荷の低減、ライフサイクルコスト（ＬＣＣ）の低減といった、成果（アウトカム）の実現を目指して導入する。しかしながら、必ずしもすべての技術提供者が、そのアウトカムを定量的に示せていない。その結果、発注者側で必要な予算を確保するための十分なエビデンスを用意できずに、財務部局などに説明できないケースが多い。

また、新技術は一般的に、一定の初期投資がかかるが、中長期的（数十年～百年単位）視点、あるいは建設生産のプロセス（調査・計画、設計、施工、維持管理）全体で見ると効果が発現して、初期投資以上の恩恵を受けることができる。例えば、橋梁の伸縮装置にパッキンボルト緊結や二重の止水材を設け、漏水を低減させた事例では、製品費・工事費（初期費用）は従来工法と大きな差がないが、ライフサイクルコストは新工法の方が安価という試算結果が出ている（**資料1-15**）。

一方で、公共予算には単年度会計の原則が存在しており、継続

**資料1-15 ● 新技術導入に伴う概算工事費（イニシャルコスト）・ライフサイクルコスト比較の例**

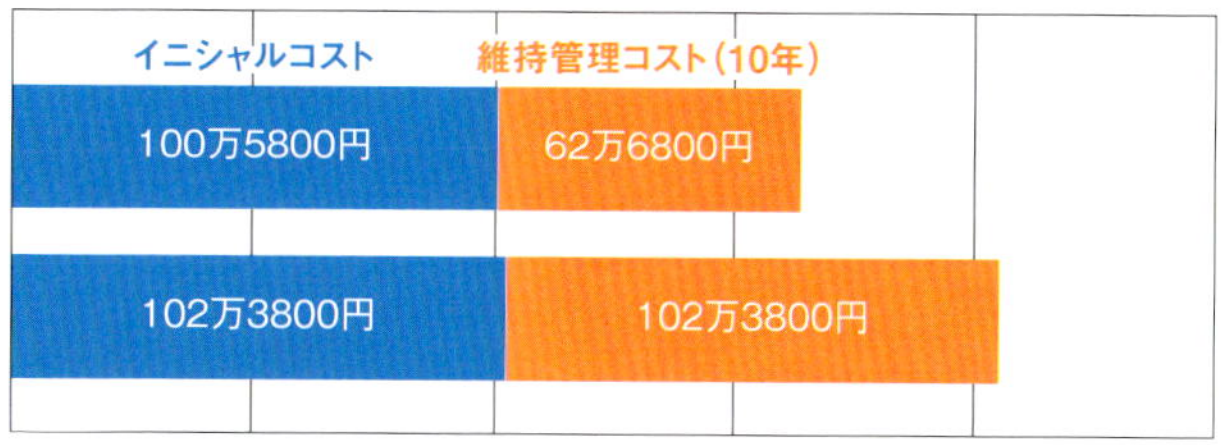


（出所：国土交通省の資料を基に日経クロステックが作成[25]）

事業の予算は各年度・各部署で前年度と同規模以下になるケースがほとんどである。そのため、たとえ土木インフラを所管する担当部局が、財務部局に対して技術の中長期的な効果を定量的に示せたとしても、新技術に対する初期投資のための予算拡充を認めてもらうことは難しい。あるいは、予算上限が新設と維持管理でそれぞれ設けられている場合、一体となった予算の効率化に舵を切ることができない。また、単年度会計の難しさは受注者側も同様である。受注案件は基本的に年度単位の契約となり、次年度は改めて競合との入札となる。従って、受注者側にとっては来年度以降も契約が継続できるかが不明であり、収支計画を見積もることが難しく、中長期的な視点での開発や投資ができず実装が進まないことになる。なお、単年度会計の制約を乗り越える仕組みの一つとして、将来にわたって支出が見込まれる事業に対する債務負担の仕組み（債務負担行為）があり、それを活用した中長期的な新技術の導入も期待される。

さらに、自治体にとっては地方債や助成などの活用にもハードルがある。新技術を自治体内で完結する経費（単費）のみで導入することは難しく、公共施設等適正管理推進事業債のような地方債や道路メンテナンス事業補助制度のような助成を活用することが前提となる。しかしながら、こうした制度は年々変化する中で、メンテナンスに必要な技術をすべて網羅する制度となっていない場合もある。例えば、利用例の多い国交省「道路メンテナンス事業補助制度」は、対象構造物を「橋梁、トンネル、道路附属物など」としており、舗装は含まない。舗装補修であれば、自治体は公共施設等適正管理推進事業債や緊急自然災害防止対策事業債といった地方債を活用することとなり、それぞれ適債性の見極めなどが煩雑である。また申請処理も複雑であるため、自治体ではその都度どのような業務や工事に、どのような予算スキームが適用できるのかを確認して対応する必要があり利用が難しい。

〈ビジネスモデルの壁〉　制度や公共調達、予算といった主にインフラ管理者側のボトルネックだけではなく、技術提供者側にもボトルネックが存在する。それは、業務と工事を遂行するための受注者としてのビジネスモデルの確立である。社会実装は一度試行的に導入して終わりという単発的なものではない。技術を中長期的にインフラ管理者に根付かせ、またその利用者を拡大させていくためには、持続的な事業として担っていく存在が不可欠である。それは技術提供者側のうち、特に受注者となる民間企業に期待されるものである。土木インフラのメンテナンスの世界において、ビジネスモデルを考える上で課題となりやすいのは実装のための組織体制や販売形態、収益性の確保である。

インフラ分野の技術開発は大学に加え、民間企業では設計・施工とは別の研究開発の部署が担うことが多い。そうした単体の組織では、社会実装の実現に必要な技術の安定した提供体制の構築や、積極的な営業活動は難しい。例えば事業展開を目的に、大学発スタートアップや技術研究組合（ＣＩＰ）を活用し、大学や研究機関などの技術を民間企業に移転することが考えられる。

次に、技術をどのような販売形態でインフラ管理者に提供するかが論点となる。近年は機器やソフトウエアの納品という従来のサービスに加え、ＳａａＳ（Software as a Service）と呼ばれるクラウド経由でソフトウエアを提供するベンダーも増加している。一方で、現在の建設業での発注者との契約形態は多くの場合、建設コンサルタント会社の「コンサルタント業務（設計業務、点検業務など）」、あるいは建設会社の「工事」契約である。ＳａａＳベンダーは当面、業務・工事の受注者の下請けとして参画することが想定されるが、サービス利用による元請けの業務全体のコスト圧縮効果がＳａａＳの提供価格に適正に転嫁できる仕組みが求められる。また、インフラ管理者とＳａａＳのサービス事業者が直接契約するような事例はまだ限られているが、こうした契約形態を業務・工事に並ぶ選択肢とする仕組みの検討も必要だろう。

さらに、土木インフラ業界では、新技術提供者の収益性の確保も大きな課題である。新技術導入促進工事など新技術の価値を見積もり へ柔軟に反映できる調達方式を取ることで、技術提供者側の収益が確保できる市場を構築していく動きが必要である。

いずれの場合においても重要なのは、技術開発と並行してビジネスモデルを検討することだ。たとえ高度な技術開発が達成されたとしても、前記の検討がされていないと、その技術はせいぜい試行程度にとどまってしまい、多くのインフラ管理者に対する実装・変革につながらない。むしろ、技術開発の段階から、箱庭でユーザーなどとの対話を通じて技術の強みや弱みを認識し、それを踏まえて持続的かつ戦略的なビジネスモデルを検討するとともに、そのビジネスモデルを念頭に技術をアップデートするといったループを回していくことが求められる。

## 壁の打破に挑む

実際にはこれまでに紹介した6つの壁以外にも様々な壁が存在する。例えば、一部の自治体では新技術を現場で活用できる一定のＩＴリテラシーを有する人が少ないという人材の壁、新技術の有効性・安全性をインフラ管理者や市民に対して理解してもらう上での社会的受容性の壁などがある。また、これらの壁は、必ずしも本節で示した順番に検討していけば良いものではない。複数の壁に同時並行で取り組んだり、技術開発の経緯・位置づけによっては順番を変えてアプローチしたりする必要もあるだろう。いずれにせよ、こうした壁を越えない限り、インフラ産業で社会実装を実現することはできない。

以降の第2章からの各章では、単なる技術開発ではなく、こうしたボトルネックを突破するために、インフラ管理者と技術開発・提供者が連携して社会実装を進めている最前線の事例を紹介する。各事例では、必ずしも本節で示した6つの壁を明確に意識して進めているわけではないが、それぞれの技術に応じて直面する壁に対し、様々なアプローチを取りながら壁の打破を試みている。ぜひこうした観点も頭の片隅に置きながら、事例を読み進めてほしい。

第2章

# 5大ニーズ「床版」

「5大ニーズ」の1つ目は、道路橋の舗装と桁の間にある「床版」の劣化である。交通車両の繰り返し荷重などにより、床版には疲労や土砂化といった劣化が著しく進行している。こうした劣化に対して、LiDARやレーダーを通じた状態把握から、劣化メカニズム・補修工法検討のための構造解析、人流データなどを活用したマネジメント手法などを、一体の「パッケージ」として実装する取り組みを進めている。本章では、猿投グリーンロード（愛知県）や仙岩道路（秋田県・岩手県）を対象とした取り組みを紹介する。

# コンセッション契約を生かした床版維持管理の革新

CHAPTER 2-1

## 新たな実証進む猿投グリーンロード

愛知県にある有料道路の猿投グリーンロードにおいて、インフラメンテナンスの革新に向けた新たな実証が進んでいる（**資料2-1**）。コンクリートの高度なシミュレーション技術（DuCOM-COM3、デュコムコムスリー）[1]を活用して、計算空間上で橋の劣化進展や、補修・補強などの維持管理対策の効果検証を何度も繰り返すことで、様々なシナリオの中から最適な道路の維持管理方針を導き出そうとする試みだ。

対象は道路橋の床版である。床版とは、道路橋におけるアスファルト舗装と桁の間にある薄い板部材のことを指す（**資料2-2**）[2]。床版は多くの場合、鉄筋コンクリート製で、道路の通行車両の荷重を直接受ける変形が大きい部材であるため、荷重の繰り返しによって徐々にひび割れが進展する「疲労損傷」の影響を強く受け

**資料2-1** ● 猿投グリーンロード（写真:日経クロステック）

る。近年、この床版の損傷が増えている[3]。定期点検で深刻なひび割れが見つかって修繕を実施することもあれば、場合によっては突然抜け落ちが見つかったために急きょ通行止めを行って緊急補修しなければならない事例も度々生じている[4]。道路の更新・修繕計画費用のうち、床版にかかる費用の割合が約半分に達するという報告もある[5]。道路全体の維持管理において、床版をいかに合理的に維持管理するのかが重要であることが分かるだろう。

　猿投グリーンロードは1972年に開通した有料道路であり、前田建設工業などの民間企業が出資する愛知道路コンセッション（ARC）[6]がコンセッション方式によって2016年から運営する8路線のうちの1つだ。このコンセッションは、路線によってはARCが最長30年間道路を管理しその後愛知県道路公社に返す契約となっており、猿投グリーンロードの管理期間は2016～2029年の予定。猿投グリーンロードは山間部を通り、冬季には凍結防止剤（塩化カルシウムや塩化ナトリウム）を散布するため、床版コンクリートの繰り返し荷重による土砂化だけでなく、塩化物イオンのコンクリート内部への浸透に伴う鉄筋の腐食劣化なども進んでいる。

　コンセッション方式では、道路という公共性の高い社会資本の安全・安心と、民間企業としての利益追求を両立させるため、いかに適切で最適な維持管理をするかが重要となる。例えば、劣

**資料2-2● 鋼桁上鉄筋コンクリート床版の模式図**

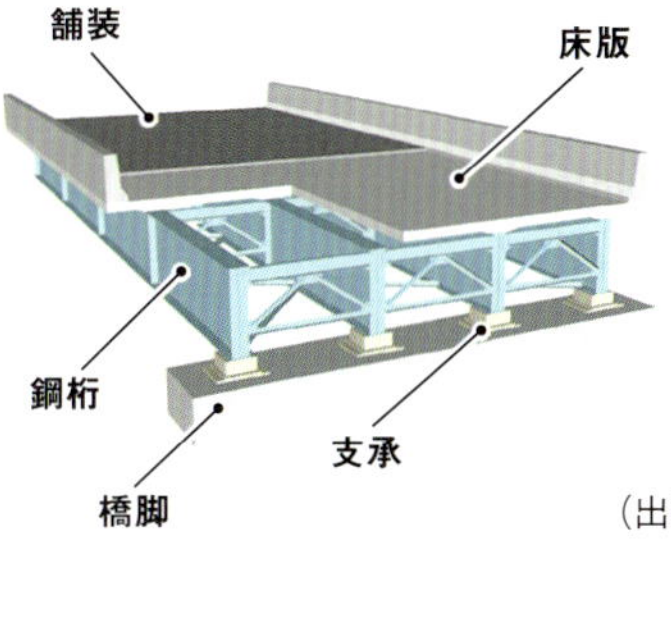


（出所:清水建設）

化進行に伴って事後対応で補修するよりも、劣化が加速期に到達する前の最適なタイミングで予防保全できれば、一時的なコストを負担しても長期間の維持管理コストを大幅に低減できる可能性がある。さらに、その維持管理が妥当であったかについて、構造物の劣化挙動として定量的に将来予測することは、コンセッション契約期間の終了後に、より良い状態で道路を返却できる（＝良質の社会資本を蓄積していく）ことにもつながる。当然ながら、民間企業としての利益を追求しなければならないため、必要以上の補修・補強をすることはできない。そこで、シミュレーション技術の活用によって、どのようなバランスの維持管理が適切なのかを政府や自治体、国民、民間企業のそれぞれが客観的に検討することができるようになると考えられる。

## インフラ構造物の挙動をありのままに再現・予測

シミュレーション技術として、コンクリートの施工、養生から劣化や補修などまで、ライフサイクルのシミュレーションが可能な有限要素法（ＦＥＭ）解析プログラムDuCOM-COM3[1]が注目されている（**資料2-3**）。１９９０年頃から東京大学コンクリート研究室で開発を進めてきたプログラムであり、地震動や繰り返し荷重などの力学作用に対する応答を計算する構造解析システム（COM3）[7]と、化学反応によるコンクリートの硬化や鉄筋腐食などの材料劣化を計算する熱力学連成解析システム（DuCOM）[8]を組み合わせて、多様な環境に置かれるインフラ構造物の挙動をありのままに再現・予測することができる技術だ。これまでに多くの建設プロジェクトや既設構造物の性能評価に用いられ、実用化が進んでいる。

２０２１年から２０２２年にかけては、DuCOM-COM3を用いて、猿投グリーンロードの橋梁床版で生じる土砂化の進展も予測・評価した[9]。「土砂化」とは、アスファルトを通じて鉄筋コンクリート床版上面に雨水などが到達し、滞水した状態で繰り返し車両の荷重がかかることに伴う劣化である。内部の水圧上昇の繰り返しなどにより、徐々にコンクリートが崩壊し、最終的には砂利だけのグズグズの状態になるような劣化が進む（**資料２-４**）。通常、コンクリート床版上面は舗装アスファルトに覆われており、土砂化は見えないところで潜在的に進行してしまうことが多いので、かなり劣化が進展して

**資料2-3 ● ライフサイクルシミュレーションプログラム「DuCOM-COM3」の全体像**

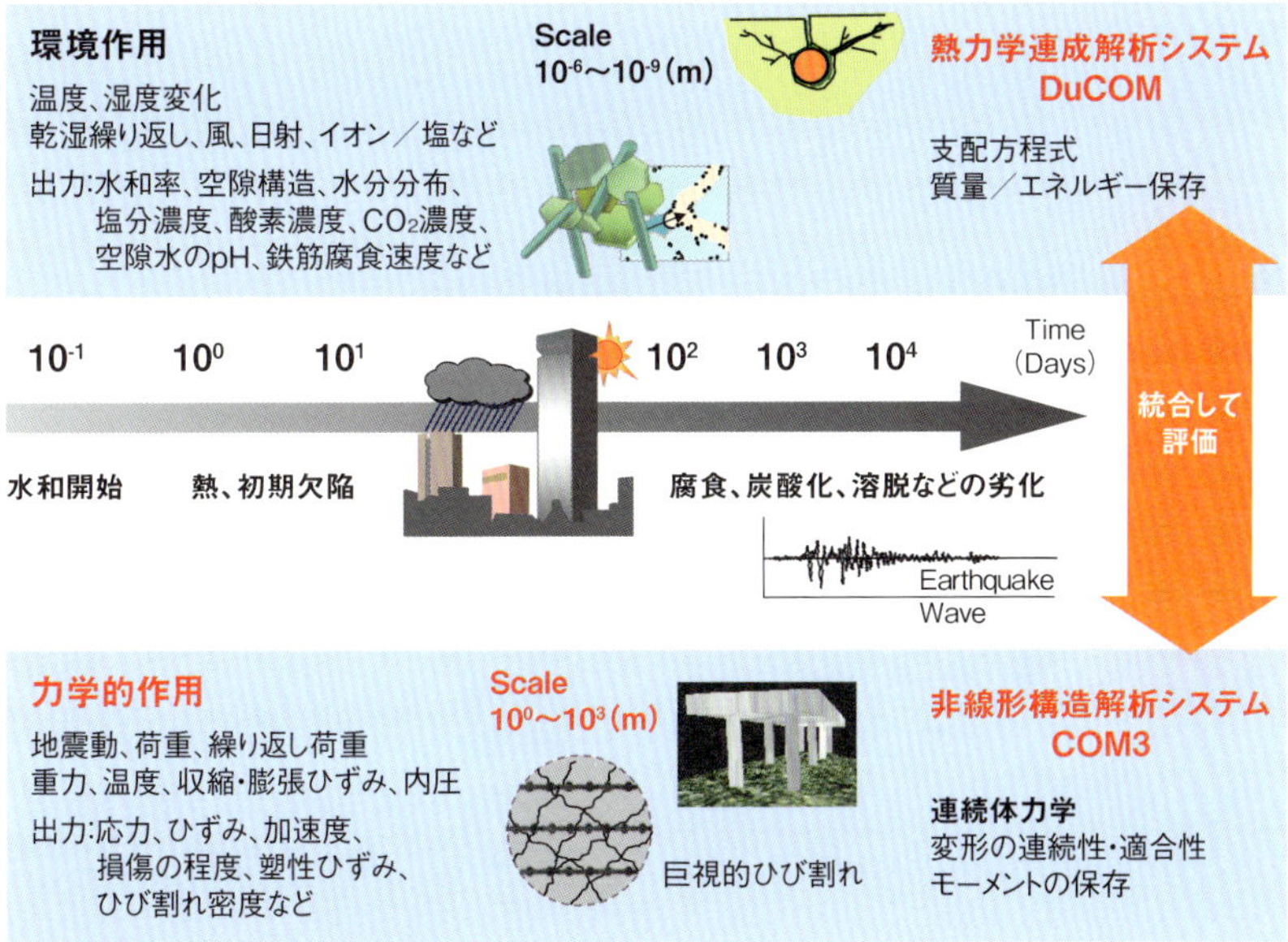


（出所：東京大学コンクリート研究室）

資料2-4 ● コンクリート床版上面で生じる土砂化の様子（写真:高橋 佑弥）

**資料2-5 ● 床版における土砂化の劣化予測を簡易に行える土砂化予測式**

［輪荷重試験から実環境への土砂化予測式の修正］

$$D_{test} = A \times \exp(B\sigma_y)$$

▼ 材料の影響

$$D_{test} = A(F_c) \times \exp(B(F_c)\sigma y)$$

▼ 実環境での年数へ換算

$$D_{year} = \frac{D_{test}}{L_{year} \times R_d}$$

$R_d$：年間降水日数割合　$L_{year}$：換算年間交通量

［必要なインプットデータ（10個）］

- 構造
  - ・床版厚さ
  - ・床版支間
- 荷重
  - ・主桁から載荷箇所までの距離
  - ・載荷荷重
- 材料
  - ・設計強度
- 環境
  - ・年間雨天日数
- 交通
  - ・年間交通量
  - ・大型交通割合
  - ・平均走行速度
  - ・走行箇所の分散

（出所:東京大学大学院工学系研究科）

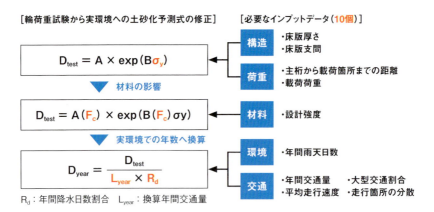

からでないと発見が難しい。それゆえ、事後的な補修を余儀無くされており、近年多くの道路管理者の頭を悩ませている。

DuCOM-COM3には、コンクリートに力がかかった時の内部の水圧変化を考慮するモデルを定式化し、土砂化進展を予測する機能も実装している[10]。そこで、猿投グリーンロードではこの機能を用いて、床版の土砂化進展の予測を試みた。

コンクリート内部の水圧上昇の繰り返しに基づいて土砂化進展を計算するモデルを実装したDuCOM-COM3による解析結果を用いて、床版に生じる応力と水圧、土砂化発生までの載荷数との関係性を整理し、時間や手間がかかるFEM解析を行わなくても、橋梁の諸元や交通量を基に土砂化が顕在化する年数を計算する式「土砂化予測式」を提案した（**資料2-5**）[9、11]。この式を猿投グリーンロードの全35橋梁に適用して土砂化発生時期を予測したところ、比較的小さい誤差の範囲内で、実際に生じた土砂化の深さを予測できることが分かった。この

**資料2-6●土砂化に着目した猿投グリーンロードの累積維持管理費用の試算結果**

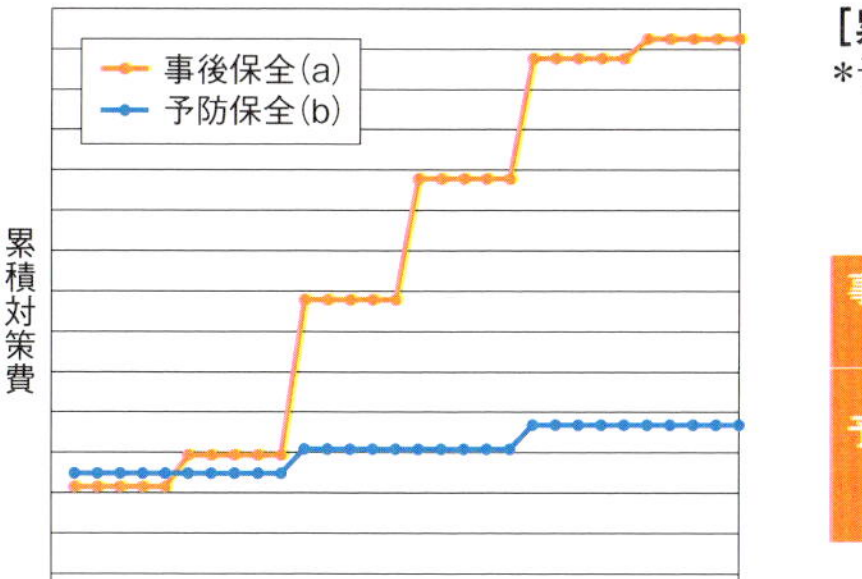


**[累積対策費の試算条件]**
＊予算制約を考慮しない“理想条件”での試算

| | 土砂化無し | 土砂化有り 軽度 | 土砂化有り 重度 |
|---|---|---|---|
| 事後保全(a) | 対策無し | ・断面修復<br>・下面補修 | 床版更新 |
| 予防保全(b) | 防水工 | ・断面修復＋防水工<br>・下面補修 | 床版更新 |

（出所：愛知アクセラレートフィールド、プロジェクトレポート、0017 コンクリート床版の土砂化劣化予測技術）

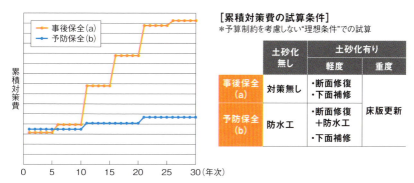

予測結果を基に、今後の維持管理費を試算した結果、土砂化が顕在化した後に修繕するこれまでの事後保全（成り行き）型のシナリオに比べて、提案した簡易式によって発生時期を予測し事前に防水工を更新する予防保全型のシナリオの方が、大幅に対策費用の累積を抑えられるという試算になった（**資料2-6**）。

DuCOM-COM3を用いた床版劣化の予測結果を維持管理シナリオとつなげることで、劣化顕在化のリスクを抑えながら、維持管理コストを低減できると分かった。

## ハイサイクルシミュレーションとコンセッション方式の組み合わせ

近年、計算機能力の向上やデータ処理技術の発達により、橋梁丸ごとの3次元モデル化やライフサイクルシミュレーション解析を容易に実施できるようになってきた。この橋梁丸ごとのモデル（フルスケールモデル）を用いて、橋梁床版の維持管理過程を仮想空間上で何度も繰り返す「ハイサイクルシミュレーション」の実現と、猿投グリーンロードにおける橋梁群の維持管理への適用を進めている。

ハイサイクルシミュレーションとは具体的にどのようなものか（**資料2-7**）。まず、設計図などを基にして、ある橋をフルスケールで3次元化したFEM解析用のメッシュを用意する。メッシュに対して疲労荷重を設定し、何万回、何十万回と載荷の計算を行うことで、疲労による劣化や土砂化の進展をシミュレーションできる。この結果を参照して、いつのタイミングで補修しなければいけないかに加え、現状のままだと早期に補修時期が来てしまうのならば、補強などの抜本的な対策を講じる必要があるのかなどを判断できる。判断に基づいて必要とされた補修・補強の方法をフルスケールモデルメッシュに反映させて再度疲労解析を実施する。このようなサイクルをぐるぐると、また様々なシナリオを想定して仮想空間上で回すことで、どのような維持管理が最適なのかを導き出すのである。

　これにより、これまで5年の定期点検間隔の中で1度しか回らなかったサイクルをたくさん回し、それにより多くの知見を得て他の橋梁の維持管理にも使えるのではないか――。これが、ハイサイクルシミュレーションの意図

資料2-7 ● DuCOM-COM3を用いた床版のハイサイクルシミュレーション

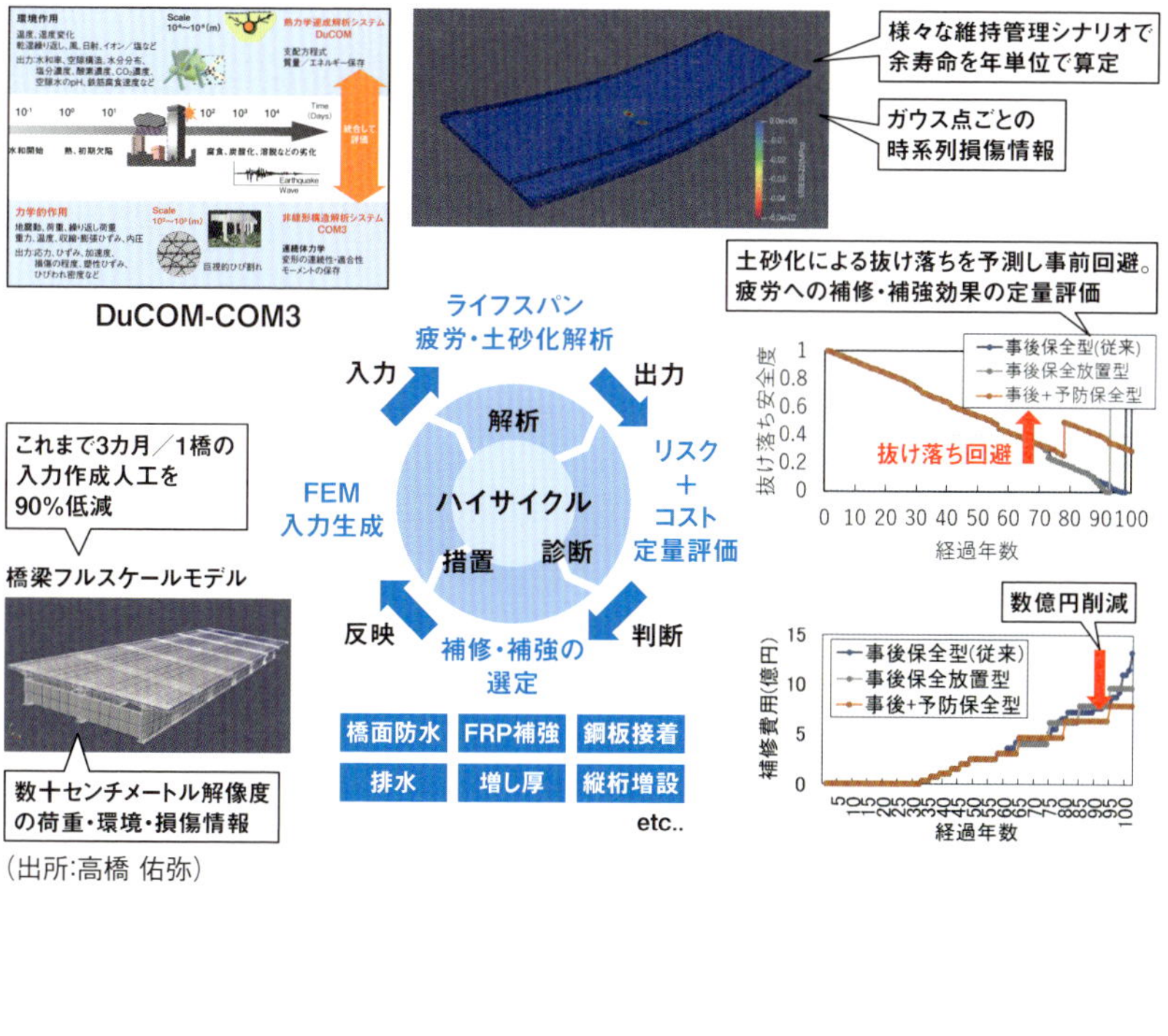


（出所:高橋 佑弥）

だ。この時、補修・補強の費用（コスト）の推移を併せて考えることで、床版の抜け落ちリスクを合理的に下げるとともに、維持管理に関わるライフサイクルコストを低減させることが、最適な維持管理戦略を立案する上で肝要である。

このような手法により、補修の効果を定量的に示すことで、補修・補強工法のコストと効果のバランスが取れた方法を選定できるようになる。加えて、同じ補修方法であっても、例えば数年ごとに2回に分ける場合と1回でまとめる場合が考えられる時に、両者が結果的に同じ余寿命となる場合には、1回でまとめた方が通行止めに伴うコストなどの工事費用を大きく抑えられるようなこともある。

今まさに、猿投グリーンロードでこのハイサイクルシミュレーションを進めている。10橋以上の鉄筋コンクリート床版を有する鋼桁橋が存在しており、これらの全てでフルスケールモデルを作成して、疲労解析を実施している（**資料2-8**）。作成したモデルの妥当性は、対象橋梁に20tの荷重車を載せて行ったたわみ計測と比較し検証できている（**資料2-9**）。DuCOM-COM3を用いた疲労解析を実施すると、それぞれの橋の長さや桁の間隔などの違いによる疲労劣化への抵抗性が異なることも分かる。今後様々な補修・補強効果の検討に展開することで、適切な維持管理手法を選べるようにする。

これまでは全国の橋梁で一般的に、点検を実施し点検員が判断した劣化の状況を基に点検結果を作り、その現在の損傷状況から維持管理すべきか否かを判断してきた。このパートで紹介した取り組みにより、合理的かつ定量的な根拠の下、既存の橋梁を維持管理できるようになるととも

資料2-8 ● 猿投グリーンロードの橋梁群のフルスケールモデル

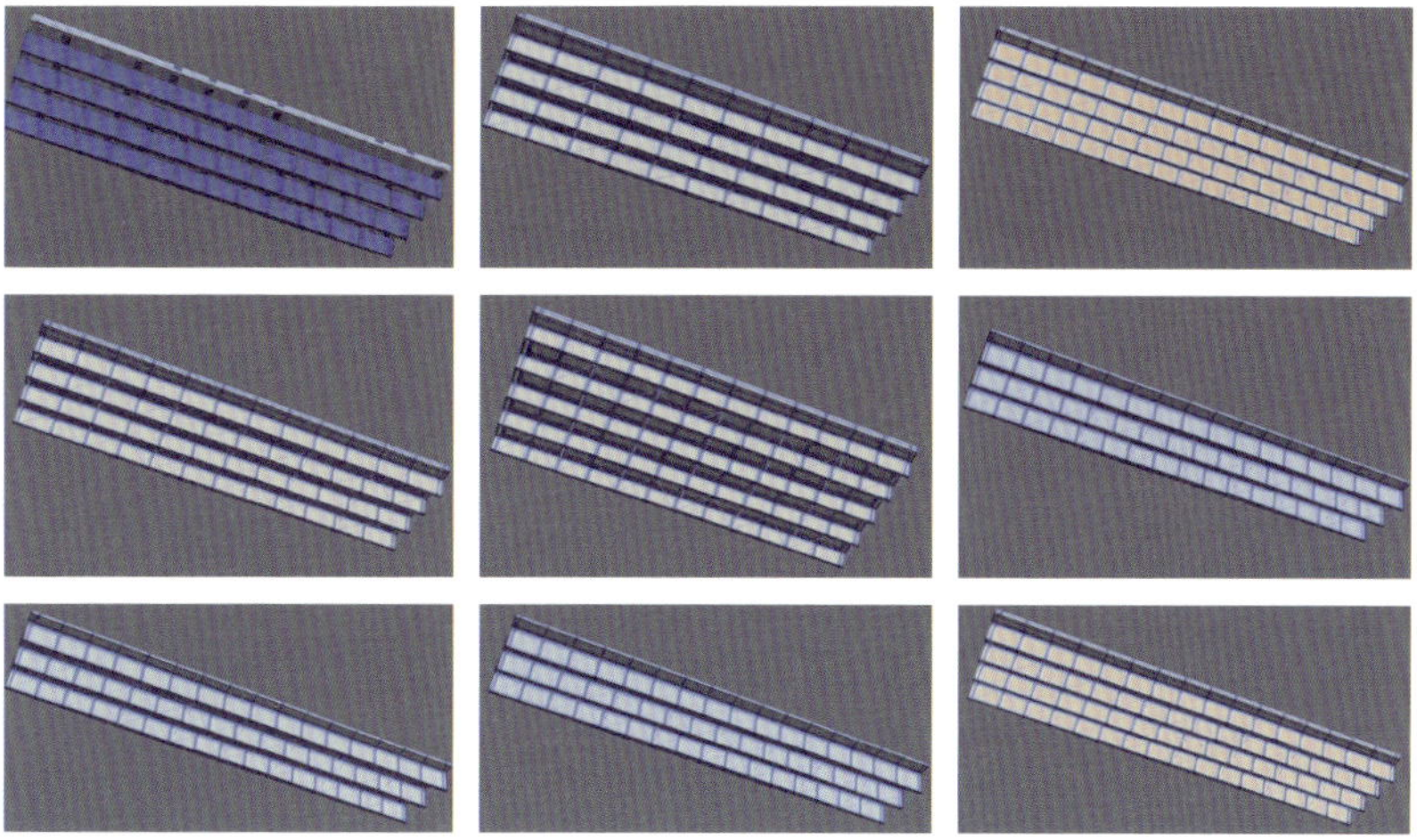

（出所：米田 大樹）

資料2-9 ● 橋梁のたわみに関する検証

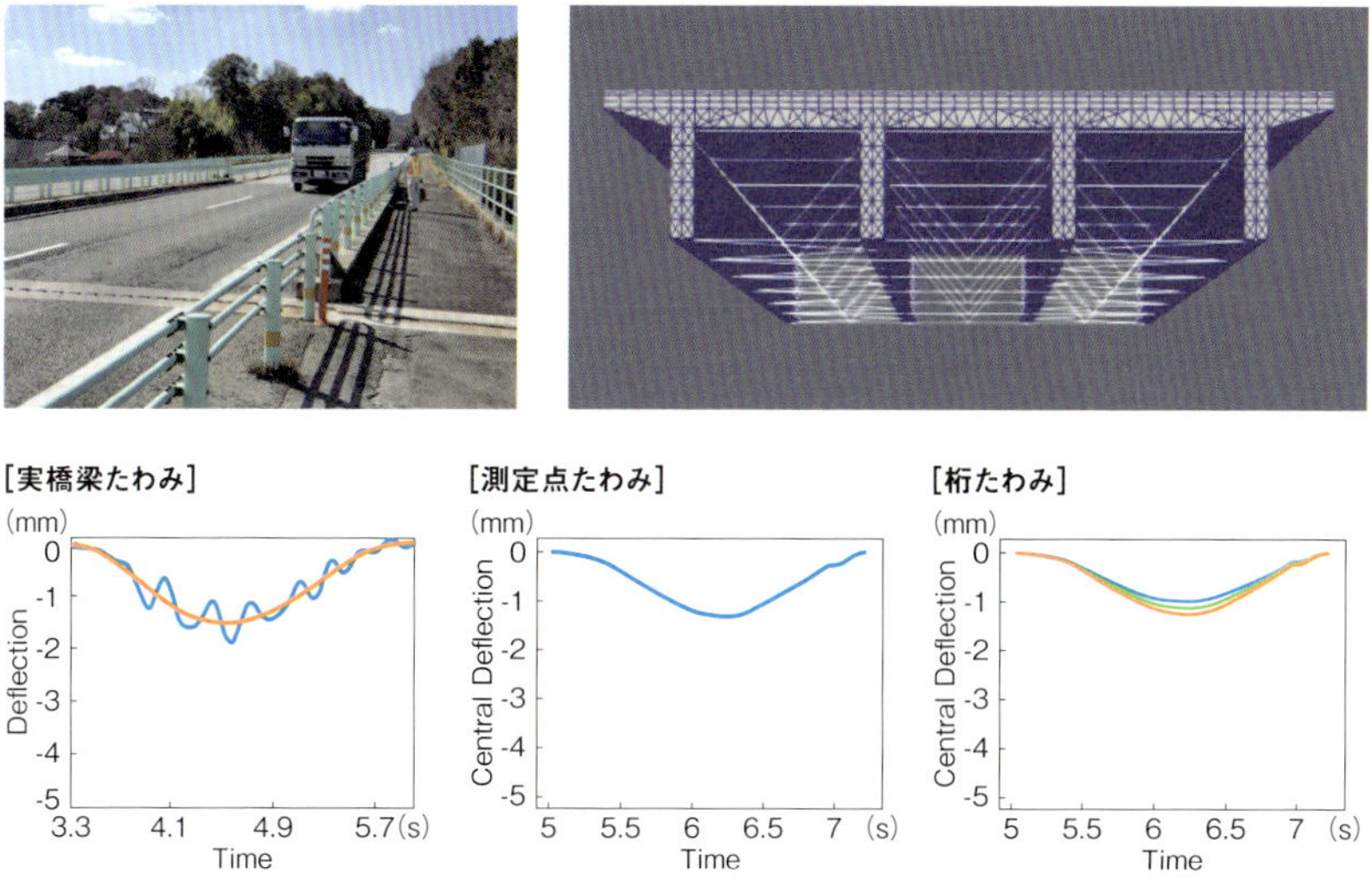


（出所：米田 大樹）

に、将来にわたって維持管理を最適化できるようになる。

　こうした取り組みに当たってコンセッション方式は、民間企業によるコスト削減ノウハウや創意工夫などを活用できるため、有効であると考える。ARCでは、実際に供用中の施設を活用して技術を実証し、道路運営事業における社会課題を解決しながら技術の社会実装を支援する仕組みとして「愛知アクセラレートフィールド」[12]を実施している。前述した土砂化予測式に関する検討も、同フィールドを活用し、土砂化予測と維持管理シナリオの設定、将来コストの試算とともに、防水工をしっかりと機能させた場合に維持管理費用（ライフサイクルコスト）を大幅に下げられることを示した[9]。

　さらに、DuCOM-COM3を用いた疲労解析をARCが管理する路線全体の橋梁群に拡張するために、ハイサイクルシミュレーションの試みを取り入れている。点検・診断やモニタリングで収集したデータ群と、構造物の劣化予測シミュレーションを最大限活用する。ARCの担当者が、客観的な説明責任を果たしながらも、維持管理に関する最適な意思決定を迅速化することを目指している。今まで全く前例のない取り組みであり、様々な観点から総合的に評価することが求められるであろう。新たな維持管理の姿が得られると期待できる。

## パラメトリックモデルによる解析プロセスの高速化

ただし、このようなフルスケールの解析に当たり、インプット（解析に必要な各種データ）の作成にかかる労力と時間が問題となってきた。DuCOM-COM3のシミュレーション技術は、これまでにも様々な構造物に適用してきたが、数十万要素の3次元のモデルのメッシュを手作業で作ると、1橋当たり約数カ月の時間を要していた。そのような状況だったため、1つの構造物のシミュレーションを実施して性能評価を行うようなプロジェクトを実施するには、1～2年単位の時間がかかっていた。しかし、そのスピード感ではここで紹介したハイサイクルシミュレーションには不十分である。

そこで、猿投グリーンロードでは、ハイサイクルシミュレーションの実現を目指し、フルスケール解析プロセスの高速化にも挑んでいる。解析に至る流れは次の通り。まずは図面からパラメーターを抽出する。続いて、パラメトリックモデル（パラメーターを入力するだけで簡単に形状を変更できる3次元モデル13）を生成。その後FEM解析のメッシュ分割や車両の荷重といった条件設定を経て、解析用データを作成する。3次元モデル化から解析用データ作成までの作業と解析結果の可視化の作業を自動化した。こうした自動化処理が奏功し、1週間で1橋分の床版劣化予測の結果を算出できるようになった。スパコンを使うと1週間で8橋分もの算出が可能になる。これは、1日換算で1橋分の算出能力だ。

このうち、パラメトリックモデルの適用によって、インプット生成の効率を飛躍的に上げることに取り組んでいる14（**資料2-10**）。パラメトリックモデルは、一般的なCADソフトなどで標準的に用いられている手法だ。あらかじめ、鋼桁とRC床版を含めた橋梁全体の標準形を作成する。続いて、図面から寸法の修正に必要な限られた数のパラメーターだけ取得すれば、フルスケー

## 資料2-10 ● 鋼桁橋を対象としたパラメトリックモデルの適用

橋梁図面

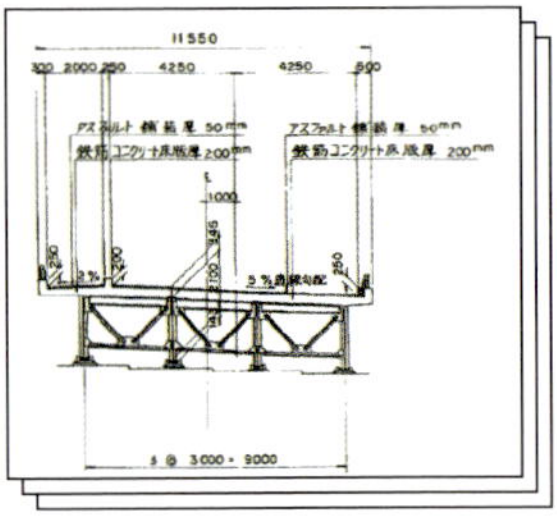

必要なパラメーターを取得

| | Bridge A | Bridge B | Bridge C |
|---|---|---|---|
| Thickness of deck [cm] | 20.0 | 20.0 | 20.0 |
| Main span spacing [m] | 3.0 | 3.0 | 3.0 |
| Length [m] | 25.6 | 40.0 | 33.0 |
| Year of construction | 1972 | 1972 | 1972 |
| Daily traffic volume | Uncertain | 6936 | 6936 |
| Design strength [MPa] | 30 | 30 | 30 |
| Girder height [m] | 1.22 | 2.10 | 1.60 |
| Number of Girder | 5 | 4 | 4 |
| Upper flange width [m] | 0.30 | 0.50 | 0.35 |
| Lower flange width [m] | 0.30 | 0.50 | 0.54 |
| Thickness of flange [m] | 0.02 | 0.02 | 0.02 |
| Pavment thickness [m] | 0.08 | 0.08 | 0.08 |

…

パラメトリックモデルで
フルスケールモデル生成

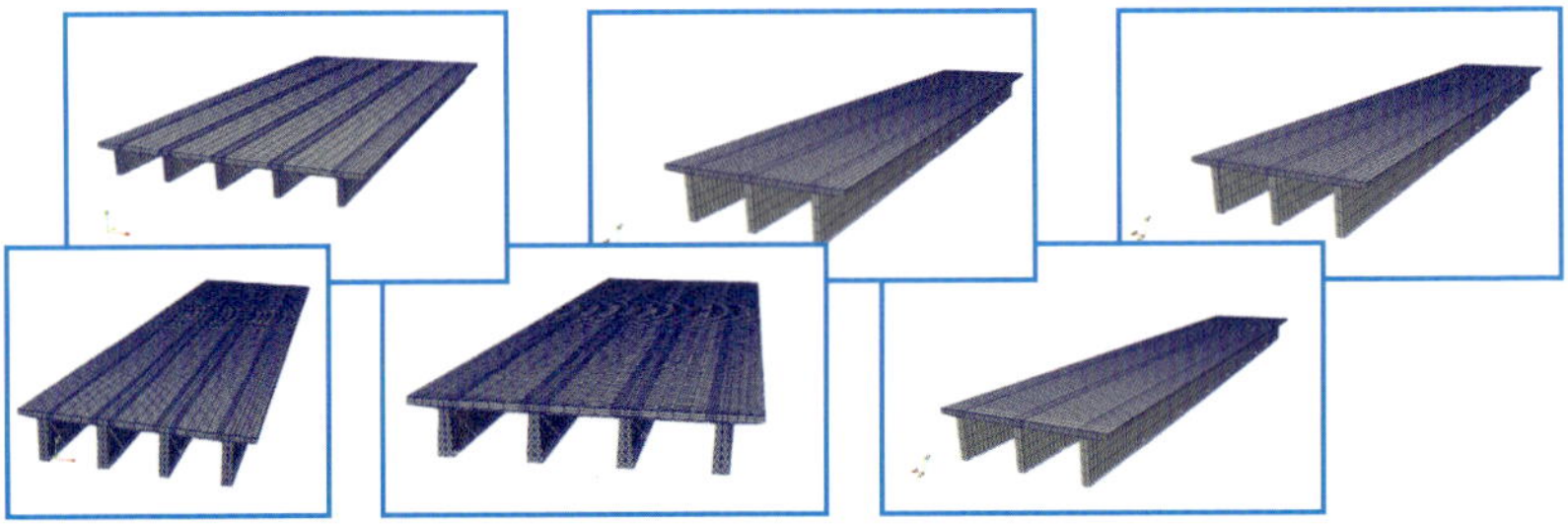

パラメトリックモデルで生成されたフルスケールモデル

＋

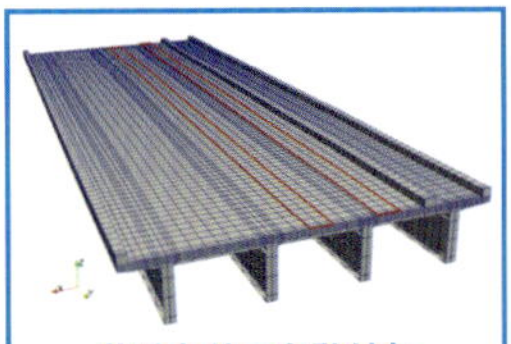

荷重条件の自動付与

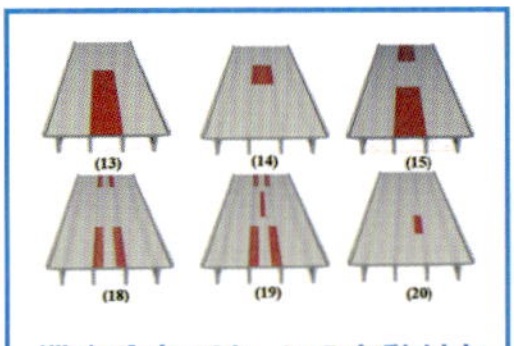


滞水分布パターンの自動付与

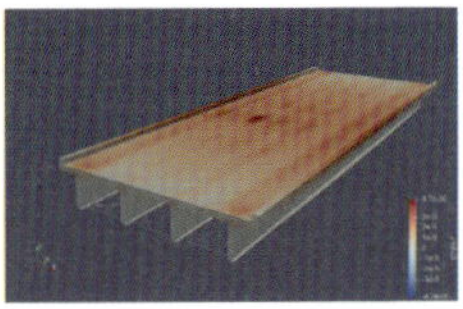

疲労シミュレーション実施

（出所：文献**14**を基に高橋佑弥が作成）

ルの３Ｄモデルを迅速に作成できる。

建設分野の３Ｄモデルでは、近年ＢＩＭ／ＣＩＭ用の３Ｄモデルの普及が目覚ましい。ただし、それらのモデルは荷重値などに対して結果値が比例関係にならないことを前提とする非線形ＦＥＭの構造解析にそのままでは使えず、互換性が無いことに留意が必要だ。ＢＩＭ／ＣＩＭ用の３Ｄモデルが、構造物の施工手順や出来形などに重きを置く一方で、ＦＥＭ構造解析の場合は力学的整合性を重視する。例えば、コンクリート内部の鉄筋の位置が１cmずれていたり、必要な箇所がつながらずにモデル化されていたりする場合、ＢＩＭではあまり大きな問題にはならない場合もある一方で、ＦＥＭの構造解析の結果に与える影響は非常に大きい。しかし、桁同士の一体性を確保する対傾構など力学的な寄与が限定的な部材をモデル化する際には、ＦＥＭの構造解析では単純化したり省略したりする方が効率的であるのに対しＢＩＭでは出来形の確認が必要なため省略できない。その用途に応じて、３Ｄモデルに求められる性能・精度が全く異なる。

このような意味で、図面にある構造物の形状をありのままに3Ｄモデル化することは、ライフサイクルシミュレーションを行うに当たって非効率だ。図面にある構造物の情報から、その性能に直結する重要な値とパラメーターを抽出し、それを基にDuCOM-COM3用のフルスケールモデルを作成するパラメトリックモデルのアプローチが、合理的である。

これまで非線形ＦＥＭを用いた1橋のモデル作成には、約半年程度の時間を要していた。パラメトリックモデルを用いて解析モデルを生成すると、詳細度が若干下がる代わりに高速かつ大量の解析を実施できるようになる。

## デジタルツインの実現に向けたさらなる技術開発

しかし、パラメトリックモデル自体の作成や改良は、前述したどの部材が重要かなどの構造物の構造応答に関する専門知に加え、鋼桁と床版の3Dモデル化に際しても上手くつながるように要素分割を工夫するといった要素分割や境界条件などのFEMに関するノウハウ、プログラミングの3領域の知見を有するエンジニアが実施する必要があった。だが、3領域の知見を有するエンジニアは少なく、開発の長期化や高コスト化の原因となっていた。さらに、パラメトリックモデルの詳細度を上げて解析精度を向上させると、パラメーターやプログラムの複雑化につながる。

そこで、多点拘束（Multi-Point Constraint 以下、MPC）という手法によるパラメトリックモデル開発のさらなる効率化を進めている（**資料2-11**）。

MPC法のメリットは次の通り。①部材同士が結合する節点の共有や要素分割などの制限が無くなり、パラメトリックモデルのプログラムが複雑化しにくい②メッシュ分割位置や要素形状、境界条件といったFEMに関する前提知識の必要性が薄まり、技術者に求められる知識や技能を分割できる③PC桁などをパラメトリックモデルの対象とすると、部品化によって形状などが一般化するためライブラリとして蓄積・共有・公開のハードルが低減できる④全体系の解析結果を部材接続面を介して境界条件の設定が容易となり、実験室や部材レベルの精度検証から実大レベルの解析などのプロセスを連続化しやすい——。

③は例えば、民間企業のある商品の設計図全体を公開することは企業秘密の観点からも難しい

が、そこに使われるＪＩＳ（日本産業規格）の部品に関する３次元解析モデルや解析結果などは公開されて様々な研究や検証に２次利用される方が好ましい。また、次に述べるＳａａＳ（Software as a Service）の活用とも相性が良いと考えられる。④は天気予報などの分野において、地球全体を解析してから、その結果を局所的な解析の境界条件として詳細に解析する手法の構造物版だ。数多く実施されている柱や梁などの詳細な破壊挙動の実験や解析と、実構造物とをスムーズに接続して分析などに有効活用できると考えられる。

こうした一連の自動化処理に加え、ＳａａＳ化の開発も進んでいる。ＳａａＳとは、インターネットを通じてソフトウエアを利用できるサービスのことを言う。身近な例としてはＧｏｏｇｌｅカレンダーやＳｌａｃｋ、Ｋｉｎｔｏｎｅ、マネーフォワードクラウドなどが挙げられる。様々な分野で普及しているサービス形態である。インフラ構造物の性能評価分野ではこれまで、シミュレーションに関わる一連のプロセスを理解

資料2-11●MPC（多点拘束）のメッシュ分割イメージ

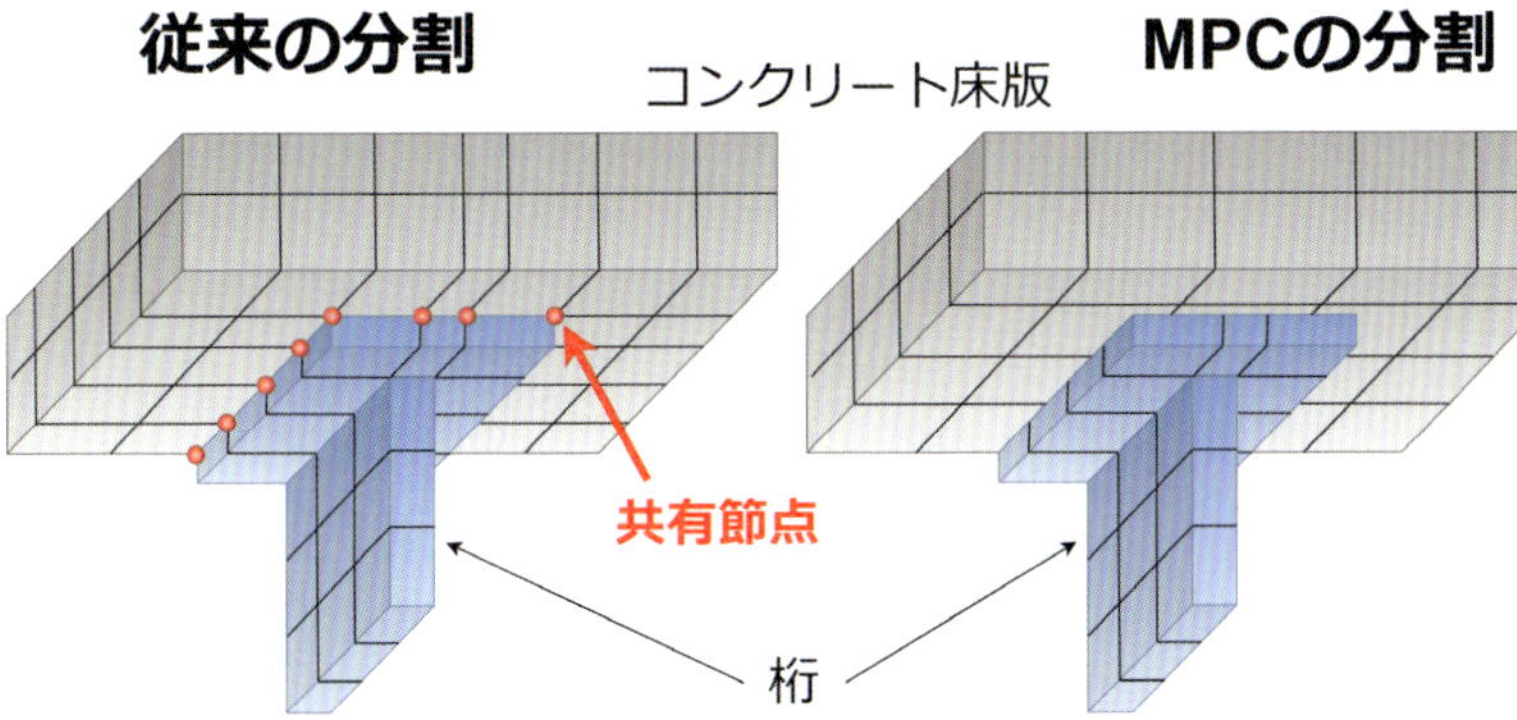


（出所:米田 大樹）

した上で、評価に使うプログラム群を全てインストールする必要があった。一連のプロセスとしては、インプットの用意、自社サーバでのプログラムの実行、出力ファイルの取得、別途ｖｉｅｗｅｒプログラムでの結果可視化という流れなどが例に挙げられる。だが、ＳａａＳを活用すれば、これらの事前知識をあまり必要とせずにプログラムを動かせるようになるので、技術の普及のために必要なサービスだといえる。

近年、インフラ業界でもデータベースが各種整備されつつある。例えば工事などの電子データを集約した電子納品保管管理システム（ＣＡＬＳ－ＳＥ）[15]やMy City Construction[16]、３Ｄ都市モデル上で様々なデータを格納したＰＬＡＴＥＡＵ[17]などが挙げられる。さらに、インフラの維持管理データに関しても、全国道路施設点検データベース（ｘＲＯＡＤ）[18]が整備されている。ｘＲＯＡＤには全国72万橋の点検結果などが格納されており、一般に広く公開している。国道に架かる約４万橋については、ライセンスを有料取得することで詳細な図面や点検結果などがＡＰＩ（Application Programming Interface）を通じて、コマンドを飛ばすだけで自動かつ大量に取得できる。このような大規模データベースとＡＰＩを利用した大規模データ通信に、これまで述べてきた解析の迅速実行や自動化、ＳａａＳ化を組み合わせることで、多くのインフラ構造物を大量にライフサイクルシミュレーションできるようになる未来も近いと考える。任意の時点で日本中にあるコンクリート構造物の様子が分かるデジタルツインも、近い将来実現できると感じる。日本地図上でこのような可視化を進めていけば、天気予報のアプリケーションで、地図上の雨雲をリアルタイムに観察しタイムバーを動かすと過去の測定結果から将来を予測するようなことが、コンクリート構造物の性能変化でも可能になるのではないか。コンクリート構造物の性能予報の〝一般化〟も夢ではない。

以上のように、猿投グリーンロードでのインフラメンテナンスの先駆的な取り組みは、構造物のデジタルツインを可能とする次世代性能予測と合理的な維持管理につながる大変重要な取り組みだ。さらに、現在インフラ構造物の劣化状況を非破壊で検査する技術や、各道路が寸断した場合の社会的影響度を算出するような技術の開発も進む（詳細は他の章を参照）。そうした技術と組み合わせることで、インフラメンテナンスの点検・診断・措置に至る全ての過程で最新の技術を適用し、維持管理全体を格段に合理化できると考える。

# 仙岩道路から考える技術のパッケージ化

CHAPTER 2-2

## 東北地方における橋梁マネジメントの課題

東北地方は積雪寒冷地であり、冬季には各地の道路で凍結防止剤を散布する。特に、1990年に「スパイクタイヤ粉じんの発生の防止に関する法律」が公布・施行されて以降、凍結防止剤の散布量は急増した[19]。凍結防止剤は塩化物（主に塩化ナトリウムや塩化カルシウム）であり、凝固点降下によって路面の凍結を抑制する効果がある。橋梁は、地熱が届きにくく風が吹きつけやすい構造であることから路面凍結が発生しやすく、凍結防止剤の影響を受け続ける道路構造物の代表格である。具体的には、水や塩化物が冬季に断続的に供給されることで、鋼材の腐食やコンクリートのアルカリシリカ反応（ＡＳＲ、Alkali Silica Reaction）などによる劣化が促進される。橋梁の劣化現象は、個々の構造諸元や交通量など、様々な因子が複雑に作用することで発生・進展するが、積雪寒冷地である東北地方は、国内では比較的、橋梁にとって厳しい環境だ。高度経済成長期に一斉整備された橋梁の老朽化や、人口減少・少子高齢化に伴うインフラ整備に配分される予算や労働力の減少など、橋梁の維持管理に関する問題は深刻化している。

こうした中で、厳しい環境下にある相当数の橋梁をマネジメントしていくためには、個々の橋梁における将来的な劣化発生予測といった、維持管理技術の高度化が求められる。「どの橋梁でいつ劣化が発生するのか」を予測できれば、点検頻度の合理化や予算などの維持管理リソースの適切な配分が可能になり、橋梁に万が一の事態が生じることを未然に防げる。

近年、データサイエンスの観点から土木分野の技術発展を目指した取り組みが盛んに議論されている。ここでは、東北地方の橋梁を対象に進められてきた、機械学習を活用した橋梁の将来的な劣化予測技術や、人流を考慮した橋梁の重要度評価に関する取り組みについて紹介する。また、橋梁マネジメントが抱える課題を解決していくためには、これらの劣化予測や人流に基づく重要度評価などの技術を個々で扱うのではなく、一つの技術パッケージとして扱うことが重要だ。そこで、東北地方の直轄国道の中でも、特に代替路がない「仙岩道路」に焦点を当て、技術のパッケージ化がもたらすメリットについて紹介する。

## 橋梁群の劣化予測は難しい

橋梁の劣化現象は、気温や降水量などの気象条件、交通量や凍結防止剤散布量といった環境条件、さらには、橋梁それぞれの構造形式など、種々のパラメーター（劣化因子）が複雑に作用することで発生する。また、劣化には、様々な種類がある。具体例としては、土砂化（床版上面のコンクリートが骨材とモルタルに分離し土砂のような状態になる現象）やASR（コンクリート中の骨材に含まれるシリカ鉱物とアルカリ性水溶液が反応することで生成されるアルカリシリカゲルが膨張し、コンクリートに異常膨張やひび割れを発生させる現象）、凍害（コンクリート中の水分が凍結・融解を繰り返すことで劣化していく現象）などが挙げられる。さらに、発生メカニズムの違いから、関係する劣化因子がそれぞれ異なる劣化現象もあれば、複数の劣化現象が複合的に発生することで、より深刻な劣化状態をもたらすケースもある。

　東北地方にある橋梁の中から選出した1305橋における土砂化・ASR・凍害の劣化発生分布を**資料2-12**に示す。また、東北地方における気象データ分布を**資料2-13**に示す[20]。ここで、各橋梁の劣化の有無は、2020年度時点の橋梁点検結果に基づいており、劣化の発生が疑わしい場合についても劣化が生じているものとしてカウントしている。これらの図より、宮城県

**資料2-12 ● 土砂化・ASR・凍害の劣化発生分布**

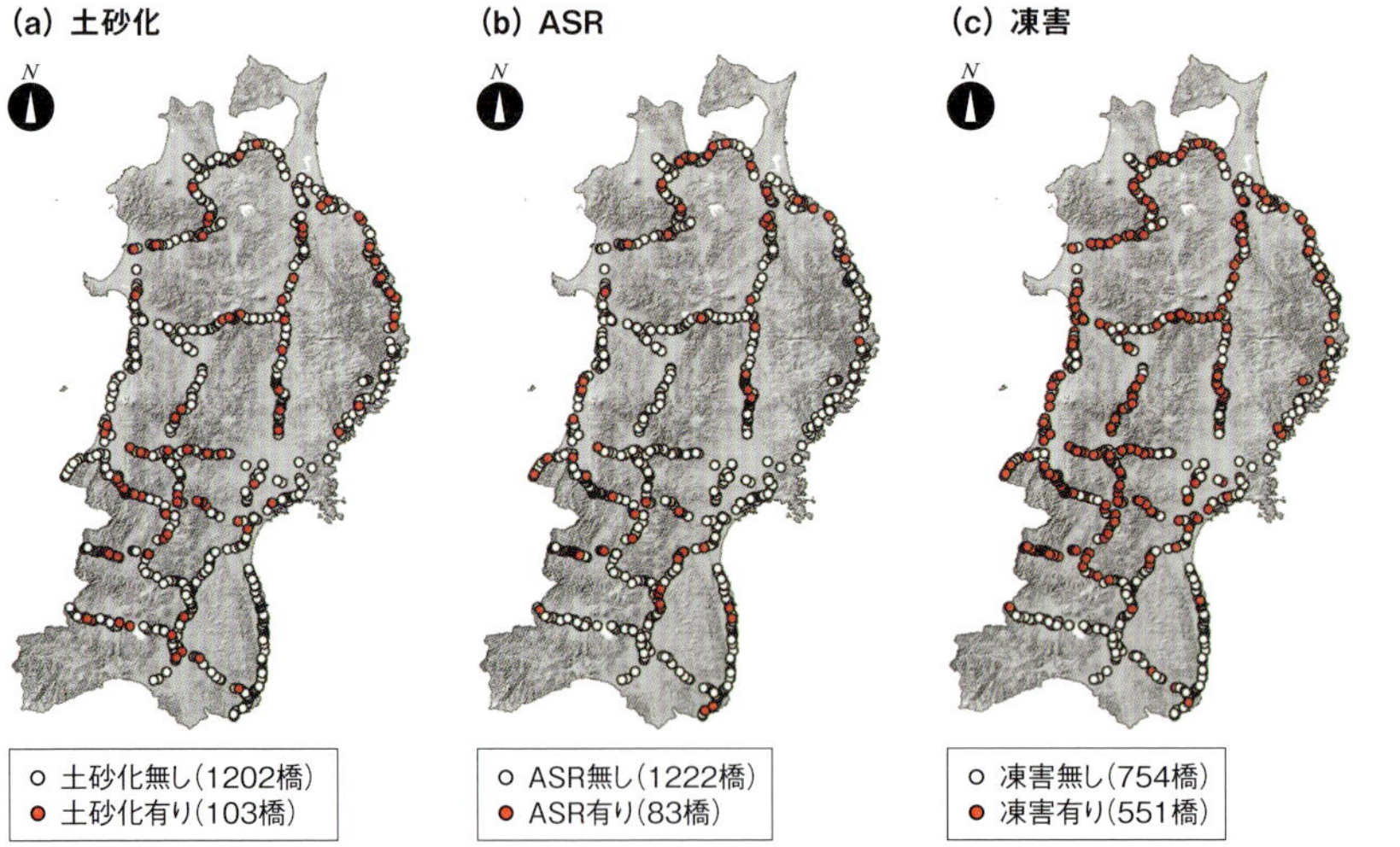


(出所:文献21)

資料2-13 ● 東北地方における気象データ分布

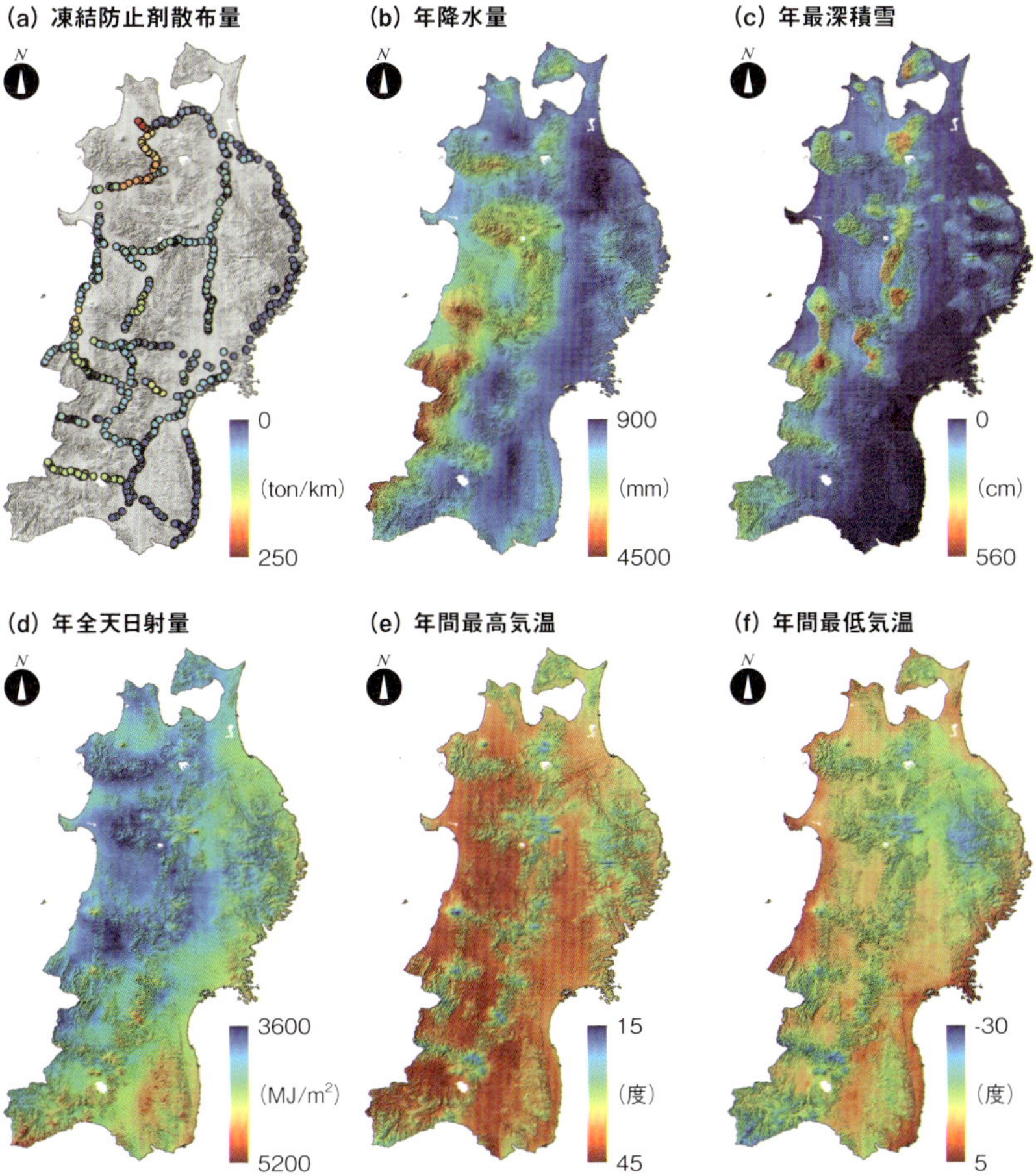


(出所:文献21)

や福島県の太平洋沿岸部など東北地方の南東地域では、内陸部や日本海側に比べて穏やかな気候であり劣化している橋梁が少ないといった、橋梁の劣化の概略的な発生傾向が確認できる。対象橋梁を限定すれば、詳細な調査や検査結果に基づく高度な解析により、将来的な劣化の発生・進展を予測できるかもしれない。

しかし、「どのような劣化因子が大きく作用し、どのような劣化が今後いつ発生するのか」を相当数の橋梁全てに対して精査することは困難だ。橋梁マネジメントには、橋梁を群として扱ったうえで、様々な状況下にある多様な橋梁に対して優先度を設けながら適切な措置・対策を施していくことが求められる。そのためには、対象地域の気象条件や環境条件などの様々なデータ・情報を総合的に扱い、解析コストを抑えながら、多数の橋梁の劣化状態を同時に推定する技術がカギとなる。そこで出番となるのがデータサイエンスだ。

## データサイエンスで橋梁の未来の状態を予測する

劣化が発生している橋梁の位置情報と気象条件とを見比べると、橋梁の劣化発生と気象条件には少なからず関係性があることが推察できる。これは、コンクリートや鋼材などの建設材料の劣化メカニズムに関する既往研究でも明らかにされており、驚くことではない。例えば、気温が氷点下になればコンクリート内部の水分が凍結することで膨張し、気温が上昇すれば融解する。このように凍結と融解が繰り返されることでコンクリートにひび割れが発生する現象が凍害である。

重要なことは、橋梁マネジメントの中で「多様なデータをどのように分析し、有効活用するか」だ。誤解を恐れずに言えばこの点で、機械学習に代表されるデータサイエンス技術の活躍が期待される。

機械学習とは、様々なデータを分析することで、データに潜在する傾向やルール、パターンを発見し、それにのっとって予測・判断を実現する技術である。近年多くの分野で機械学習の技術が採用されている。土木においても、橋梁の維持管理をはじめ様々な分野で活用されている。土木業界を取り巻く環境は、昔ながらの人手重視のアナログ作業に根付いた「土木＝3K（きつい・汚い・危険）」から大きく改善されてきているのだ。加えて、データサイエンス技術の導入が進む中で、土木技術者にはこれまでにない多様性が求められており、それに対応していくことも業界のさらなる発展に向けた大きな課題である。

各橋梁が気象（最高・最低気温や降水量など）や環境（交通量や凍結防止剤散布量など）、諸元（材料種別や橋の大きさ、架設年月、劣化状態など）といった様々な情報を有している。機械学習により、それらデータ間に潜在する複雑な関係性を読み解き、各橋梁における諸元や気象・環境条件を入力情報として、最終的に劣化発生の有無を出力する予測モデルを構築できる。さらに、予測する将来の年に応じた供用年数を予測モデルに入力することで、将来的に劣化が発生する橋梁の分布を推定できる。例えば、2050年時点における土砂化とASR、凍害を有する橋梁分布予測結果を**資料2-14**に示す。新たに劣化が生じる橋梁は、現時点で劣化が生じている橋梁周辺に多く分布する傾向が確認できる。これは、類似の条件下にある橋梁から劣化が発生することを示唆している。本予測結果は、劣化が生じている橋梁の近くに位置する橋梁を重点的に点検するといった、維持管理を進める上での合理的な意思決定の一助になり得る。

## 社会にとって重要な橋とは?

ここまでは橋梁の劣化予測について述べてきたが、橋梁マネジメントの合理化・高度化を目指すうえで、「どの橋梁がどれほど重要なのか」を明確化することも重要である。従来の橋梁マネジメントでは、橋梁が位置する道路の交通量や、緊急輸送道路の指定の有無といった路線の重大さに基づいて各橋梁の重要度が設定されている。また、大きな橋梁ほど重要であると考えられるケースも多い。し

資料2-14 ● 2050年時点における土砂化・ASR・凍害を有する橋梁分布予測結果

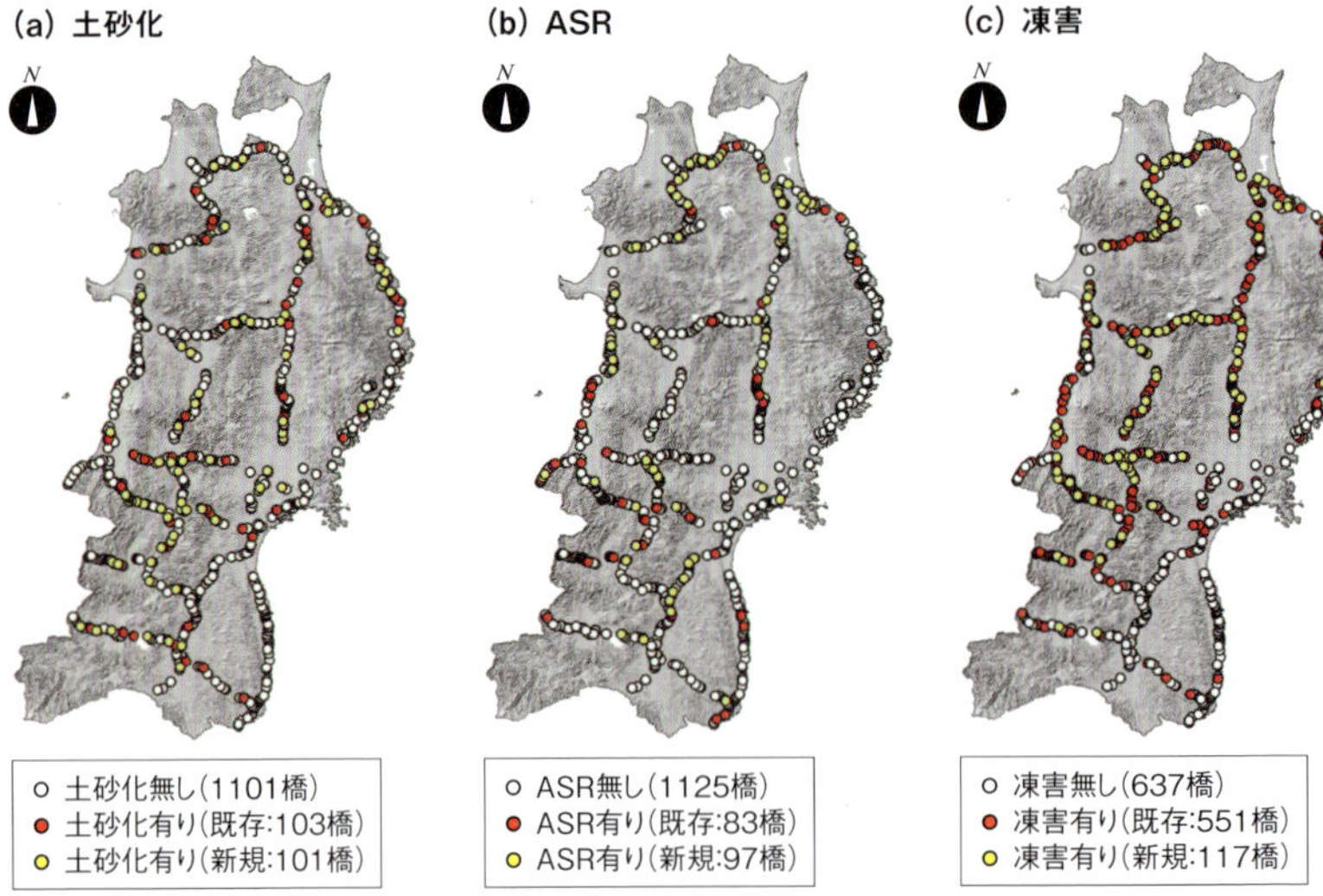


(出所:文献**21**)

かし、橋梁の道路構造物としての役割を考えると、例えば劣化進展や地震などで道路交通の安全を保障できない状態に陥り、通行止めが生じた際の迂回に伴う移動距離の増加など、橋梁を利用する人々の移動の流れ(人流)の変化による影響まで反映した重要度ランク付けが求められる。「万が一にその橋梁が使えなくなったときの悪影響」を数字で表すことができれば、橋梁の管理者も利用者も納得のいく橋梁マネジメントができるはずだ。

従来の人流データは、種々のビッグデータを集計したマクロな情報のみを有しており、個人情報保護のため、移動経路などの個人の特定につながる情報は除去されるのが一般的である。しかし、近年では、携帯GPS(全地球測位システム)データや人口などの様々なビッグデータに潜在する対象地域特有の特徴量を保持しながら、プライバシー保護技術による個人情報保護問題を解決した高粒度な人流データ(擬似人流データ)の生成技術が開発されている。擬似人流データもまた、データサイエンスに関する新技術の一つである。橋梁を共通のキーワードとする異分野交流に基づく取り組みの中で、橋梁マネジメントへの適用可能性が見いだされたデータだ。ここでは、擬似人流データを活用した橋梁の重要度評価技術について紹介する。

## 人流データが明らかにする橋梁の社会的価値

橋梁に通行止めが生じた場合、対象橋梁の通行者は迂回を余儀なくされるため、平常時よりも目的地に到着するまでに要する移動距離や移動時間が増加する。距離と時間の増加量は、橋梁の規模や劣化状態に関係なく、対象橋梁周辺における迂回路の有無や、各移動のＯＤ（Origin：出発地／Destination：目的地の略）に大きく依存する。移動距離や移動時間の増加量を推定できる場合、それぞれに対応する原単位を乗じることで貨幣価値に変換し、結果として橋梁の通行止めに伴う経済損失を算出できる。すなわち、人流データを活用することで、「この橋梁が通行止めになると、１日につき○○円の損失が出る」と明示できる。

橋梁の重要度が貨幣価値で表現されるので、専門家のみならず、一般の利用者でも容易に橋梁の価値を理解でき、維持管理上の優先順位付けに活用しやすくなる。また、例えばローカルエリアでは、利用者数が極めて少ない橋梁が多数存在する。予算や労働力が将来的に減少していく中で、利用者

**資料2-15● 平常時における通行者数と迂回に伴う経済損失の関係**

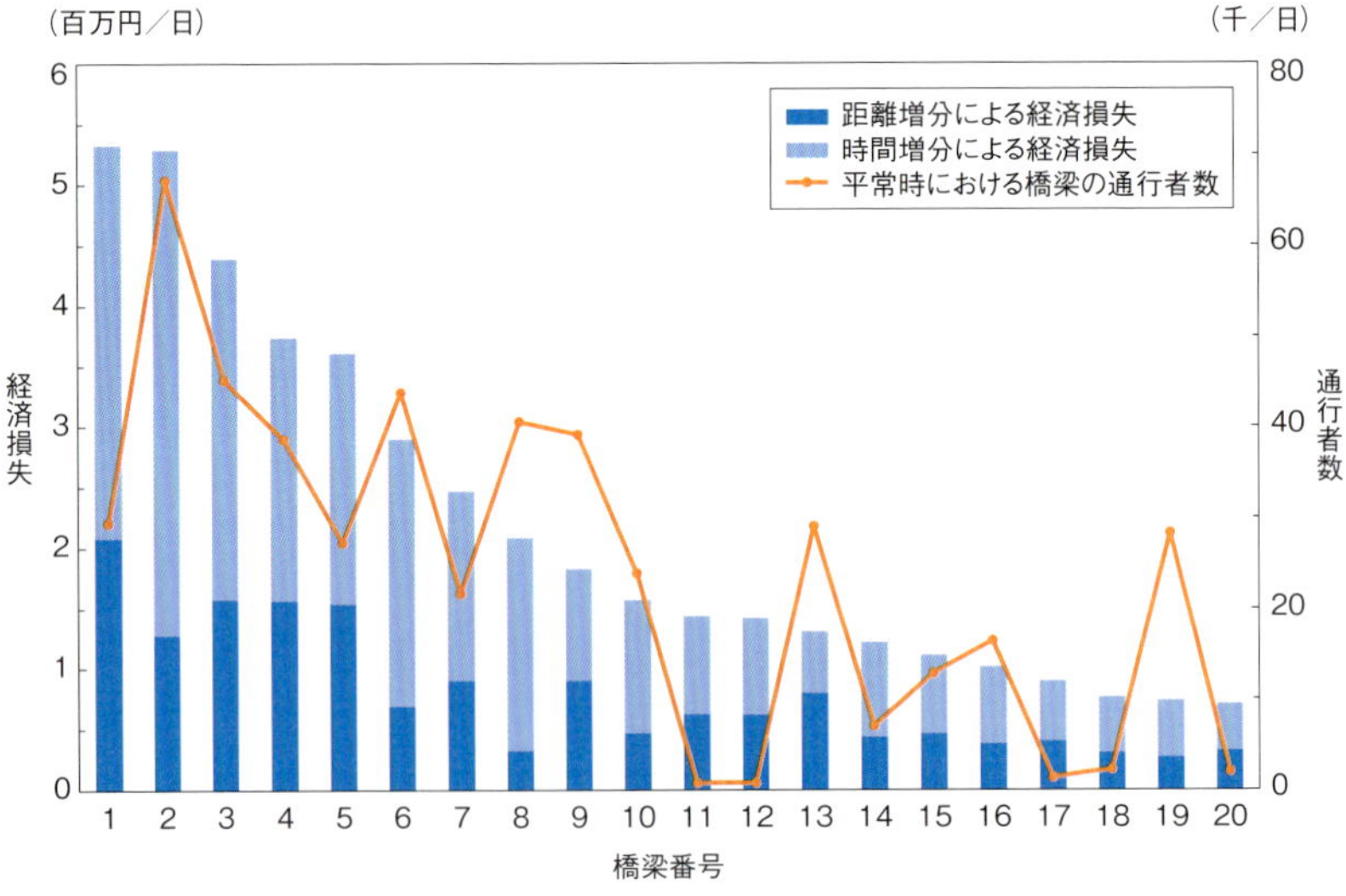


（出所:石橋 寛樹）

の少ない橋梁全てを維持管理していくことが難しくなる可能性がある。こうした橋梁を無くす（廃橋にする）ことも選択肢として議論されていくべきだ。維持管理費に対して橋梁を維持し続けることの貨幣価値が少ないと提示することが可能になれば、住民による理解が得られやすくなることが期待できる。「この橋梁を残すのは金銭的に損」という解釈の容易さというのは、橋梁マネジメントを考えるうえで重要な視点だ。

実際に東北地方のある地域を対象に、擬似人流データを活用することで橋梁に通行止めが生じた際の迂回シミュレーションを実施し、各橋梁の平常時における通行者数と迂回に伴う経済損失の関係を検証した（**資料2-15**）。人口が多く、交通網が密である市街地や、交通量は少ないものの周辺に迂回路が少ない山間地など、様々な条件下に位置する橋梁に対する推定結果が含まれている。例えば、橋梁1と橋梁2では、迂回に伴う経済損失はほぼ同等であるものの、平常時における橋梁1の通行者数は橋梁2の半数以下である。また、橋梁11と橋梁12を見ると、共に山間地に位置する橋梁であり、他の橋梁に比べて通行者数は少ないものの周辺に迂回路がないことから、通行止めが生じた際の経済損失は比較的大きい。これらの結果は、平常時に多く利用される橋梁が必ずしも重要度が高い（優先的な措置が必要）とは限らず、逆に利用者数の少ない橋梁であっても通行規制が行われた際の社会的悪影響が大きい橋梁も存在することを表している。人流の影響まで考慮した迂回シミュレーションを橋梁マネジメントに取り入れることで、橋梁の重要度をより精緻に評価することができ、経済損失という明瞭な指標に基づいた合理的な橋梁マネジメント計画の立案が可能になると言えるだろう。

## 技術のパッケージ化がもたらす恩恵

橋梁マネジメントを適切に行っていくためには、劣化の懸念が大きく、万が一の事態の際に生じる通行止めに伴う経済損失が大きい橋梁を優先的に措置していくことが重要である。例えば、国道46号の一部であり、盛岡市と秋田市を結ぶ重要路線である仙岩道路では、周辺に迂回に使える代替路がなく、途絶が生じた際の社会影響は相当大きくなることが予想される（**資料2-16**）。仙岩道路上に位置する橋梁では、前述の劣化予測技術から橋梁にとって厳しい環境であることが確認されている。実際に一部の橋梁では、劣化に対する措置や対策に苦慮しており、今後維持管理を続けていくうえで通行規制を伴う大規模修繕が必要になる可能性もある。前述の橋梁重要度評価と同様の方法で通行規制による社会影響を定量評価できれば、措置・対策に対する費用便益費の精緻な推定につながり、結果として経済的に優れた維持管理戦略の提示が可能になる。

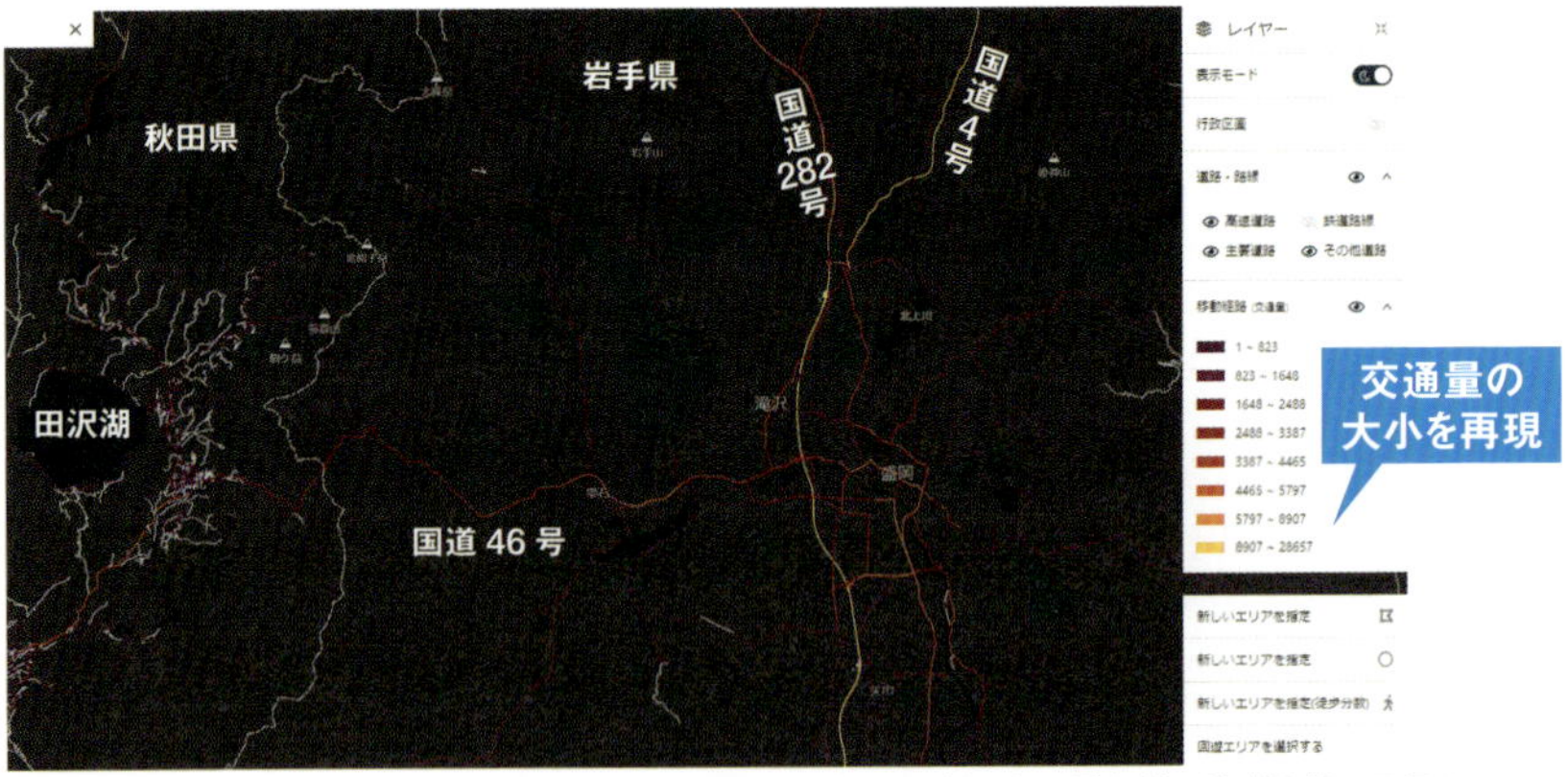


**資料2-16**● 人流データに基づく国道46号の交通量の分析画面（出所：石橋寛樹の資料を基に日経クロステックが作成）

仙岩道路の両端地点を迂回する場合は150kmもの遠回りを余儀なくされるが、実際には広域移動の道中で仙岩道路を利用している利用者が多く、迂回時は仙岩道路を走行するルートとは大きく異なるルートが選択されるケースが多いと思われる。しかしながら、仙岩道路の利用者一人ひとりの出発地と目的地まで考慮した迂回シミュレーションを実施しなければ、通行規制時の社会影響度を本当に評価することはできない。橋梁は道路構造物の一種であり、橋梁が果たすべき役割は「人を安全に通す」ことである。この本質と向き合えば、橋梁マネジメントを考えるうえで「人流」に焦点を当てた取り組みが求められることは至極当然だろう。

劣化予測と重要度評価に関する技術を両輪で回していければ、例えば仙岩道路のように、社会影響度の大きな箇所に集中的に予算配分することの必要性を定量的に提示でき、結果として利用者も納得しやすい形での橋梁マネジメントにかかる適切な施策の提言につながる。持続可能な維持管理を実現するには、橋梁マネジメントにかかる予算配分の時点から、劣化と社会的重要度の両視点に基づく議論が重要だ。従来の土木分野の領域にとらわれず、データサイエンスなど様々な技術が融合・結集し、橋梁マネジメントを支える研究が今後も発展し続けることを期待する。

第3章

# 5大ニーズ「塩害」

「5大ニーズ」の2つ目は、コンクリートの「塩害」への対応である。海からの飛来塩分や、寒冷地で散布される凍結防止剤により、鉄筋が腐食し、コンクリートには剥離・剥落といった著しい損傷が生じる。これに対し、目的に応じてレーザー打音や遠隔L-BS、高出力X線といった技術が開発され、それぞれ浜名大橋（静岡県）と妙高大橋（新潟県）で実装が進む。本章ではこれらの取り組みを紹介するとともに、塩害に対する様々な技術の性能や適用可能性を「見本市」で検証するK橋の事例を解説する。

レーザー技術でコンクリート表層の損傷を見る

CHAPTER
3-1

## 鋼材腐食による第三者被害リスク

塩害は、コンクリート内部の鋼材表面に存在し鋼材を腐食から守る「不動態皮膜」が塩化物イオンによって破壊されて引き起こされる。塩化物イオンは、構造物構築後にその表面から浸透する場合がある。飛来塩分と呼ばれ、沿岸部の海水飛沫や冬季間の凍結防止剤の散布などに由来する塩害だ。特に凍結防止剤は、1991年にスパイクタイヤの使用が禁止されてから散布量が大幅に増えたため、今後多くの塩害が顕在化しかねない。

塩害により鋼材が腐食すると、さびの生成で鋼材の体積が2～4倍に膨張し、外観からの目視では分からない浮き・剥離につながるひび割れがコンクリート内部に発生する。コンクリート片の剥離・落下に結びつきやすく、その

資料3-1 ● かぶりによるひび割れ形状の違い

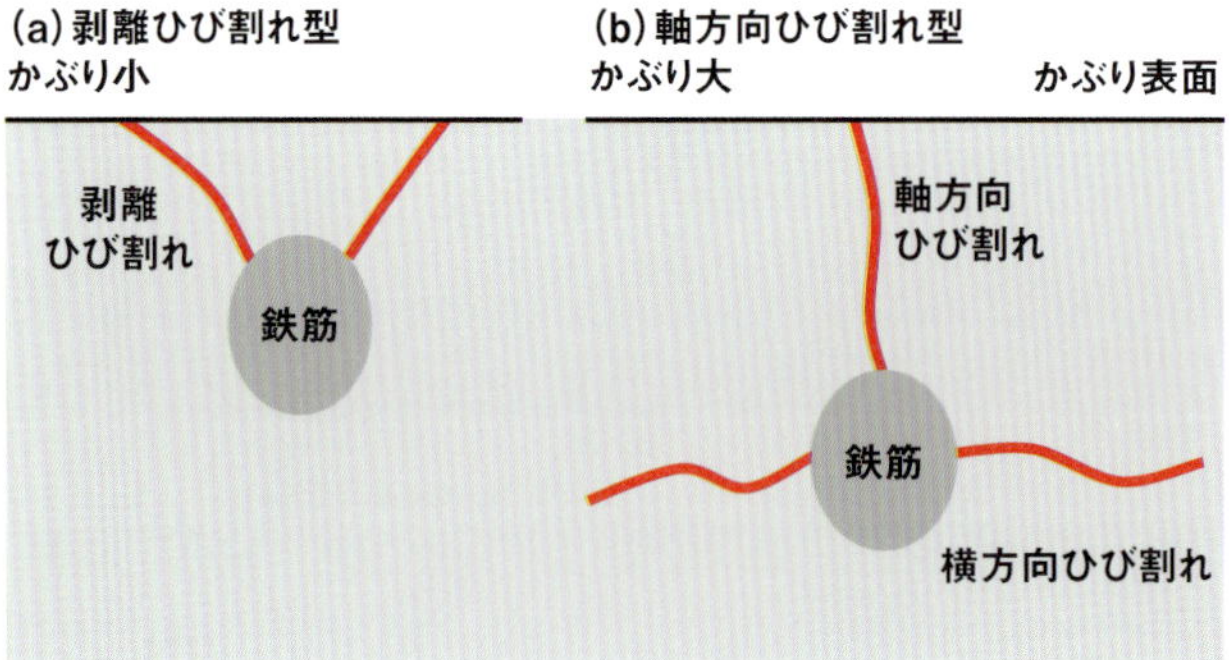


(出所:中村 光)

下を通過する車に当たるといった第三者被害の原因になる。そのため、予防保全の観点からも、目視では検知できないコンクリート内部の劣化を可能な限り早期に発見する必要がある。

浮き・剥離が生じるコンクリート内部のひび割れ形状は、純かぶりや鉄筋径の違いにより、「剥離ひび割れ型」と「軸方向ひび割れ型」が生じる（**資料3-1**）。かぶり剥落の頻度は前者の方が多い。一方、第三者被害のリスクが大きいのは、剥落するコンクリート片が大きくなる可能性が高い後者だ。外部からは鋼材位置に沿った線上のひび割れが見られるだけだが、内部には浮きにつながる水平方向のひび割れが発生することが特徴だ。このひび割れは、設計の前提となる鉄筋のかぶりが鉄筋径以上の場合に一般に生じる。

さらに、純かぶり30㎜で公称直径19㎜の鉄筋を断面幅が150㎜、250㎜、400㎜の供試体に配置した場合の腐食量と表面ひび割れ幅の関係、実験終了時の内部のひび割れ進展状況を示す（**資料3-2**）。表面のひび割れ幅や内部の水平ひび割れの長さは、供試体の幅（側方かぶり）の

**資料3-2●断面幅が表面ひび割れ幅とひび割れパターンに及ぼす影響**

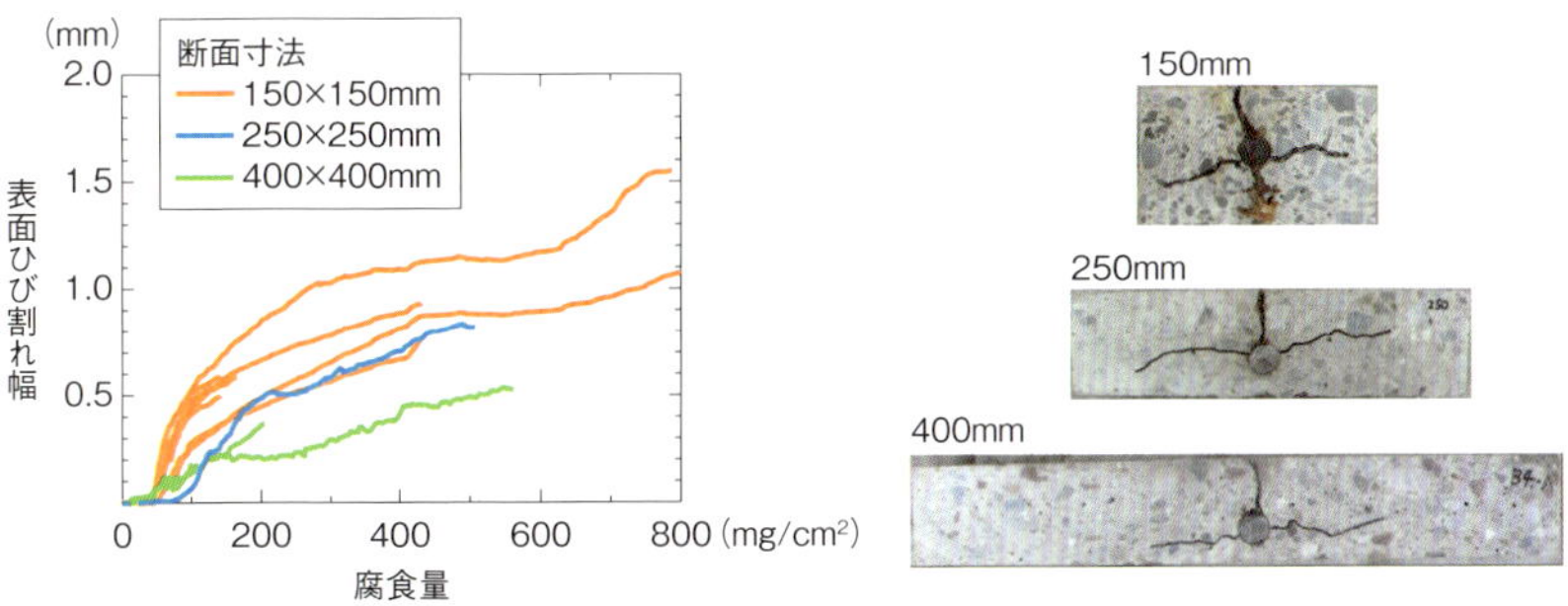


（出所:中村 光）

影響を顕著に受けると判明。複数の鉄筋が配置されている場合は、水平方向のひび割れが進展すると、内部で水平ひび割れがつながる可能性が高いことも分かった。

## 人力打音検査は負担大きい

鋼材腐食によるひび割れは外部からの目視では分からないため、見つけるのは、非常に手間がかかる。具体的には、点検員がコンクリート表面を目視検査（目で表面を見る）した上で、打音検査（たたいて内部を診る）で点検する。また、打音検査の際には触診検査（触って診る）も実施し打音の振動を確認するなど、見逃しのない点検が求められている。打音検査は、点検員がコンクリート表面を調べるための高所作業車の使用や足場の設置による経済的な負担、落下などの危険性の増大、橋梁下面ではハンマーで上方を向いてたたき続けるという負担の大きい作業だ（**資料3-3**）。そのため、検査員の負担軽減とともに、安全性と経済性の向上につながる新技術の導入が望まれている。

**資料3-3**●高所作業車を使った打音検査
（写真:中村 光）

また、点検結果のデジタルデータを取得することが重要となっている。点検員の経験に頼っていた浮きと剥離の判断を何らかの指標で定量的に行えるからだ。加えて、何度も定期点検を繰り返すインフラメンテナンスにおいて、将来にわたり打音データを残すことができるため、点検ごとの変化を確認できるようになる。さらに今後ＡＩ（人工知能）などに関わる新技術の導入時にはデータとして即時に活用するとともに、デジタルデータを取得した過去の時点まで遡って新技術を適用することが可能になる。

## 40m離れた位置から劣化検知

打音検査に対する新技術の一つが、レーザー打音である。本節で紹介するレーザー打音検査装置は、量子科学技術研究開発機構（量研）と量研発のベンチャー企業であるフォトンラボが共同で開発し、その後トンネルの点検業務への試行を行いながら改良を進めてきた[1]。この検査手法は、振動励起レーザーと振動計測レーザーの2つのレーザーを使用し、打音検査におけるハンマーと聴覚（または触覚）の役割を代替した技術だ。打音検査と同様の作業を遠隔で行うことで、検査員がコンクリート表面に行くことによるコストや負担を減らせる。その他のメリットとしては、コンクリート表面の振動データをデジタルデータとして取得できることが挙げられる。

レーザー打音の原理は、振動励起レーザーとして高強度のパルスレーザーをコンクリート表面に照射し、コンクリートの極表層部を高温の蒸気（プラズマ）として噴出させて（アブレーション）、光のエネルギーを運動エネルギーにすることで表面に振動を励起する。５m以上の距離でコンクリートを加振するためには、ジュール級（1ジュール（J）は、標準重力の下で102gの物体を1m持ち上げる時の仕事に相当）のパルスレーザーが必要となる。表面の振動計測は、一定出力のレーザーを連続的に照射する連続発振レーザーを利用した「レーザードップラー振動計」で行う。またパルスレーザーは毎秒10回のレーザー照射により、ラスター（格子状）スキャンを可能としている。コンクリート表面からの距離が5mの場合は約0・7m四方で1点について3回の照査を行いながら、数cm間隔で連続的に計測可能である（**資料3-4**）。

これまではトンネルに適用するため、コンクリート表面から5m程度の距離での遠隔レーザー打音の適用を進めてきた。2年ほど前にレーザーのビーム径やエネルギーを大きくするなど、さらなる技術開発を行い、現在では40m程度の離れた位置からコンクリートの浮き・剥離を検知できるようになった。これを受け、橋梁などへの適用を目指した技術開発を進めている（**資料3-5**）。

## 浮き・剥離の診断技術を定量化

打音検査は、検査員がコンクリートの打撃音を聴き、浮き・剥離の範囲を判断しており、判断基準が曖昧で検査員の経験が重要となる。レーザー打音はコンクリート表面の振動をデジタルデータで記録するので、先に述べたデジタルデータ活用時のメリットを生かせる。

浮き・剥離部の振動波形では、欠陥部上部で外部からの入力が物体の固有機動数に一致すると、揺れが大きく増大する「たわみ共振現象」が生じる。この欠陥の有無は分かるが、第三者被害に

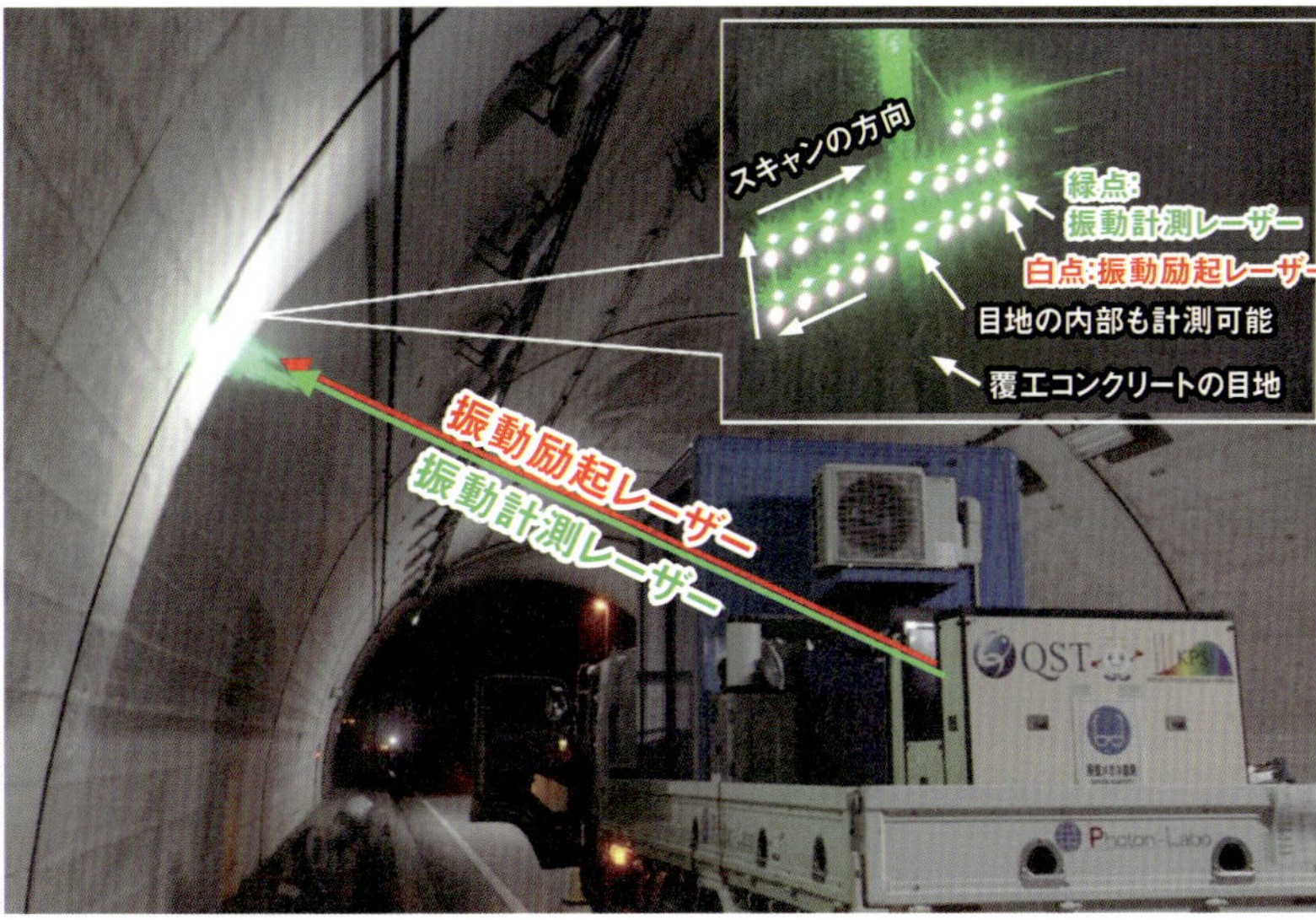


資料3-4●レーザー打音を用いたトンネル壁面の点検状況例(写真:長谷川 登)

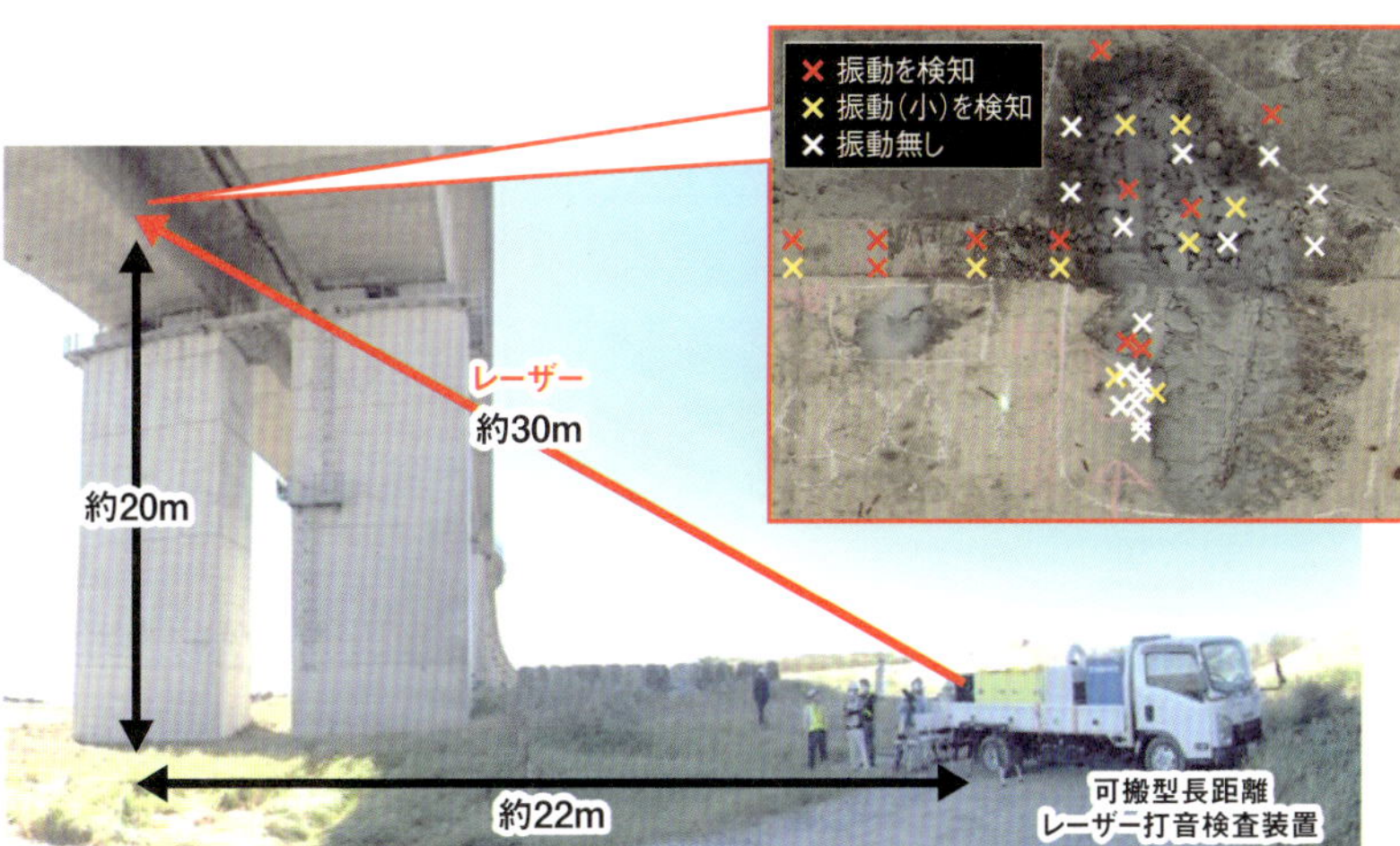


資料3-5●レーザー打音を用いた橋梁の点検状況例(写真:長谷川 登)

つながる剥落リスクの判断には至っていない。欠陥の有無の判断は点検項目に位置づけられており、剥落リスクの判断が可能になれば、点検技術から診断技術に進歩したことになる。

そこで、レーザー打音によって取得された振動データを診断技術として活用するため、筆者らは振動が徐々に小さくなる挙動に関係する波形エネルギーを考慮した指標として、振動波から算出されるエネルギー量が時間とともにどのように増加していくのかを表す正規化波形エネルギー積算値曲線の面積を用いた指標（減衰グラフ評価法）を提案**2**。実トンネル構造物の目地部において、レーザー打音検査装置によって覆工コンクリート表面を打撃して得られる振動波形に提案した指標を適用した（**資料3-6**）。

**資料3-6 ● 実トンネル構造物目地部のレーザー打音よる浮き・剥離の診断結果**

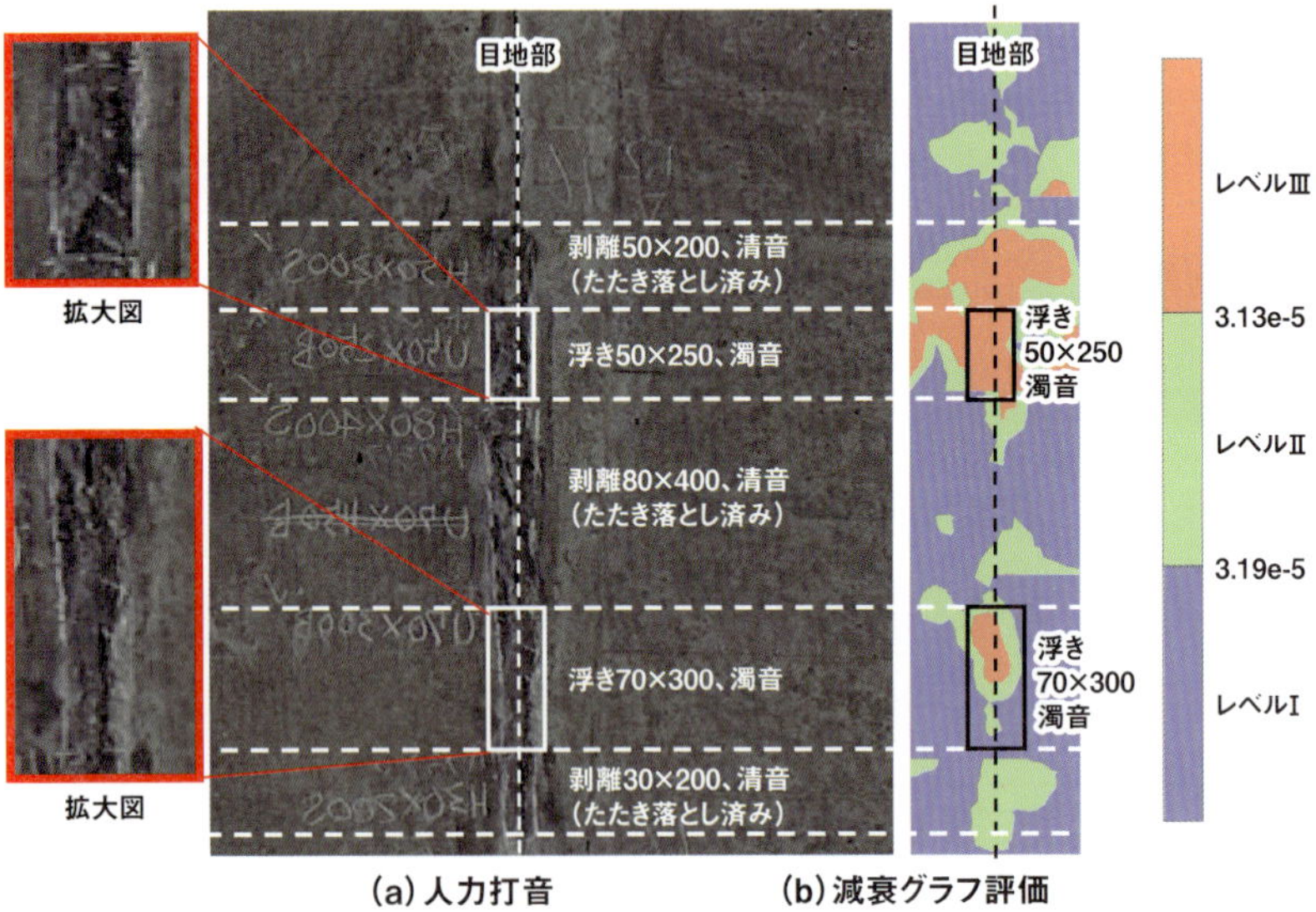


（出所:文献**2**）

その結果、人力打音検査で浮きと診断された範囲は、提案した評価法でも多くの位置で損傷レベル２（早期に剥落する可能性は低いが将来問題となる可能性があるため、経過観察とする浮き、剥落）以上と判断された。人力打音の結果との整合性を確認し、人と同様の判断がデジタルデータによる評価法で可能であることが分かった。さらに、ひび割れが浅く濁音が確認された範囲内でレベル３（直ちに措置すべき浮き・剥離）の範囲が強調される結果が出るなど、感覚的な評価で個人差が大きい損傷レベルの違いを評価することにも成功した。

## レーザー打音技術の活用

レーザー打音の効果的な利用方法としては、高所作業車の設備や人員の削減による省力化が考えられる。例えば、従来のトンネル点検は２台の高所作業車を使って、２班体制で実施していた。点検作業車の一台をレーザー打音検査装置に置き変えると、浮き・剥離箇所をスクリーニングし、その後高所作業車で点検員によるスクリーニング箇所のみの点検・たたき落としができるようになる（**資料3-7**）。打音範囲の縮小により、作業効率の向上や作業負担の軽減が期待できる。

また、現在のレーザー打音検査は、装置を載せた４ｔトラックを検査対象付近に停止させてからレーザーを照査する。そのため、橋梁などではトラックが進入できる橋梁下の位置が限られる。加えて、導入コストも１億円／台以上と高額だ。そこで、現在、簡単に移動と運用ができ高所作業車にも搭載可能な小型レーザー打音検査装置の開発を進めている（**資料3-8**）。レーザー打音のコンクリート表面との遠隔距離は3m程度を想定する。小型化による導入コストの低減に加え、大型の点検車を利用せずに通常の点検車での打音範囲の拡大や、狭い橋梁下などより多くの場所でのレーザー打音の利用が期待される。

## 遠隔LIBSで表面の塩分量を視る

コンクリートの劣化は、塩害以外にアルカリシリカ反応や酸性物質による劣化など、化学反応に関係する場合が多いため、劣化が生じた箇所でどのような化学反応が起きているかを理解できれば、劣化機構の推定精度を上げられる。病気の原因が分かれば、今後の健康状態の予測やどのような治療をすればよいかを確定できるように、劣化機構が分かれば、劣化の原因を把握して今後の劣化進行を予測したり、劣化の原因に応じた適切な補修方法を選定したりするこ

**資料3-7●レーザー打音装置の有効活用イメージ**

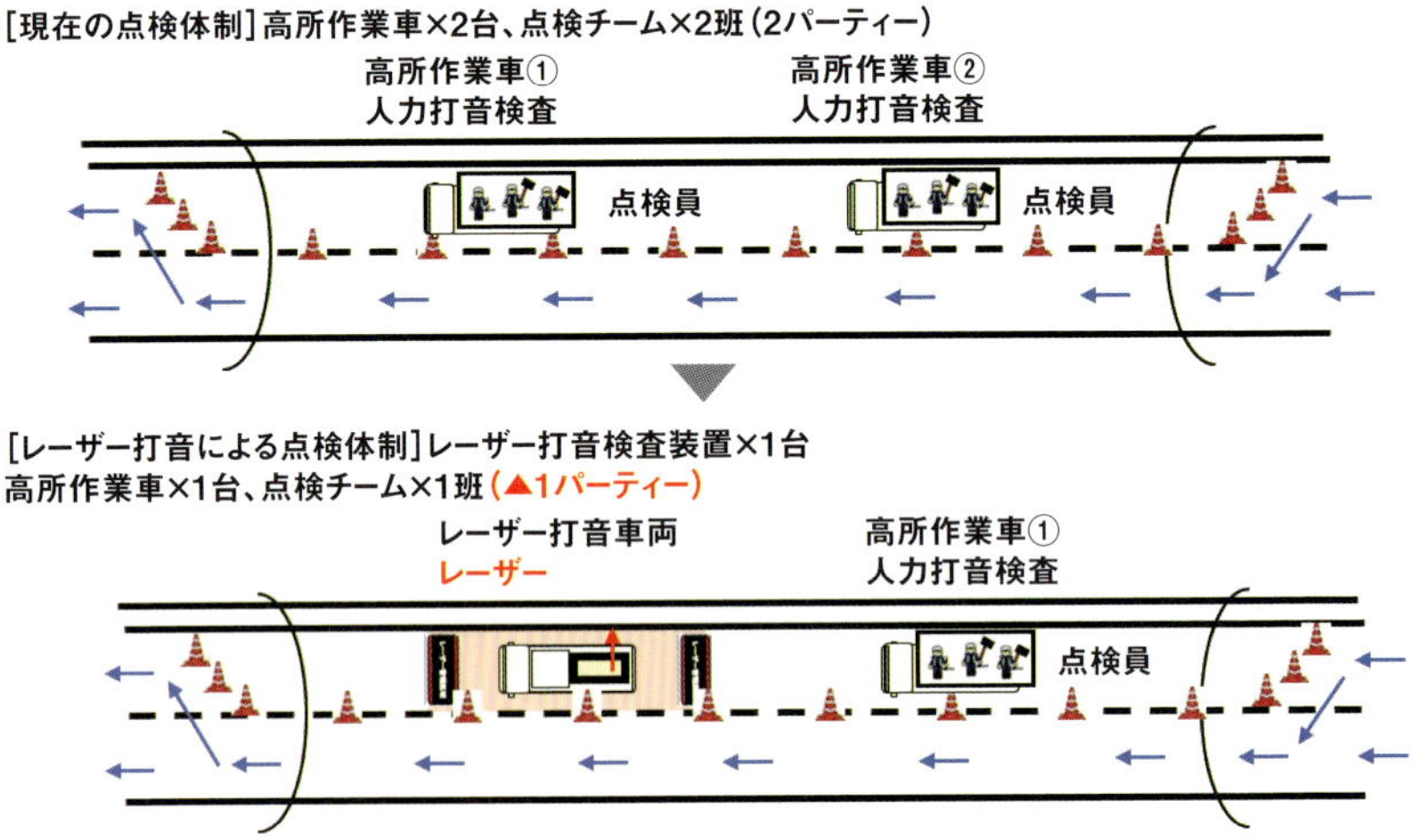


（出所：戸本 悟史）

とができる。

　コンクリート構造物の塩害が想定される場合に、化学的情報を把握するためコンクリート塩分量を調査する。調査は、コンクリートコアを採取し、スライスして粉砕した試料を塩化物イオンの濃度を調べる電位差滴定法によって測定するのが一般的だが、コア採取と室内試験に時間がかかり現場で瞬時に塩害かどうかを判断できない。また、塩分調査のために必要となる試料の採取は採取位置によって足場を組むなど時間と費用も要する。

　化学的情報に関しては、コンクリート表面からの塩分浸入によるケースが多いため、表面での塩分量が重要となる。そこで、被測定対象の物質に極めて短いパルス幅で発振させる短パルスレーザーを集光照射し、発生したプラズマからの発光を測定することでリアルタイムに物質の元素を分析する「レーザー誘起ブレークダウ

**資料3-8 ● 小型レーザー打音検査装置の利用イメージ**

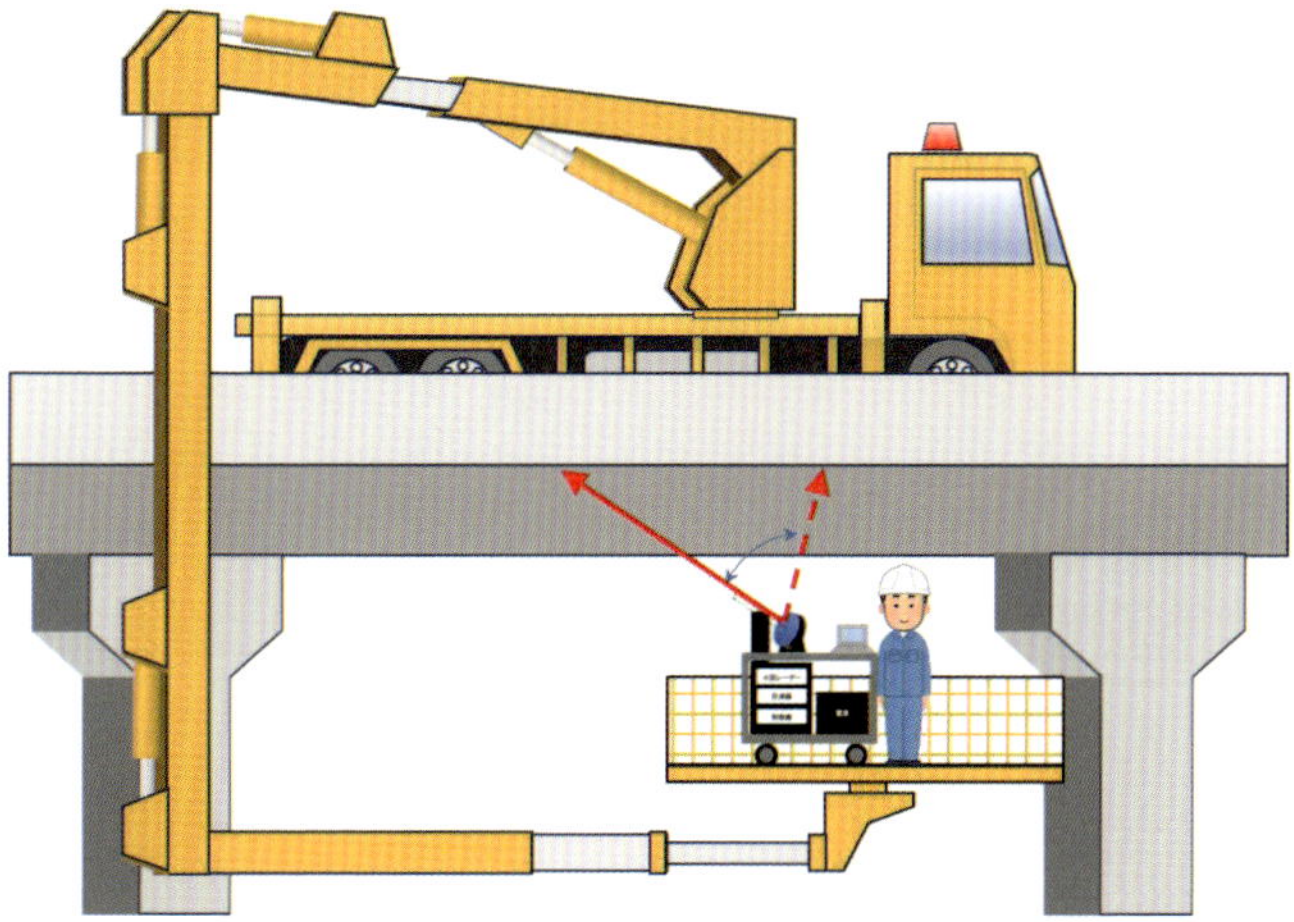

（出所：長谷川 登）

ン分光法（Laser Induced Breakdown Spectroscopy、以下ＬＩＢＳ）」で、塩化物イオン濃度を推定する技術を開発している。

さらに、コンクリート構造物の点検に有効活用するために、５～10ｍの遠隔からコンクリート構造物の塩害評価が可能な可搬型のリモートＬＩＢＳシステムを開発した。**資料３-９ 3** は、高架橋ランプ橋の橋台における遠隔ＬＩＢＳ実験の様子とその測定結果だ。測定距離は５ｍで、レーザーはほぼ水平に照射する。Ａ、Ｂの２カ所の位置で観測したＬＩＢＳによる発光スペクトルは、塩化物に関係するナトリウム（Na）の589・6ナノメートルの輝線の強度が異なると表面塩分量が異なる傾向を示しており、コンクリート構造物表面の塩化物評価技術としての利用が期待できる。

## さらなる技術開発の試み

塩害評価では、塩分に当たる塩化ナトリウム（NaCl）のうち、鋼材腐食に直接関係する塩化物イオン（Cl）の測定が求められる。また、塩分だけでなくコンクリートの化学情報に関わる様々な元素の測定が可能になれば、劣化メカニズムの推定に大いに役立つ。しかし、このような技術開発の際にClを測定するのは困難を伴う。Clは近くに大気成分の大きな信号があるので、それらの影響を小さくする必要があるからだ。また、多くの原子などの信号を同時に観測しようとすると、広帯域なスペクトル計測が必要となる。

そこで、シングルLIBSよりも効率的にプラズマを発光させられる数マイクロ秒程度の時間隔を持つ2つのレーザーパルスを試料に続けて照射する「ダブルパルスLIBS」装置の開発を進めている。現在までに、離隔5m程度のコンクリート表面から250〜900ナノメートル程度の広帯域なLIBS信号の取得に成功している。

コンクリート表面に存在する元素を遠隔から測定する技術開発が進むものの、そもそも劣化構造物の表面の元素情報がどうなっているか分かっていないのが実情だ。そのため、既設橋梁からコンクリート片を採取し、エネルギー分散形X線分析装置（EDS）を備えた走査電子顕微鏡（SEM）により、表面の元素情報を分析している[4]。**資料3-10**は健全なコンクリート部材と塩害劣化した部材から採取したコンクリート試料の表面部を元素分析した結果である。健全部の試料では主にセメント由来の元素だった一方で、塩害劣化部の試料では、NaやClに加え硫黄（S）や鉄（Fe）イオンも検出された。多くの

**資料3-9 ● 可搬型リモートLIBSの適用**

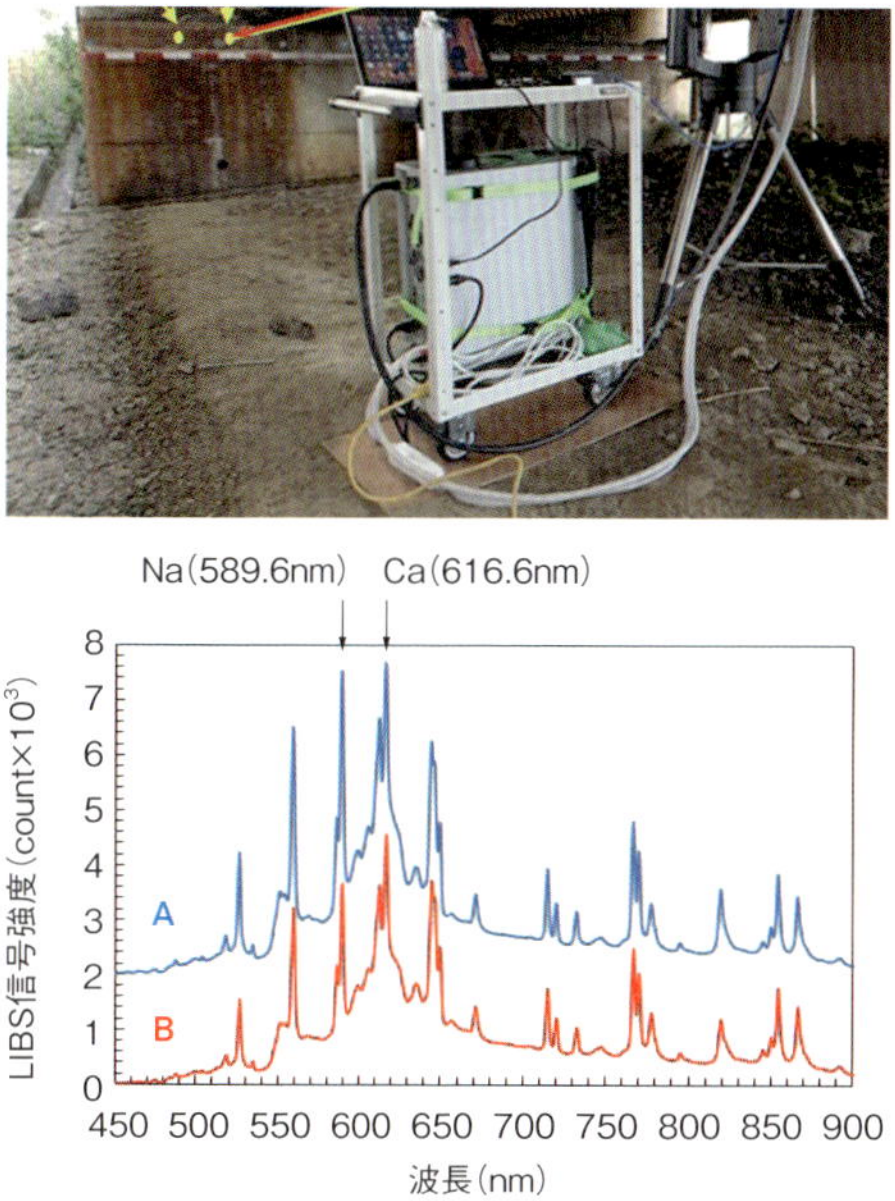


（出所：染川 智弘）

既設構造物からコンクリート試料を採取して実際の劣化機構や劣化状態と比較することを通し、コンクリート表面の元素をデータベース化する作業を進めている。

## 鋼材腐食によるコンクリートの劣化供試体を作成

点検や診断技術の開発には多くの研究者が取り組んでいるものの、供試体の作成技術に着目した研究は少ない。コンクリート内部の欠陥を評価する指標を検討する場合、損傷部の供試体を作成して実験室で打音や電磁波などの技術を適用して、実験結果を得るのが一般的である。しかし実験で用いる劣化部の供試体は、アクリル板などの模擬空洞を埋め込んだものを用いることが多く、必ずしも実際のひび割れと損傷は対応しないことが課題として挙げられる。

劣化供試体を作成する技術の開発の重要性は、医学分野の基礎研究で疾患動物モデルを作成して研究することが非常に大切な研究と位置づけられていることを考えれば理解できる。また最近では、ディープラーニングなど機械学習の利用が増えている。その場合、適切な教師データを数多く与えることが機械学習の精度の最も本質

**資料3-10●既設構造物の表面部採取試料の元素分析結果**

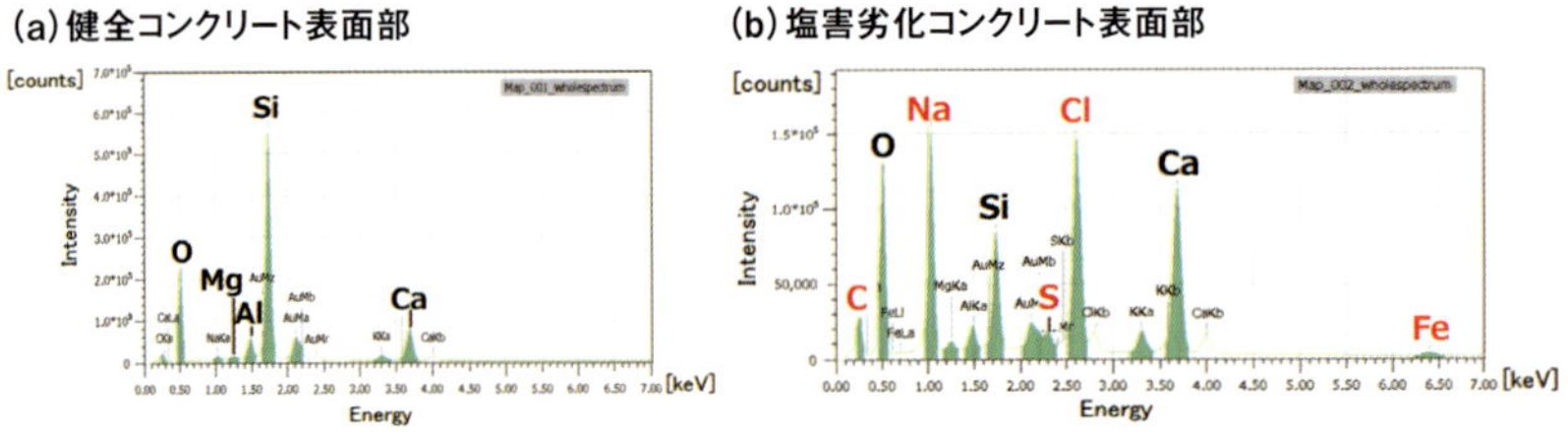


(出所:文献**4**)

資料3-11 ● 劣化供試体の作成

(a) 浮き・剥離範囲のたたき落とし後

(b) 部分腐食によるお椀状のひび割れ

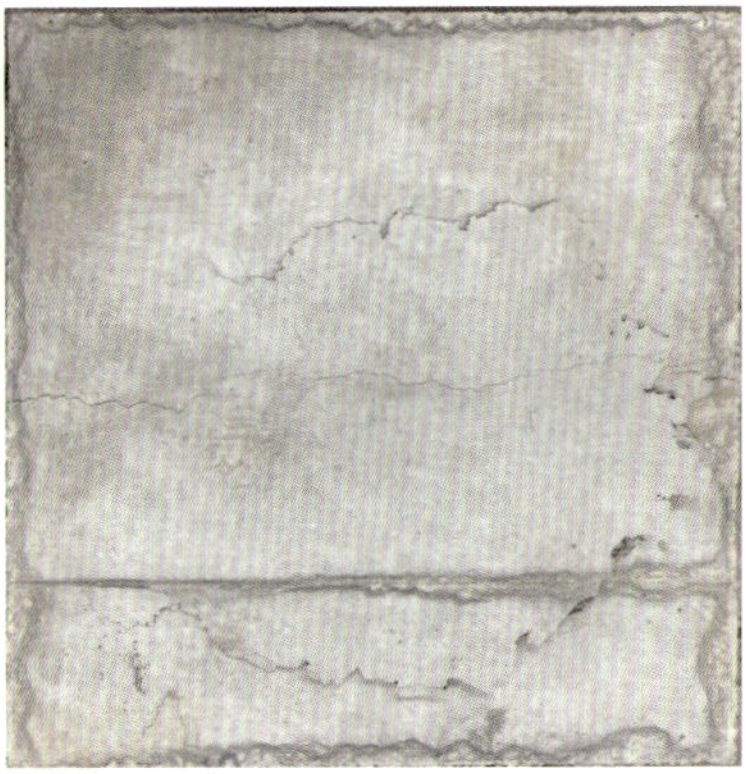

(出所:文献5)

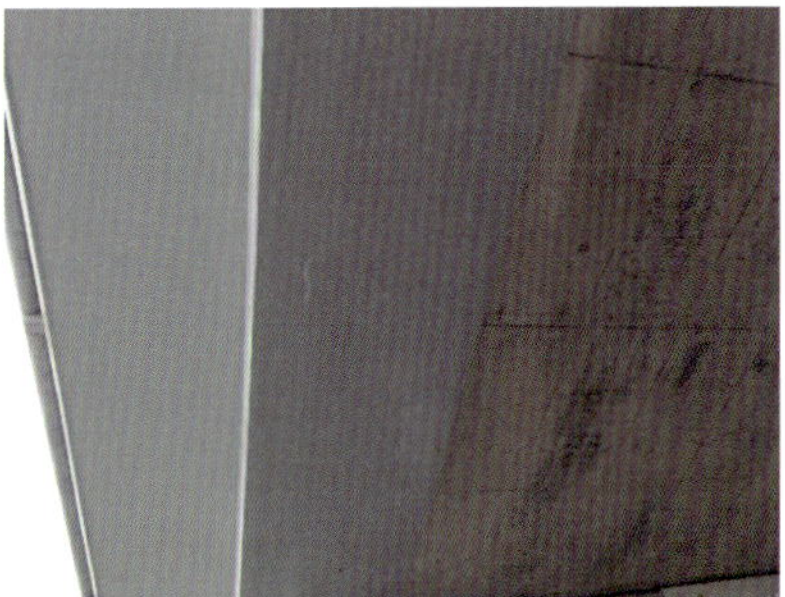

資料3-12 ● 箱庭に選定した蒲原高架橋。左は上部工遠景、右は対象変状箇所（写真:長谷川 登）

な部分となる。機械学習によってコンクリートの劣化を評価する研究が増えるにつれ、劣化供試体を作る技術の必要性が高まるのである。

そこで、膨張する力で対象物を破砕する静的破砕剤を使った新たな模擬ひび割れ供試体の作成方法を開発した[5]。**資料3－11**はかぶり30㎜で供試体の中央部付近の金属パイプのかぶり面側を切り取り、開発技術により生成した劣化供試体である。鋼材腐食によるひび割れは、部分的に腐食が生じたことで内部の水平ひび割れがコンクリート表面方向に徐々に進行し、腐食領域を中心にお椀状のひび割れが生じることがある。生成されたひび割れは実構造物で観察されるひび割れと同様であり、このようなひび割れが容易に生成可能になる。

## 箱庭におけるレーザー技術の適用評価

レーザーを用いたコンクリート構造物の表層損傷の点検・診断技術は、トンネルや橋梁など複数のインフラ施設で実証実験を行っている。また、海岸近くで塩害によるかぶりの浮きや剥離、鉄筋露出、剥落部の補修部が存在する国土交通省中部地方整備局の静岡国道事務所管内の蒲原高架橋（上部工、下部工）を箱庭に選定（**資料3－12**）。実構造物を対象にレーザー打音検査装置とＬＩＢＳによるデータ取得を継続的に実施し、社会実装に向けた技術開発と利用方法の検討を進めている。

# 妙高大橋旧橋で進んだ安全性の評価

CHAPTER 3-2

## PCケーブル破断の発見

新潟県妙高市にあった橋長300mのPC（プレストレストコンクリート）橋の妙高大橋旧橋（**資料3-13**）。2009年の補修工事の際に橋桁下面のコンクリートを剥がしていたところ、コンクリートに緊張を与えるPC鋼材（ケーブル）の一部が腐食・破断していることが判明した6。PCケーブルは損傷すると、最悪の場合落橋する恐れもある橋の生命線だ。この補修工事は表層の鉄筋の露出やコンクリートのひび割れを補修するために実施しており、内部のPCケーブルの劣化はいわば偶然に発見された。

当時、有識者と現場担当者で現地調査をした結果、調査可能な範囲では新たな破断や著しい腐食が見られなかったため、すぐに落橋する状況にはないとの結論に至った。ただし、安全確保のため、終日片側交互通行の規制を実施した。

後の調査でPCケーブルが腐食・破断した主な原因は、グラウトの充填不良と凍結防止剤の2つであることが明らかとなった。妙高大橋旧橋のような長大なPC橋では一般的にシースと呼ばれる管をコンクリートに埋設した後に、管内にPCケーブルを挿入して引っ張り、緊張力を与え

資料3-13 ● 妙高大橋旧橋の全景（写真:田中 泰司）

資料3-14 ● 妙高大橋の切断面。グラウト未充填の箇所が散見される（写真:田中 泰司）

る。管内の隙間はグラウトと呼ばれるセメントと水を混ぜたものを流し込んで充填する。グラウトには鋼材を腐食から防ぐ保護性能があるので、しっかりと隙間が充填されていれば何十年たとうと、基本的に劣化はしない。

しかし、後に解体した際に分かったことであるが妙高大橋旧橋では大半のシースにグラウトが充填されていなかった。建設当時、グラウトを充填する技術とノウハウが不足していたためである。同橋は、近辺にスキー場が点在するなど、積雪深が３ｍに達することもあり、冬季には凍結防止剤を散布する。凍結防止剤を含む雨水は、路面付近にあるシースの端部から内部に浸入し、同剤に含まれる塩分が鋼材の腐食を促進する。妙高大橋旧橋の解体中に撮影された切断面写真のうち、グラウトが未充填の場合はＰＣケーブルの破断や顕著な腐食が見られるものが多かった（**資料3-14**）。

## 鋼材腐食を見つけるための非破壊検査

グラウトが充填されていれば、腐食でさびが生じると元の鋼材体積が増えてコンクリートに圧力が掛かるので、ひび割れが生じる。外観からそのひび割れを発見することで、腐食の発生を把握できる。一方、グラウトが未充填だと、いくらさびが生じてもシース内の隙間に堆積するだけでコンクリートに力が加わらず、ひび割れは発生しない。外観からは劣化が分からないからこそ、従来の外観の点検だけでは腐食劣化の発見が遅れてしまうのだ。そのため、凍結防止剤によって引き起こされる塩害では、鋼材の腐食を見つけるための検査が必要となる。

検査方法として通常は内視鏡調査を採用する。ドリルでコンクリートに穴を開けてから、小さな内視鏡を挿入し、シース内のグラウト充填状況や鋼材の腐食状況を画像で確認する手法だ。PCケーブルに到達するまで正確にドリルで穴を開けなければならず、適用箇所は表層付近に限られる。また、腐食の全容を把握するためには多くの調査数が必要だ。しかし、多くの穴を開けると、コンクリートに蓄えられた応力が抜けてしまうので、むやみに調査できない。

そこで私たちの研究では、妙高大橋旧橋で、PCケーブルの腐食や破断を発見するために実施した非破壊検査の判定結果を、解体調査によって検証した。検査手法として着目したのは、高出力X線だ（**資料3-15**）[7]。超音波の反射波の特性を計測する広帯域超音波法や磁場の変化を計測する漏洩磁束法といった、既存の非破壊検査手法では検査できない深い場所にある鋼材にも適用できることが最大の長所である。

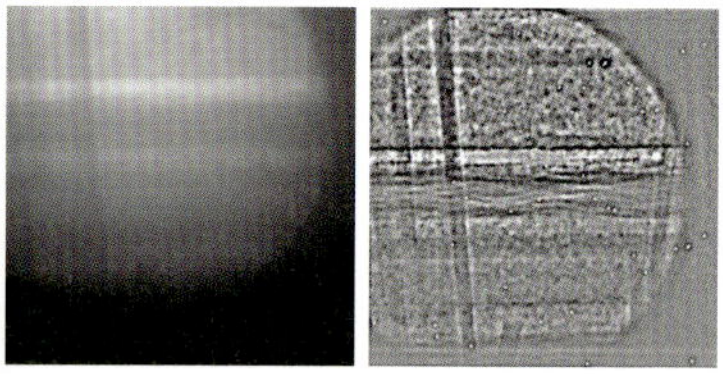


**資料3-15**●左は妙高大橋箱桁内での高出力X線撮像状況、右は撮影画像。コンクリートの厚さは60cm（写真・出所：左は田中 泰司、右は長谷川 秀一）

**資料3－15**のX線画像はコンクリートの厚さが60㎝の箇所で撮影したものであり、中央にはPCケーブルとシースが写っている。シース内が周囲より白くなっているのはグラウトが未充填であり、空洞になっているからだ。また、画像処理を施すことでPCケーブルのテクスチャーも分かるようになる。このように、高出力X線を使用することで、深い位置にあるPCケーブルの腐食状況やグラウト充填状況を判別できることを実証した。

今後、画像解析技術やX線の検出感度が改善されることで、より深い場所にまで対応できるようになったり、より鮮明な画像が得られるようになったりすることが期待される。X線の照射時間は1回当たり数秒から数分と短いが、現状は、照射装置と検出装置の位置合わせに多くの時間を要しているのが現状である。ロボットなどによる位置調整の自動化が進めば、一日当たりの撮影枚数が大幅に増えて、構造物全体を透視できるようになるはずだ。

## モニタリングと荷重車試験で異常の有無を調べる

しかし、高出力X線技術は、腐食劣化が進行したコンクリート構造物に対して、すべての鋼材の腐食情報を正確に把握することは、現在の技術レベルでは不可能だ。調査によって一部の鋼材の腐食情報が得られたとしても、その他の鋼材の状態が不明であれば、安全性の評価は困難となる。そのような状況ではむしろ、構造物の耐荷性を直接計測する方が合理的な場合もある。妙高大橋旧橋では、1～2年間隔で荷重車による載荷試験を実施している（**資料3－16**）。20tの荷重

資料3-16●荷重車試験の様子（写真:田中 泰司）

## 資料3-17●荷重車試験時のたわみ分布

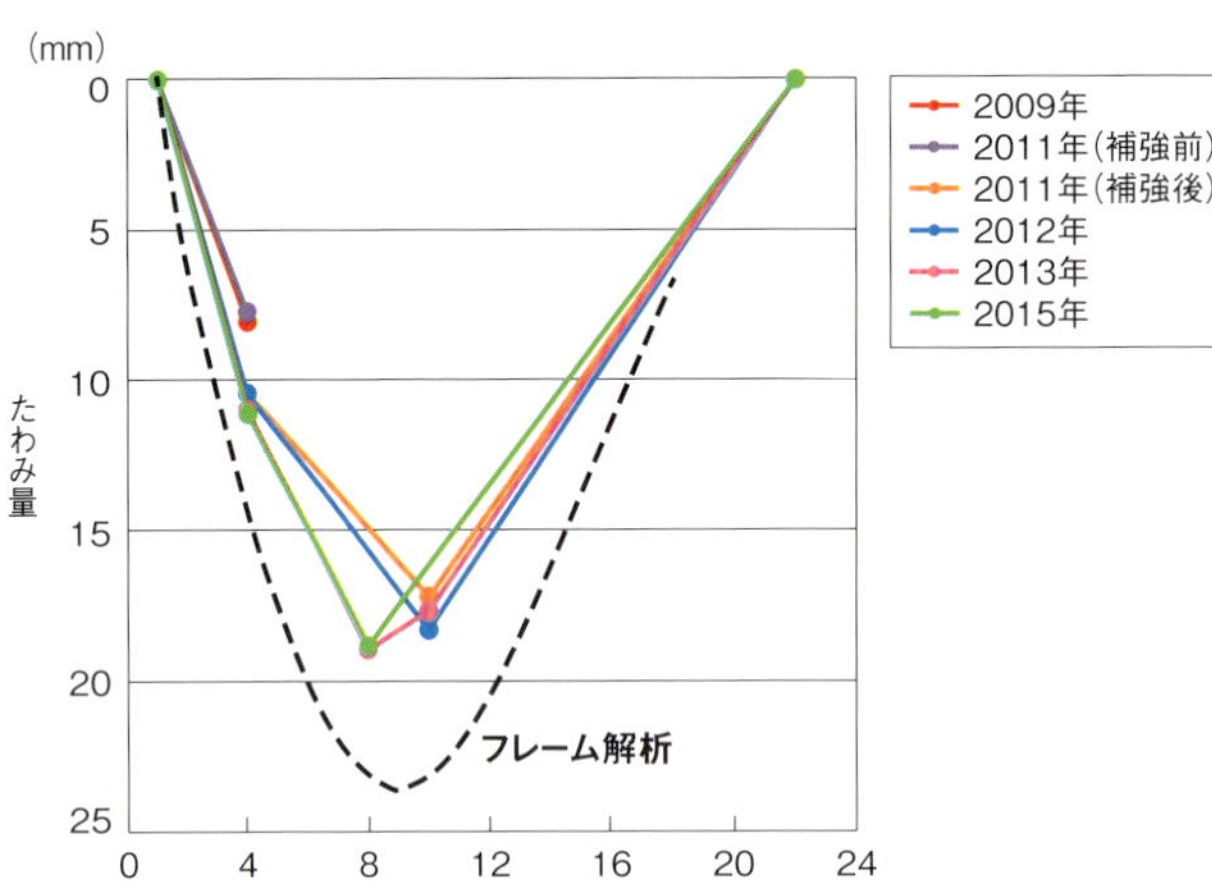


（出所:国土交通省北陸地方整備局）

車６台による合計１２０ｔの荷重を載荷し、たわみやひずみなどを計測し、異常がないことを確認（**資料３-17**）。これによって安全性が保証されたので２００９年12月、補修工事後から実施していた片側交互通行の規制を解除した。

また、長期モニタリングと構造解析を組み合わせて、安全を確保した。具体的には、橋のたわみを計測する水管式沈下計によって長期にモニタリングを行い、鋼材の腐食の進行を監視（**資料３-18**）[8]。同時に、３次元構造解析によって、どの程度の腐食とたわみが生じるのかを計算した（**資料３-19**）。コンクリートのひび割れや破壊を考慮できる非線形解析により、腐食の進行具合に応じて耐力がどの程度低下するのかを算出。たわみ量と耐力の関係に基づき、長期モニタリングの監視基準を定めた（**資料３-19**）。交通規制のしきい値は20㎜と設定した。計測されたたわみ量は年月とともに徐々に増加したが、２０２１年に新橋を建

**資料3-18 ● 水管式沈下計によるたわみの長期モニタリング結果**

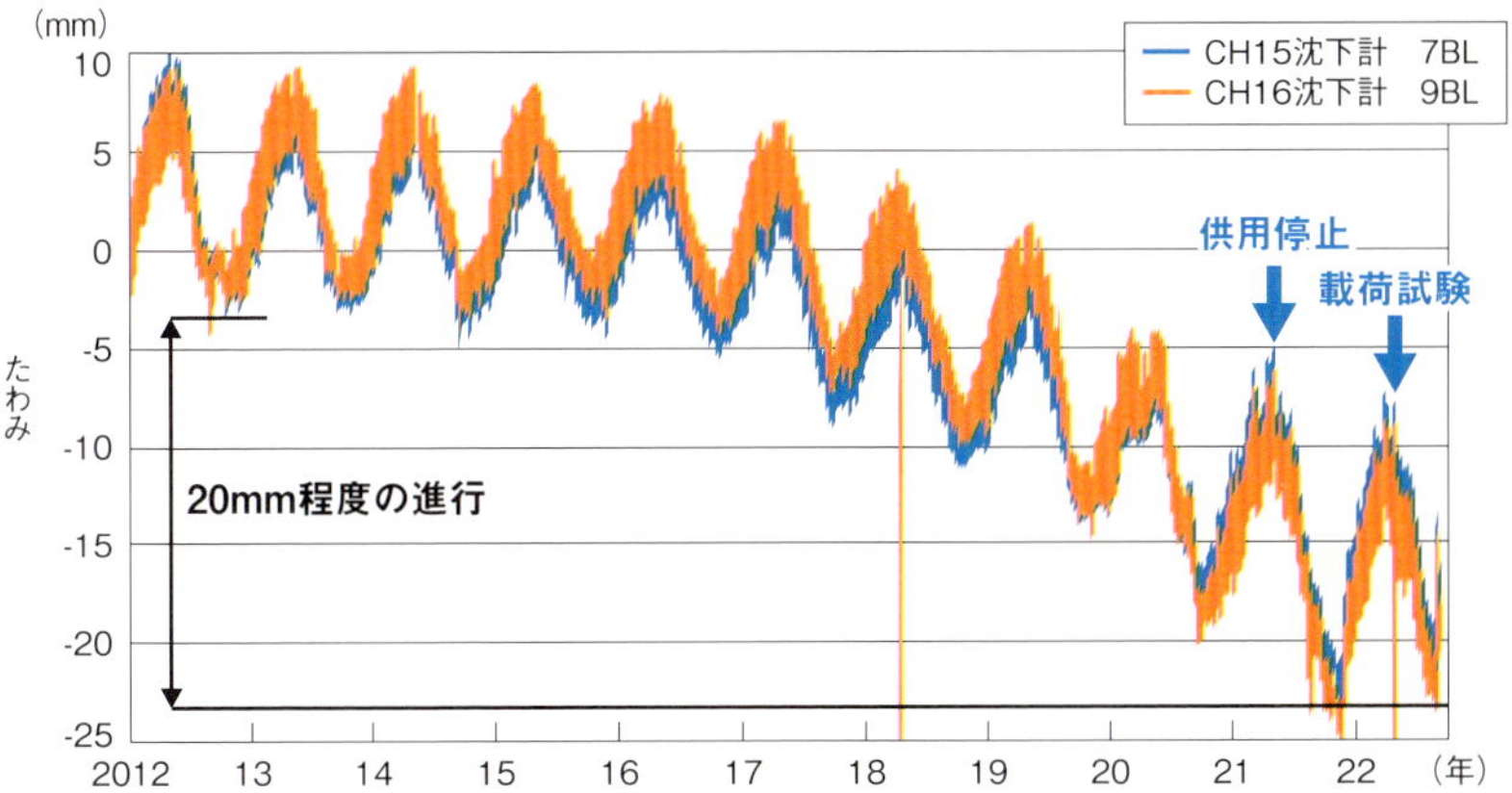


（出所:国土交通省北陸地方整備局）

設して交通振り替えを実施するまでしきい値を超えなかった。

旧橋の供用を停止した2021年時点で、我々は使用上での限界状態となる曲げひび割れが発生する荷重は荷重車の重量である120t程度と予想。供用中止後に本格的な載荷試験を実施したところ、ひび割れによる剛性低下は120tで発生した。それゆえ、妙高大橋旧橋で実証を積み重ねてきた腐食調査や長期モニタリング、構造解析の組み合わせでの安全性評価が妥当であると分かった[9]。このような技術がなければ、耐力が不明なままなので、ある日突然落橋するかもしれないという不安を抱えながら維持管理しなければならない。落橋を恐れて供用を停止すれば社会に大きな影響を与えるので、その決断もし難い。同橋で実証した技術を使って安全性を評価できれば、事故へのリスクを抑え、管理者の不安解消につながるはずだ。

**資料3-19●非線形構造解析の3次元モデルとひび割れ変形図**

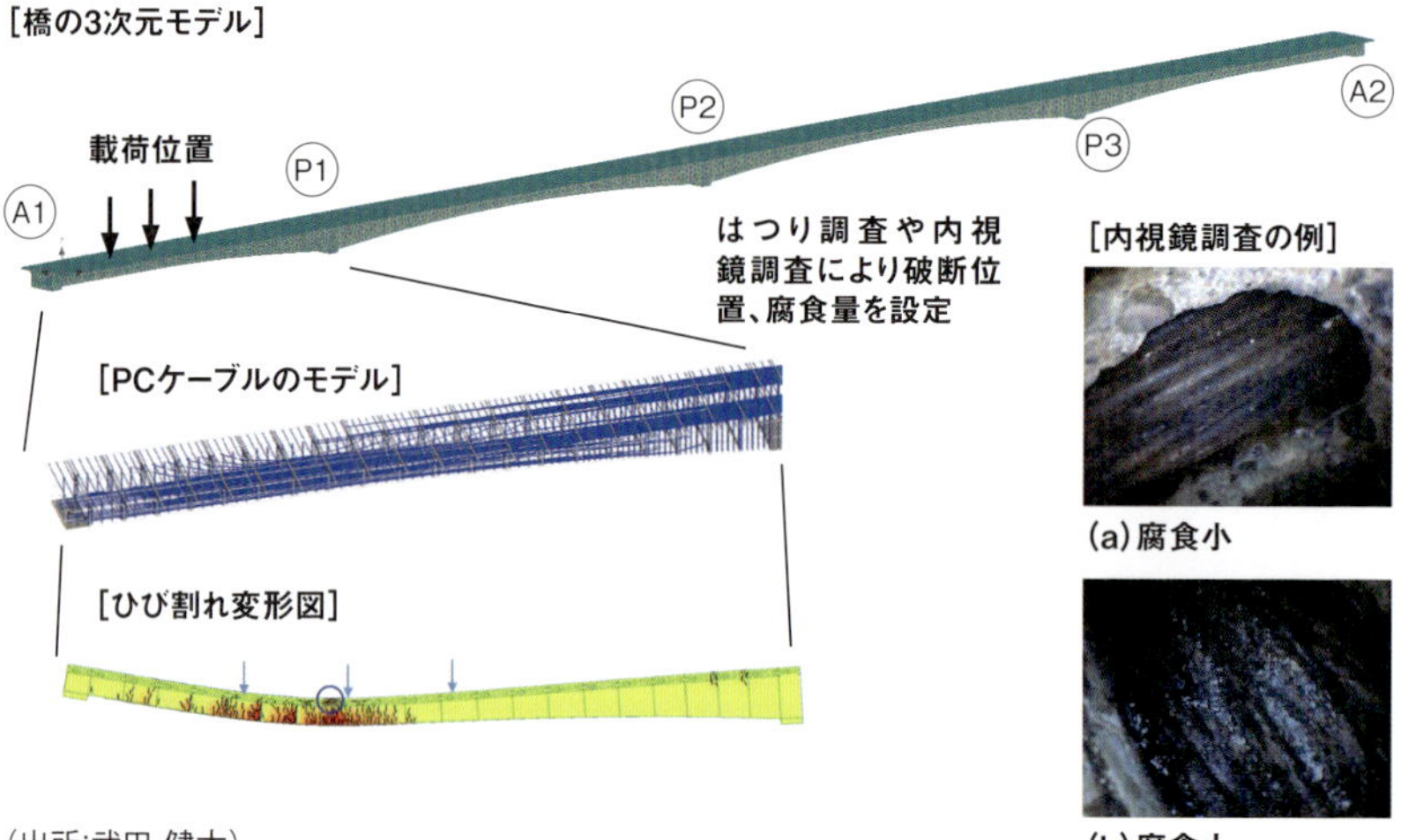


(出所:武田 健太)

# 日本有数の塩害環境にあるK橋での技術見本市

CHAPTER
3-3

## 日本で有数の塩害環境に置かれる道路橋

国内有数の塩害環境にさらされている山形県の日本海沿岸に位置するK橋（**資料3-20**）。日本海からの北西の強い季節風により発生する波浪が沿岸の岩礁や防波堤に当たり、波しぶきとなって降りかかる。K橋は塩害による劣化で架け換えられたが、今も旧橋は橋台のみが残っている状態だ。旧橋の上部工は1965年に架設された単純PC（プレストレストコンクリート）ポストテンション方式のT桁橋であった。旧橋では架設後10年が経過した1975年の点検によって、塩害によるものと考えられるさび汁が確認された。塩害対策として断面補修や表面保護塗装による補修などを行ったが、劣化の進行を止めることができなかった。耐荷性に支障を来す劣化にまで進展したため、最終的には架設後33年となる1998年に供用終了した。

一方、旧橋の橋台は竣工から60年近く経過しているが、鉄筋腐食やコンクリートのひび割れ、剥落などいまだ目立った変状は認められない。これには、厳しい塩害環境下でコンクリート構造物が生き抜くヒントが隠されている可能性がある。なお、現在では1997年に竣工したポストテンション方式PC箱桁の新橋が供用されている。

## 技術の見本市

過酷な塩害環境のためK橋では旧橋・新橋ともに多くの調査研究が実施されてきた[10]。特に新橋では、構造物の劣化に関係する塩化物イオン濃度や含水率などのデータを継続的に取得しており、塩害下のコンクリート橋の維持管理で重要な指標となる塩分含有量を定期的に計測している。2024年10月には、K橋を舞台に塩分評価技術の技術見本市を開催した。そこでは、公募のあった複数の計測・評価技術とコアを抜いて計測した実測値とを比較し、精度を確認。横並びで評価することでそれぞれの課題や利点を整理することが期待できる。

これまで実験室レベルでは検討してきたが、実構造物を対象にした例は少なかった。それぞれの技術は、塩分測定の厳密さや速さ、範囲、深さなどが異なる。執筆時点では技術の検証中だが、複数技術の相互評価によって今後、塩害を受ける環境下にある構造物の維

資料3-20 ● K橋の架設環境

(写真:復建技術コンサルタント)

[旧橋の下部構造(橋台)]

[新橋]

持管理手法に対して重要な知見が得られることが期待できる。以下に、技術見本市で実施した代表的な技術を示す。

### （1）塩化物イオン濃度測定（復建技術コンサルタント、日本大学）

土木学会規準「実構造物におけるコンクリート中の全塩化物イオン分布の測定方法」では、試料を削孔機またはドリルによって採取して分析する（**資料3-21**）。一定の実績がある一方、実構造物に穴を開けなければいけない点や、粉末化や試料の準備など実験室での作業が多い点、現地で塩化物イオン濃度が分からず時間がかかる点が課題だ。

また、塩化物イオンの浸透には、表面品質や内部含水率が影響を及ぼす。そこで、表面に設置したチャンバーセルを吸着させ、真空状態から圧力上昇値を測定することで空気の通しにくさを測定する表層透気試験（トレント法）や、ブラシ型センサーを用いて、センサー間の電気抵抗を測定することで、コンクリート内部の水分状態を推定する方法を併用した（**資料3-22**）。

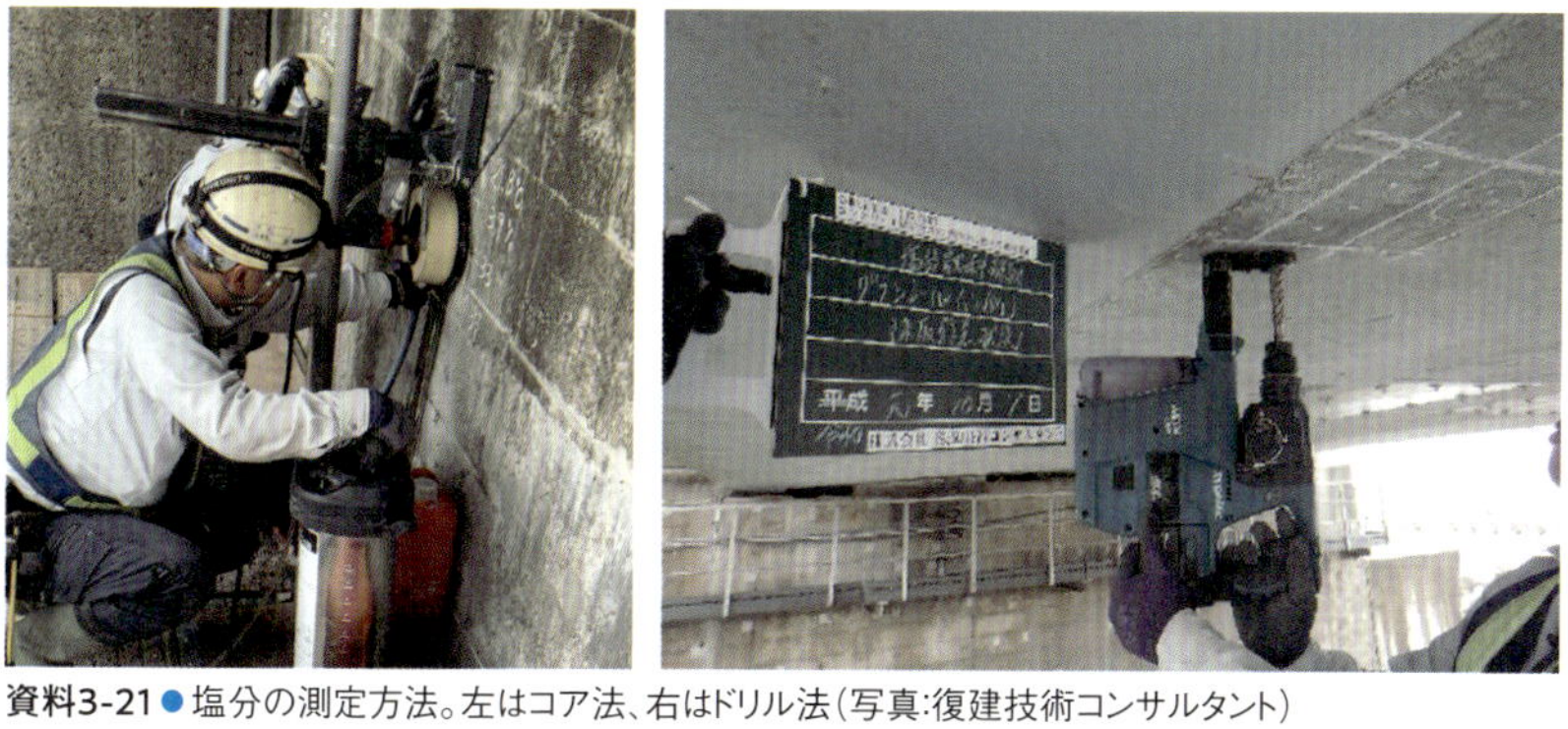

**資料3-21**●塩分の測定方法。左はコア法、右はドリル法（写真:復建技術コンサルタント）

## （2）可搬型蛍光X線分析計による表面塩化物イオンの非破壊測定（XMAT、日本大学）11

ハンドヘルド型蛍光X線分析計は、従来のドリル法と化学分析法に対し、測定時間を約1カ月から30秒に短縮できる（**資料3-23**）。また、ウエアラブルグラスの活用で、測定時のチョークでのグリッド割り付け作業が不要となり、測定値のカラーマップ表示で高濃度エリアを直感的に特定することが可能だ（**資料3-24**）。

## （3）中性子塩分計RANS-μ（大崎総合研究所・ランズビュー）12

RANS-μは、塩分濃度分布を完全非破壊で取得する装置である（**資料3-25**）。電荷を持たず、物質中の電子との相互作用がないため、物質中の透過力が高い中性子を橋梁などコンクリート構造物中に照射。コンクリート中に存在する様々な元素（原子核）と中性子との原子核反応により生じる即発ガンマ線を用いた元素分析（中性子誘導即発ガンマ線分析）を利用し、塩害要因である塩分（塩素）を検

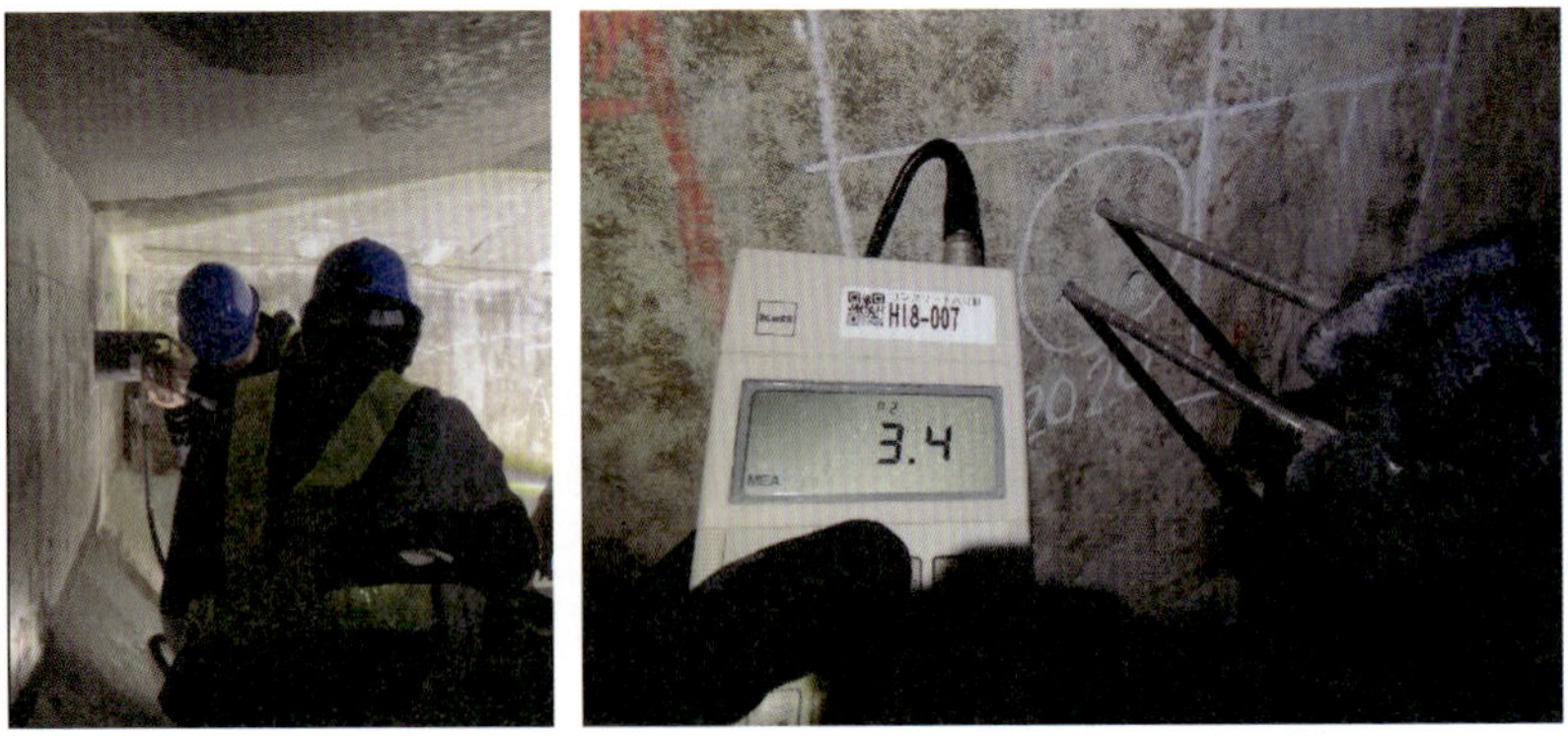


**資料3-22**●左は表層透気試験の様子。右は内部含水率を測定している（写真:日本大学）

資料3-23 ● 可搬型蛍光X線分析計の様子（写真:XMAT）

資料3-24 ● 拡張現実（AR）の技術を使ってウエアラブルグラス上に測定値のカラーマップを表示。高濃度のエリアを直感的に特定できる（出所:XMAT）

出・分析する。中性子発生源に人工的に作られた放射性同位元素であり、自発核分裂する際に中性子を放出するカリフォルニウム－２５２（Cf-252）線源（表示付き認証機器）を使用している。放射線量が低く、放射線に対する特別な資格が不要だ。また、RANS-μは周辺設備も含め総重量70kg程度で設置面積も30cm×50cm程度であるため、橋梁点検車のデッキやバケット内にも設置し、使用可能である。

表示付認証機器とは、原子力規制委員会または登録認証機関の認証を受けた放射性同位元素（Radio Isotope 以下、ＲＩ）を用いた機器である。ＲＩの使用方法や保管方法、運搬方法などの安全性が承認されており、資格を必要とせず使用できる。ただし、使用目的・使用条件・保管条件、運搬条件が定められており、入手後に原子力規制委員会へ届け出ることが義務付けられている。

### （４）Ｋ橋におけるドローンなどを用いた画像撮影（大崎総合研究所・計測リサーチコンサルタント）

ＡＩ（人工知能）によりコンクリートのひび割れなどを抽出

資料3-25●「中性子塩分計RANS-μ」を用いた計測の様子。橋梁点検車にも設置できる規模の装置だ（写真:ランズビュー）

するモデルの作成のため、旧橋において幅0・05～1㎜程度のひび割れを対象に近接画像を撮影し、学習用データを取得した。また、K橋床版下面では、高精細なオルソモザイク画像を作成するため、橋梁点検など幅広い分野で活用されているドローンを用いて、0・1㎜幅以上のひび割れが視認可能な品質で連続的に近接した画像を撮影した（**資料3－26**）。画像解析により膨大な画像を一枚に合成するオルソモザイク画像は、面的に損傷を把握できる有用なデータである。今後の橋梁点検などへの新技術の活用促進につながる貴重なデータが取得できた。

## （5）衝撃振動試験（福山コンサルタント）

衝撃振動試験は、構造物に衝撃荷重を与えることで強制的に振動させ、構造物固有の振動性状（振動数、振動形状など）を把握する試験である（**資料3－27**）。試験で得られた構造物全体の振動性状や、構造物を構成する部材などの局所的な振動性状を基に、目視では把握できない構造物の剛性を定量的に評価することができる。今後、本技術を用いて構造物自身が保有する性能の経年変化を継続監視することで、対策の必要性や対策方

**資料3-26**●床版下面の高精細なオルソモザイク画像を作成するため、ドローンを用いて、0.4mm/pixelの画素分解能で連続的に近接画像を撮影（写真:計測リサーチコンサルタント）

針に関する意思決定指標としての活用が期待される。

(6) 局所剛性評価（東北大学、復建技術コンサルタント）

小型起振機によりコンクリート部材に局所振動を発生させ、振動する周波数特性からコンクリート内部の損傷状態を推定することで、局所的な部材の剛性を評価することができる（資料3-28）。振動を発生させる小型起振機は軽量なため、機材の運搬や取り扱いが容易だ。また、1点当たりわずか数秒で測定できるため、床版のような広範囲の部材に対して、面的に複数個所の測定を行える局所的な剛性の低下が疑われる部位を、効率的に把握できる。

(7) ハンマリング点検ロボット（東北大学）

小型の自律型走行ロボットがハンマリング装置をけん引し、短い時間で構造物を効率的に点検する。同装置は構造物内部に弾性波を与え、目視できない内部の劣化や損傷を見つけられる（資料3-29）。ロボットによって取得した点検データは、機械学習（ディープラーニング）により、健全な箇所と劣化している箇所に分類する。広範囲かつ高速に取得された大量の点検データをモデルの学習にフィードバックすることにより、機械学習はますます賢く進化する。

(8) FWD・MWD（日本大学、ニチレキ、東亜道路工業）

道路橋床版の損傷程度を評価する新たな手法として、通常は路盤上の舗装の点検で使用される

**資料3-27**●衝撃振動試験の様子。構造物に衝撃荷重を与えて、その応答から構造物の周波数応答関数を算出。この関数の振幅の卓越と位相差から構造物の固有振動数を把握する(写真:福山コンサルタント)

**資料3-28**●復建技術コンサルタントが実施している局所剛性評価試験の様子。小型起振機(右)により、コンクリート部材に局所振動を励起し、得られた固有振動数から動弾性係数を算定することで、局所的な部材の剛性を評価できる(写真:復建技術コンサルタント)

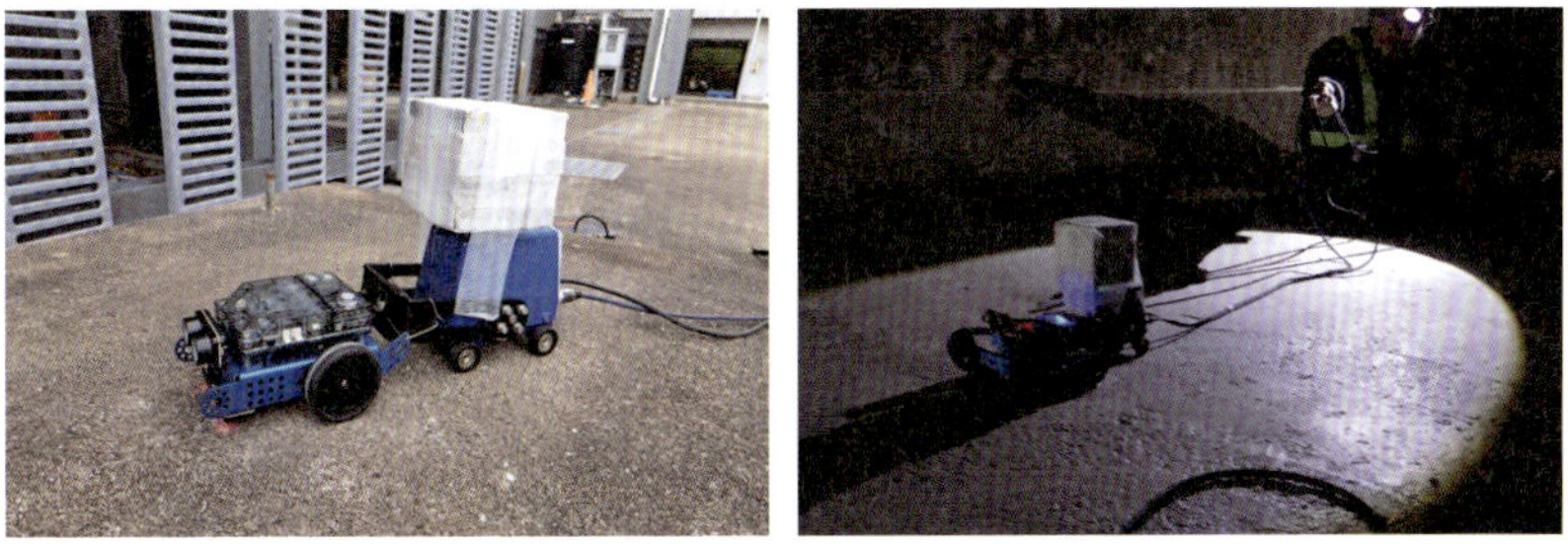

**資料3-29**●左は東北大学のハンマリング点検ロボット。右は小型の自律型走行ロボットがハンマリング装置をけん引し、短い時間で構造物を効率的に点検する様子。ハンマリングは構造物内部に弾性波を与え、目視できない構造物内部の劣化・損傷を見つける(写真:東北大学)

ＦＷＤ（Falling Weight Deflectometer）、ＭＷＤ（Moving Wheel Deflectometer）を用いた点検にも挑んだ（**資料3-30**）。今回の調査では、床版が健全であったためか大きな変状（舗装のたわみ）は確認されなかった。道路舗装の点検手法によって床版の損傷度が評価できるようになれば、土工部と橋梁部においても同じ手法の点検が可能となり、道路インフラの点検がより効率的になる。ＦＷＤとＭＷＤについては次章で詳述する。

## 検査技術のパッケージ化

現状の橋梁の定期点検は5年に1度の近接目視により健全性を診断している。その際、異常が確認されて初めて詳細調査を実施して健全性を診断するのが一般的である。定期的な点検に、性能を評価するための構造物特有の詳細調査のメニューを組み込んでおくことで、より詳しく構造物の状態を把握し、適切な診断と合理的な維持管理が実現できる。現在Ｋ橋で提案されている既存技術を主とする詳細調査のメニューに加え、今回実施した新技術も活用しながら、点検、診断、記録といった技術をパッケージ化し、より効率的な維持管理手法の確立を目指す。

**資料3-30**●左2つがFWD（Falling Weight Deflectometer）、右がMWD（Moving Wheel Deflectometer）による点検（写真：ニチレキ）

第4章

# 5大ニーズ「舗装」

「5大ニーズ」の3つ目は、道路のアスファルト「舗装」である。舗装の損傷が進む一方で、修繕費は厳しい状態が続いており、点検・診断結果に基づく効率的・効果的な修繕が求められている。そこで本チームが目指すのは、「路面点検～構造調査～設計～修繕」を一体とした新たなマネジメントシステム「H-PMS」である。鍵を握るのは、走行しながら舗装内部の劣化程度を評価可能な移動式たわみ測定装置（MWD）と、データプラットフォームの活用だ。本章では、関東と東北を結ぶ大動脈である国道4号を対象とした取り組みを紹介する。

# 持続可能な道路へ
## ―未来志向の舗装マネジメント―

CHAPTER 4-1

### 道路舗装の現状と課題

戦後、高度成長期を中心に急速に整備された舗装。現在、延長が約100万㎞と膨大なストック量となっている（**資料4-1**）。1990年代半ばごろまでは、舗装ストックの増加とともに舗装維持修繕費も増加してきたが、それ以降は、少子高齢化などに伴う厳しい財政制約などにより、維持修繕費は厳しい状態が続いている。このような状況においても、舗装を健全な状態に維持していくためには、点検、診断、措置、記録から成るメンテナンスサイクルを確立し、予防保全型の効率的な維持管理を実施していくことが求められている。

2016年10月に国土交通省道路局が策定した「舗装点検要領」[2]において、舗装の長寿命化・ライフサイクルコスト（LCC）の削減を図る観点から「表層や基層の適時修繕による、路盤以下の層の保護等を通じ長寿命化に向けた舗装の効率的な修繕の実施を目的とした舗装の点検」に関する事項を定めた。舗装管理においては路面の状態のみならず、路盤以下の層を含む舗装構造全体の健全性の把握が重要であることを指摘している。

また、国交省が2023年5月に開催した道路技術懇談会において公表した「xROAD（クロスロード）を活用した次世代の舗装マネジメント」[3]では、「舗装の長寿命化を図り予防保全を実現するためには、定期点検結果に基づき、適切に舗装の状態を診断し、ライフサイクルコストを考慮した最適な設計による修繕を実施」「舗装マネジメントの効率的な実現には、点検、計画、設計、施工から品質管理までのあらゆる場面において、デジタル技術（ＤＸ）を積極的に活用」「ｘＲＯＡＤにより入手したデータを分析・活用し、舗装マネジメントを効率的に推進」することなどが必要であると示した。

さらに、具体的な取り組みの方向性についても言及している。例えば、舗装の点検・診断では、「表層の状態について、ＡＩ（人工知能）・ＩＣＴ（情報通信技術）を活用した点検技術を使用して効率化」「地中の路盤・路床の状態を、路面から簡易に調査できる移

**資料4-1● 舗装ストックと舗装事業費（新設費・維持修繕費）の推移**[1]

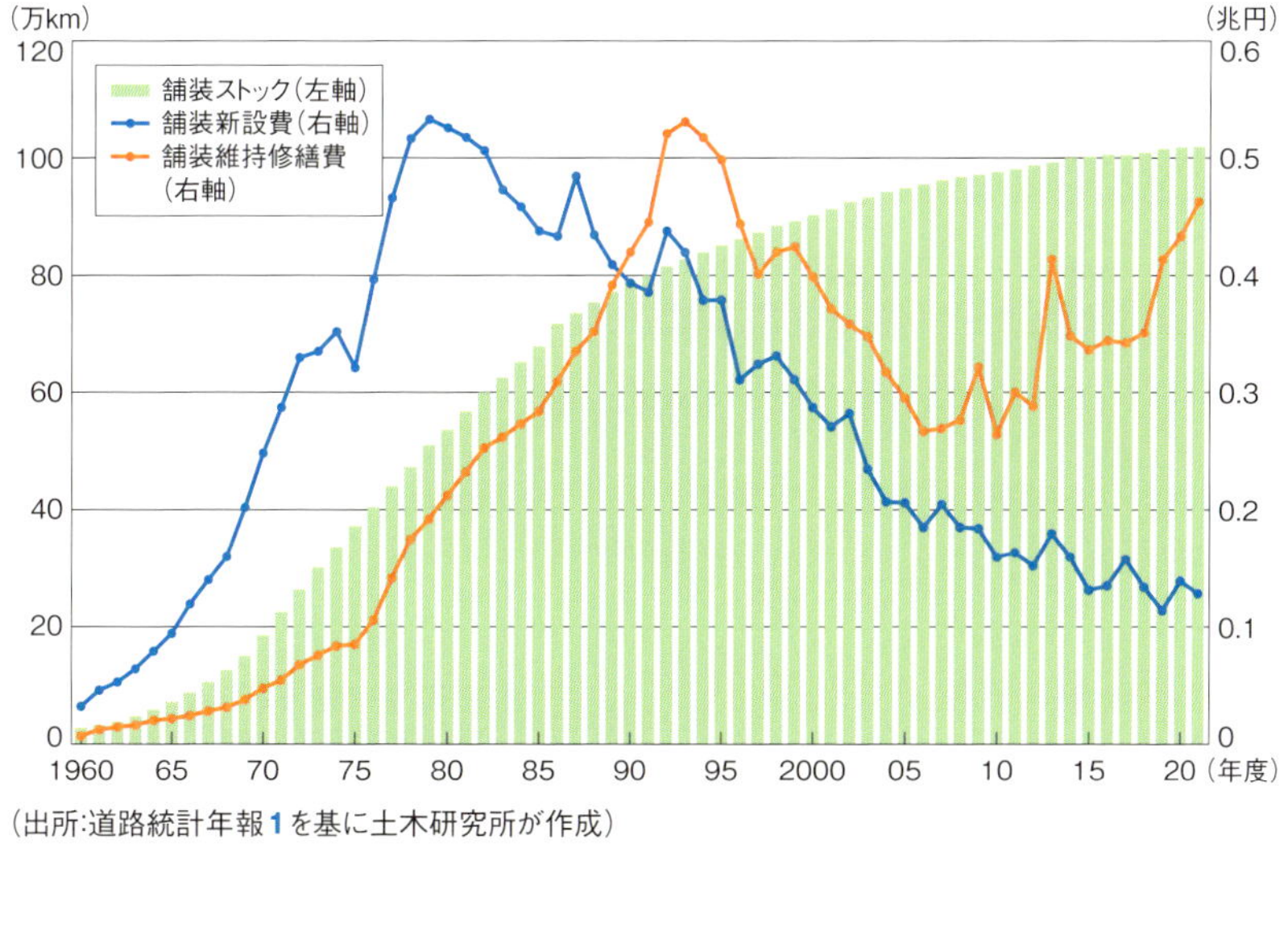


（出所：道路統計年報[1]を基に土木研究所が作成）

動式たわみ測定装置（ＭＷＤ）を開発し、正確性を高める」としている。

## 路盤層以下の健全性がカギに

舗装という土木構造物は、**資料４-２**に示すように複数の層が支え合うことで交通荷重を支持している。そのため、舗装の健全性を保つためには路面だけではなく、その下にある路盤層以下を健全な状態に保つことが重要だ[4]。２０１７年～２０２３年の点検結果によると、直轄国道の舗装の約95％[1]を占めるアスファルト舗装は、約22％が修繕を必要とする状態で、早急な対応が求められている。また、修繕を必要とする舗装のうち「路盤層以下の損傷が疑われる箇所」は21％を占め、路盤層以下の損傷状態を把握したうえで適切に修繕しなければならない。続いて、２０２４年度末の時点で修繕段階にあると判定されたアスファルト舗装のうち、修繕などの措

**資料4-2● 一般的な舗装の構成**

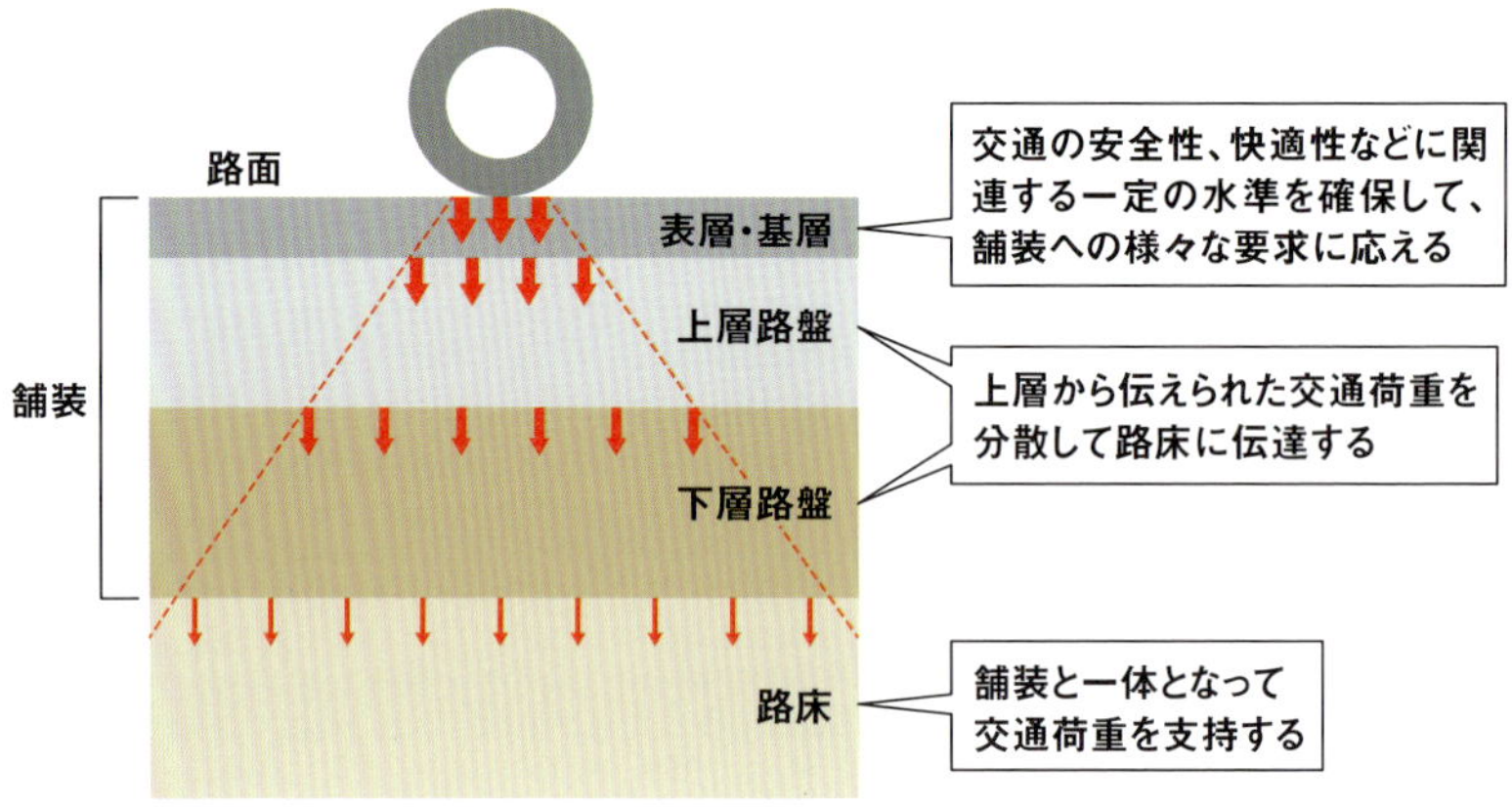
路面
表層・基層
上層路盤
下層路盤
路床
舗装
交通の安全性、快適性などに関連する一定の水準を確保して、舗装への様々な要求に応える
上層から伝えられた交通荷重を分散して路床に伝達する
舗装と一体となって交通荷重を支持する

（出所：前島 拓）

置が完了できた割合は25％[4]。良好な舗装状態を維持していくためには、路面のみならず、路盤層以下も含めた舗装の健全性を効率的に把握し、これらの情報に基づき舗装の長寿命化やＬＣＣの削減に向け、的確な措置を講じていくことが必要だ。

そこで、東京農業大学、日本大学、土木研究所では、道路管理者が目指す舗装の構造的健全性に着目した次世代舗装マネジメントの実現を目指している。関連する技術開発研究テーマが内閣府の戦略的イノベーション創造プログラム（ＳＩＰ）に応募・採択された。

## 革新的な舗装マネジメントシステムの構築に向けて

舗装の健全性を評価する非破壊検査技術は日本国内において活発に研究開発が進められており、路面性状測定車や車載型電磁波レーダーをはじめとする交通規制を伴わない移動式の非破壊検査装置が広く活用されている。路面性状測定車とは、路面性状を測定するためのセンサー・カメラなどを搭載した舗装の点検専用の車両を指す（**資料4-3**）。通常の走行速度で測定できるため、交通規制を必要とせず、昼夜を問わない利用が可能だ。舗装の路面に発生するひび割れやわだち掘れ、平たん性（ＩＲＩ）を高精度に測定する。この装置の開発により、従来は目視で調査していた路面の性状を簡易かつ迅速に測定できるようになるなど、舗装点検の効率化に大きく貢献している。

では、路盤層以下の健全性を評価する手法はというと、①コア抜き、②開削調査、③重錘落下式たわみ測定装置（Falling Weight Deflectometer、以下ＦＷＤ）によるたわみ測定といった３つの手法が一般的だ。これらのうち、コア抜きや開削調査については破壊調査であることから、交通規制と調査後に舗装の復旧が伴うといった社会的な影響の大きい点検手法といえる。また、ＦＷＤによるたわみ量調査は非破壊検査であるものの、やはり交通規制を伴うために社会的影響が少なくなく、膨大な舗装ストックを管理する上ではより一層効率化が求められる。

一方、土木研究所や東京農業大学が中心となって開発したのが、交通規制を伴わずに走行しながら非破壊で舗装の構造的健全性を評価し得る移動式たわみ測定装置（Moving Wheel Deflectmeter、以下ＭＷＤ）だ。これらの非破壊検査技術を駆使することでデータ駆動型の舗装マネジメントに移行できる可能性が高い。

また、国土交通省が公開している全国道路施

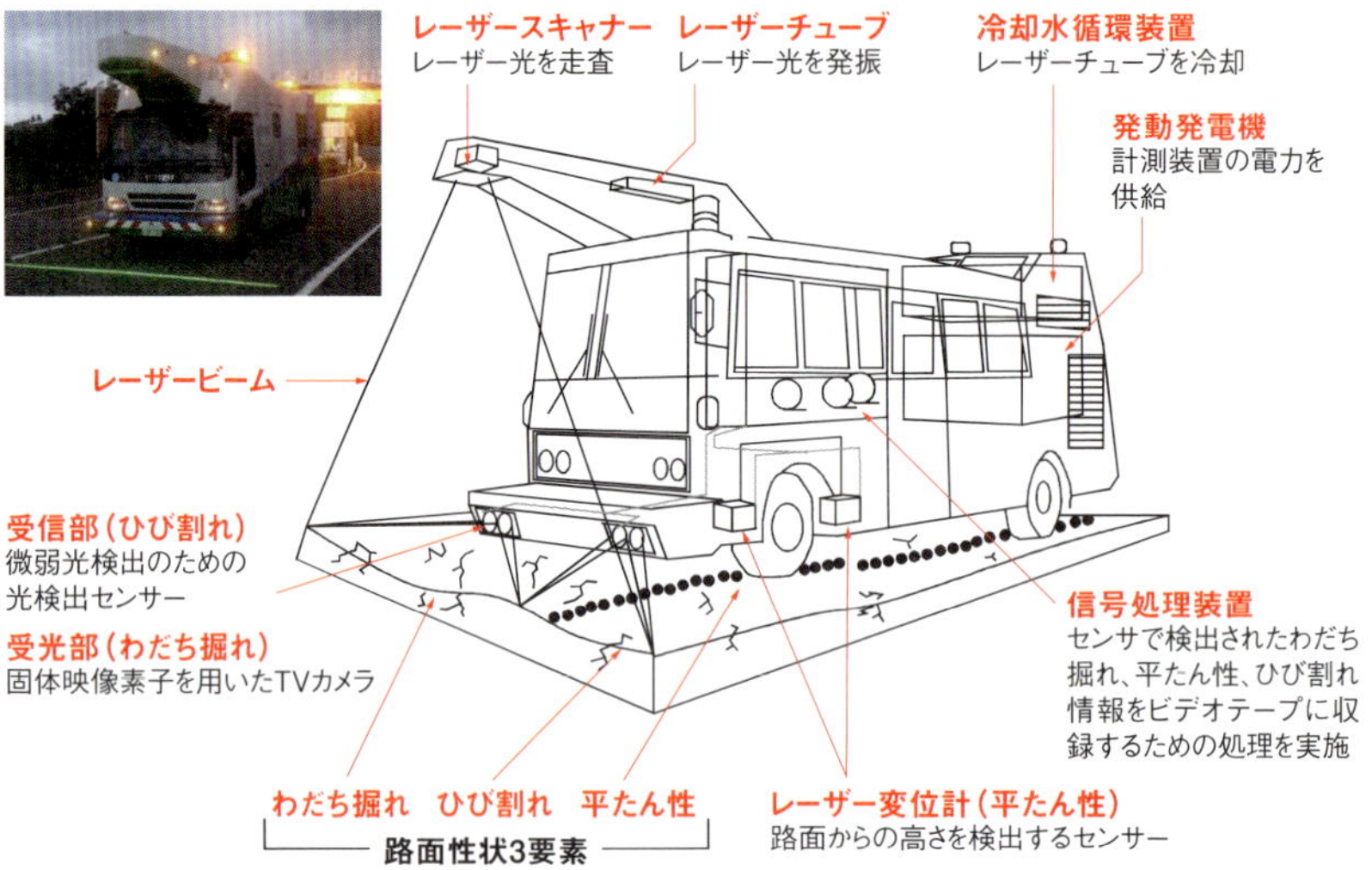

資料4-3●路面性状測定車のイメージ（出所：ニチレキグループ）

資料4-4 ● 本研究で目指す舗装のマネジメントシステム

デジタル技術を活用した日常点検とデータの記録
・目視に頼らないDXを実現
・スマホやドライブレコーダーによる効率的な点検
・ポットホールなどは従来通りに応急措置
・点検データはクラウドサーバーに保管
・AI解析による劣化区間の自動判定
・省人化/省力化への貢献
日常的な路面点検
自走式点検装置による構造性能評価と詳細調査
・MWDを中心とした路盤以下の層の健全性診断
・開削に頼らない非破壊検査で劣化要因を推定/構造性能を定量評価
・点検コストの抜本的改革を実現
定期的な構造調査
予防保全型修繕の実施
・予防保全段階の修繕を計画/実施することでAs舗装の長寿命化を実現
・修繕履歴はデータプラットフォームに格納
・理論設計法に基づいた修繕計画による新材料、新工法を積極採用
理論時修繕設計法に基づいた予防保全型の維持管理
点検データに基づく最適修繕設計
・損傷厚/レベルを診断
・最適な修繕工法/材料を選定
舗装点検データプラットフォーム
・道路分類
・点検履歴
・地域、現場条件
・舗装構成
・各種非破壊点検データ
・微破壊、開削調査データ
解析による劣化予測
データプラットフォームとAIによる最適修繕設計

(出所:日本道路建設業協会)

設点検データベースでは、道路基盤地図情報や航空レーザーによる測量データなどに加え、舗装種別や修繕履歴、さらには路面性状測定車から得られる路面性状データを可視化。維持管理の優先度順位などを検討できる環境を構築している。このデータベースを活用し、国内における膨大な舗装ストックをより効率的に維持管理していくためには、MWDなどの移動しながら非破壊検査できる装置で効率的に点検データを収集。得られた情報を基に、損傷箇所とその程度を高精度に推定し得るシステムを構築することが重要だ。

**資料4-4**に、著者らの目指す新たな舗装マネジメントシステム（High intelligence Pavement Management System、以下HiPMS）の概要を示す[5]。効率的な舗装マネジメントサイクルの実現に向け、舗装の点検データと道路の基本諸元データを勘案して、修繕や予防保全が本当に必要な区間を抽出できるデータプラットフォームを構築する。同時に、これらのデジタルデータを活用したメンテナンスサイクルを実装する必要がある。

HiPMSは、①日常的な路面点検②定期的な構造調査③点検データに基づいた最適修繕設計の抽出④予防保全型維持管理の実施――をサイクルとして、センシング技術とデジタルデータを活用したデータ駆動型のメンテナンスを実現するものだ。これまでと比べると飛躍的に点検、診断、措置までのプロセスを省力化することが可能となる。

このうち①については、これまで主に目視で行われていた路面点検について、スマートフォンやドライブレコーダーに内蔵されるセンサー（加速度・角速度・全地球測位システムなど）や画像データと、機械学習を組み合わせた点検手法が開発されており、既に実装している自治体も多く存在する。また、④については道路舗装会社をはじめとする民間企業において補修材料・工法の開発が進められており、様々な劣化に対する修繕対策のバリエーションは十分なレベルにある。

一方、②や③を実現するには、ＭＷＤをはじめとする各種非破壊検査の有効性と関係性を整理し、検査精度を向上させる必要がある。また、アスファルト舗装の劣化を評価可能な解析モデルによる劣化予測シミュレーション技術の開発や、各種デジタルデータを統合して修繕や予防保全が本当に必要な区間を抽出するシステムの構築などが必要で、多くの課題が残る。

著者らの研究グループでは、これらの課題を解決するため、主に以下の研究開発を進めている。

①ＭＷＤによる舗装の構造的健全度評価システムの構築（東京農業大学・竹内康教授、同大学・川名太教授、土木研究所＋民間企業）

②各種非破壊検査の関係性評価及び分析手法の高度化（日本大学・前島拓専任講師、東北大学・内藤英樹准教授＋民間企業）

③アスファルト舗装の疲労解析モデルの構築（東京大学・高橋佑弥准教授）

④点検データベースの拡張及び舗装の劣化予測モデルの構築（香川大学・久保栞特命講師）

統合するデータは道路基盤地図情報や舗装種別、修繕履歴などの基礎データ、路面性状測定車やＭＭＳ（モービルマッピングシステム）による路面評価データ、ＭＷＤ・ＦＷＤ・局所振動試験・電磁波レーダによる構造評価データなどだ。これらから早期劣化区間や修繕が必要とされる路線の損傷範囲、その程度を高精度で検知し、損傷が軽微な箇所では損傷の進行が重篤化する前に予防保全技術を適用する。これによって長寿命化を図ることで、舗装のメンテナンスサイクルの高度化に大きく貢献することが見込まれる。本システムの導入により、舗装構造の健全度評価の調査にかかる時間や調査費用を98％低減することが可能となる。膨大な舗装延長における調査効率は大きく向上し、従前の事後保全型から予防保全型のメンテナンスに移行することによって15％程度のライフサイクルコスト削減が期待できる。

## 効率的な舗装の構造的健全性評価に向けて

前述したように、舗装の路盤層以下の健全性、すなわち構造的な健全性を評価するには、コア抜き調査、ＦＷＤによるたわみ量調査（ＦＷＤ調査）、開削調査などがあり、これらの手法を適切に選定して損傷が路盤層以下に及んでいるか否かを判定することになっている。しかし重交通路線が多い直轄国道では、これらの調査はいずれも交通規制を伴うため、道路交通への影響も大きい。そのため、路面性状測定車と同様に交通規制を伴わないＭＷＤ（**資料4-5**）の活用が有効となる[3]。

ＭＷＤは、ＦＷＤによる調査箇所をスクリーニングするための検査装置として開発された[6]。その後の計測精度の向上を経てＦＷＤ調査において最も重要な載荷直下のたわみ（$D_0$）と同等のたわみ計測ができるようになった[7]。しかし、ＭＷＤは直轄国道のような舗装が厚い箇所での計測実績に乏しく、ＦＷＤのたわみ形状との相関性についても十分に確認されていない。また、舗装点検要領では路盤層の保護を重要視している。だが、ＦＷＤによる計測結果から粒状路盤の損傷状況を直接的に把握する手法が確立されていない。早期劣化区間で見られるアスコン層の劣化と粒状路盤の損傷の関係性についても十分に検討されていない。

そこで、研究開発テーマでは主に直轄国道を対象として、①路面性状データから早期劣化区間を抽出する②ＦＷＤ計測結果から粒状路盤の損傷状況を直接的に評価する手法について検討する③早期劣化区間におけるアスコン層の層間剥離や路盤層の細粒分が路面に噴出するポンピングなどによる材料劣化のメカニズムを確認し、ひび割れ損傷箇所に対する予防保全対策技術を開発する④ＦＷＤとＭＷＤのたわみの一致度・解析精度の向上を図ることで、路面性状調査と同様にネットワークレベルでの舗装の構造的健全度調査を可能とする技術を開発する――。これらの技術を用いることにより、次世代の予防保全型の舗装メンテナンスサイクルを実現するＨｉＰＭＳの構築を目指している。

東京農業大学では、２０２１年に産学官協働のアスファルト舗装研究会という組織を設立。直轄国道の早期劣化区間を抽出して非破壊検査によって損傷原因を推定できるように検

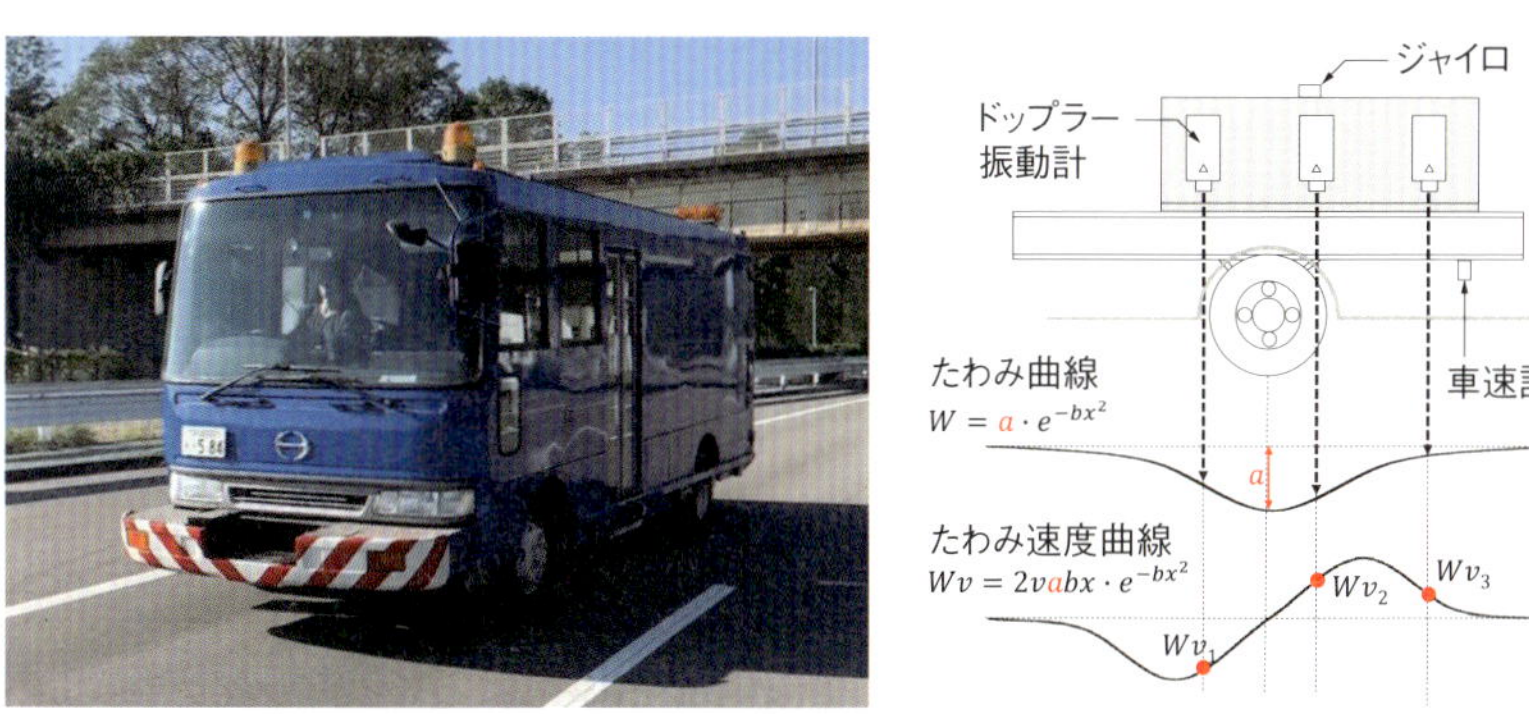


資料4-5 ● 土木研究所所有のMWDとたわみ測定原理（出所：土木研究所）

討を進めてきた。ＳＩＰでは、この組織をさらに拡張し、東京農業大学、土木研究所と民間企業４社から成る研究チームを組織するとともに、開発技術の社会実装を視野に入れ、国土技術政策総合研究所、国土交通省関東地方整備局をオブザーバーに迎え、産学官協同の体制で活動を推進し、着実に成果を上げている。

代表的な研究成果として、ＦＷＤたわみ特性を用いた粒状路盤の損傷予測モデルの構築[8]について紹介する。なお、研究の詳細については参考文献[8]を参照されたい。

日本におけるこれまでのＦＷＤ調査では、路盤の状態を非破壊で直接的に評価する手法が存在しなかった（**資料4－6**）。そこで、関東地整管内の直轄国道でのＦＷＤ調査データを用いて、各層の材料を弾性体と仮定して応力・ひずみ・たわみを弾性理論によって解析する多層弾性理論（ＭＬＥＴ）から上層路盤上面の圧縮ひずみ$\varepsilon_{bc}$を算出する。そして、全米共同道路研究プログラム（ＮＣＨＲＰ）の先行研究を参照し、ＦＷＤ載荷時のたわみ形状から直接的に粒状路盤の損傷状況を評価する手法について検討した。具体的には、**資料4－7**に示すようにＦＷＤたわみからＭＬＥＴ逆解析プログラムツール（ＢＡＬＭ）を用いて舗装各層の弾性係数を求め、これをＭＬＥＴ順解析プログラムツール（ＧＡＭＥＳ）に入力して$\varepsilon_{bc}$を算出した。そして、先行研究にならってＦＷＤ載荷中心から30㎝と60㎝でのたわみである$D_{30}$、$D_{60}$の差で求まるＢＤＩ（Base Damage Index）との関係を求めた。

その結果、ＢＤＩとＭＬＥＴで求めた$\varepsilon_{bc}$には先行研究と同様に両対数軸上で直線関係が得られると分かった（**資料4－8**）。なお、縦軸ラベルの$T_m$はＦＷＤ計測時におけるアスコン層の平

### 資料4-6 ● FWDによる主なたわみ指標値

| たわみ指標値 | 特徴 |
|---|---|
| $D_0$ | 舗装計画交通量ごとの許容たわみ量により、路床を含む舗装全体の支持力を評価 |
| $D_{150}$ | 路床の支持力をCBRとして評価 |
| $D_0$-$D_{150}$ | 等値換算厚の推定値により路床面より上の舗装の状態を評価 |
| $D_0$-$D_{20}$ | アスファルト混合物層の弾性係数の推定値によりアスファルト混合物層の状態を評価 |

（出所：竹内 康）

### 資料4-7 ● 解析のイメージ

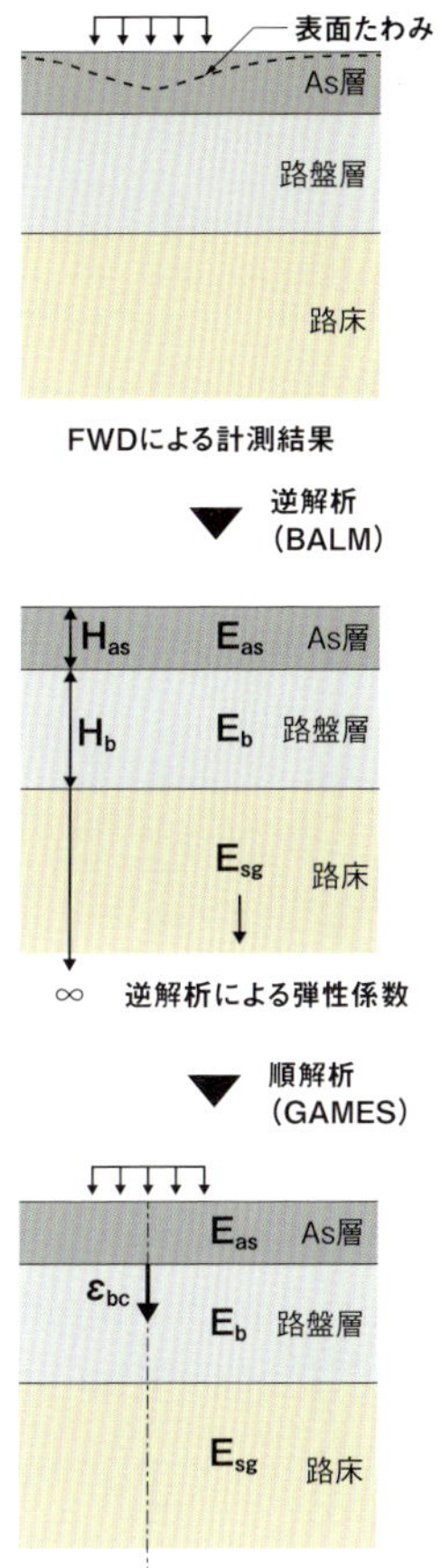


（出所：竹内 康）

### 資料4-8 ● BDIと路盤上面の圧縮ひずみの関係

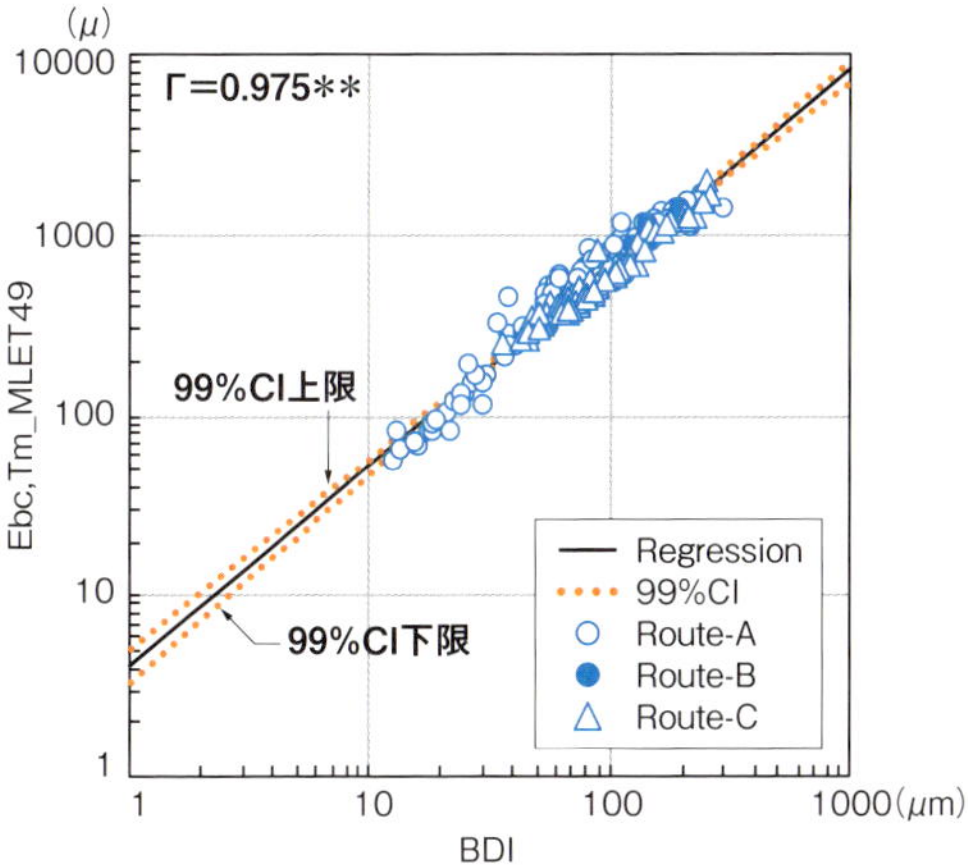


（出所：竹内 康）

均温度、49はＦＷＤ荷重が49ｋＮであることを示しており、図中の実線は回帰直線、破線は99％信頼区間を示している。また、εbcはアスコン層の温度変化による剛性の変動に影響を受けることから、日本での慣例に従い20度に温度補正する手法と、温度補正後のεbcの損傷基準値は77５μであることを示した。

これらの結果より、ＦＷＤとＭＷＤのたわみ特性の相関性を確認できれば、ＭＷＤたわみから路盤の健全度を直接的に評価できることが明らかになった。現在検討中だが、εbcの算出に使用するＢＤＩは、**資料４-９**に示すようにＭＷＤの計測結果がおおむねＦＷＤと同様の挙動を示しているため、ＭＷＤにおいても路盤層の健全性を評価することが可能であるものと考えられる。

現在、我々のチームでは、国交省東北地方整備局と関東地整をつなぐ国道４号線を箱庭とし、緊密な連携体制の下で検討を進めている。そして、箱庭での研究成果を統合し、センシング技術とデジタルデータを活用した新しい舗装マネジメントシステムの構築を目指していきたい。

**資料4-9 ● FWDとMWDで計測したBDIの相互関係**

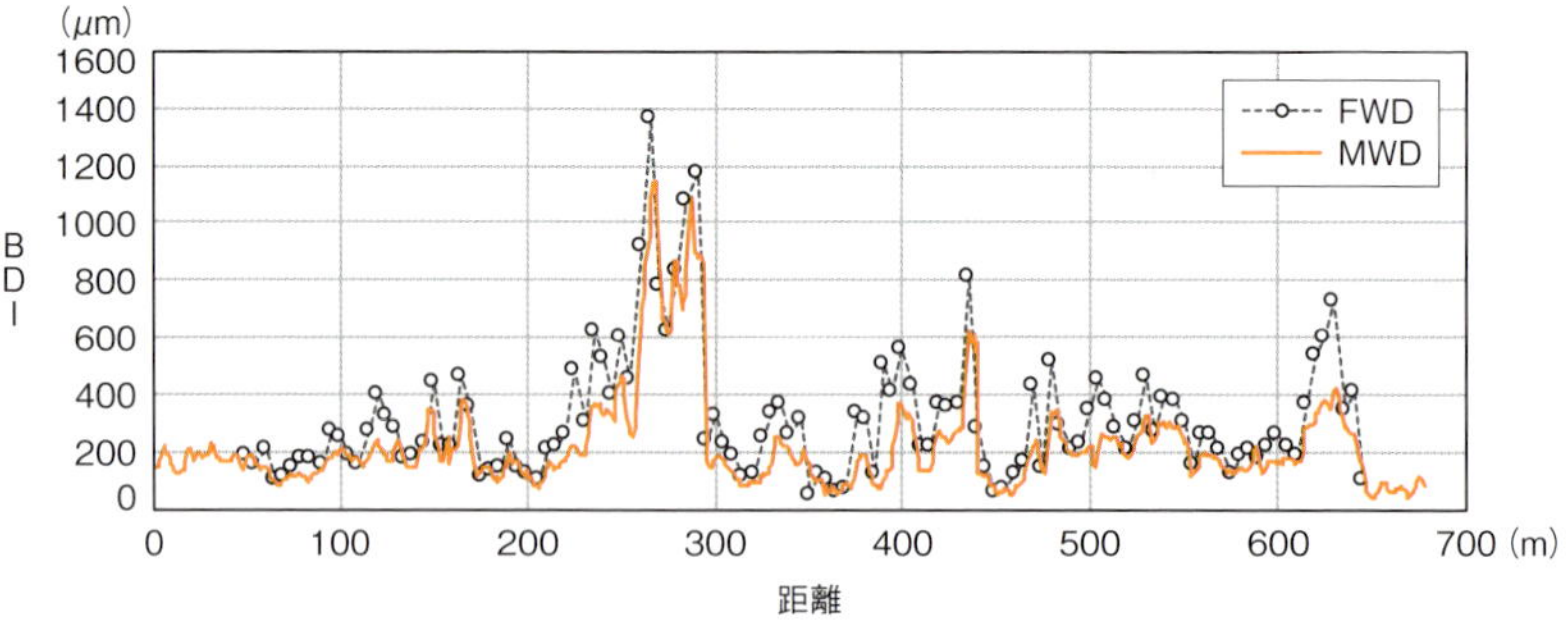


（出所：竹内 康）

第5章

# 5大ニーズ「新材料・新工法」

ここまで述べたニーズは点検・診断が中心だが、本章のターゲットは「新材料・新工法」へのニーズである。老朽化したインフラの補修・補強や、更新へのニーズが高まる一方、業界は人手不足が続いている。こうした中で、施工工程の短縮・省人化を劇的に進めるのが「コンクリートの3Dプリンティング」。本章ではまず、阿南安芸自動車道（高知県）などでの3Dプリンターによる課題解決のブレイクスルーを紹介する。その後次なる展開につながる技術開発の例として、具体的には3Dプリンターの耐震補強への応用や、コンクリートの大敵である腐食に対抗する「バサルトFRPロッド」を紹介。さらに、3Dプリンターとバサルトロッドを組み合わせた新たな展開を示す。

# 施工現場が待ち望む本命・本丸の省人化

CHAPTER 5-1

## 建設用3Dプリンターが急激に普及

2022年3月、建築専門誌である日経アーキテクチュアで「ここまで来た建設3Dプリンター」という特集が企画され、大きな注目を浴びた[1]。これまで日本では法律の壁によって到底実施できないと考えられていた建設用3Dプリンターを用いた建築物の施工許可が認可され、実際に建設されたからだ（**資料5-1**）。

その後、わずか数年で日本は世界でも有数の建設用3Dプリンターの施工事例数（箱庭）を誇る国となっている。実績ベースで見ると2021年までは毎年10件にも満たず、そのほとんどが実証実験であったのに対し、2022年にはいきなり40件近くの事例が生まれた。2023年、2024年はさらに前年度を上回っており、急激に普及し始めている[2]。中でも多くの事例が土木工事で創出されており、国土交通省、都道府県、市区町村といった公共工事での事例が増加していることも他国と比較して特徴的である。まさに「箱庭」を構築し、その「箱庭」での成果が次の「箱庭」につながり、現場実証の増加につなげられた好事例といえるだろう。

これほどの急激な拡大が実現した背景には、コンクリート施工の大きな課題が顕在化し始めていることが理由に挙げられる。建設工事、特に土木工事で何かしらの構造物を造るとなるとコンクリートを使うケースが多い。道を維持する、河川を維持するのにはコンクリート構造物と向き合わないと工事は完了しないのだ。事務処理や測量を新技術でいかに効率的にしようとも結局、構造物の施工の工程短縮、省人化をどうやって目指すのかという課題に向き合わないと現場は一向に楽にはならない。つまり、コンクリート構造物の施工方法を革新的にアップデートすることは、現場が待ち望んでいた省人化施策の本命・本丸なのである。

そして、その課題が顕在化するタイミングに建設用3Dプリンターのメーカーとして創業したスタートアップ企業であるPolyuse（ポリウス）がその市場拡大をけん引した。2019年に創業し、2020年には京都府の地場で活躍する建設会社の吉村建設工業と実証実験を行っ

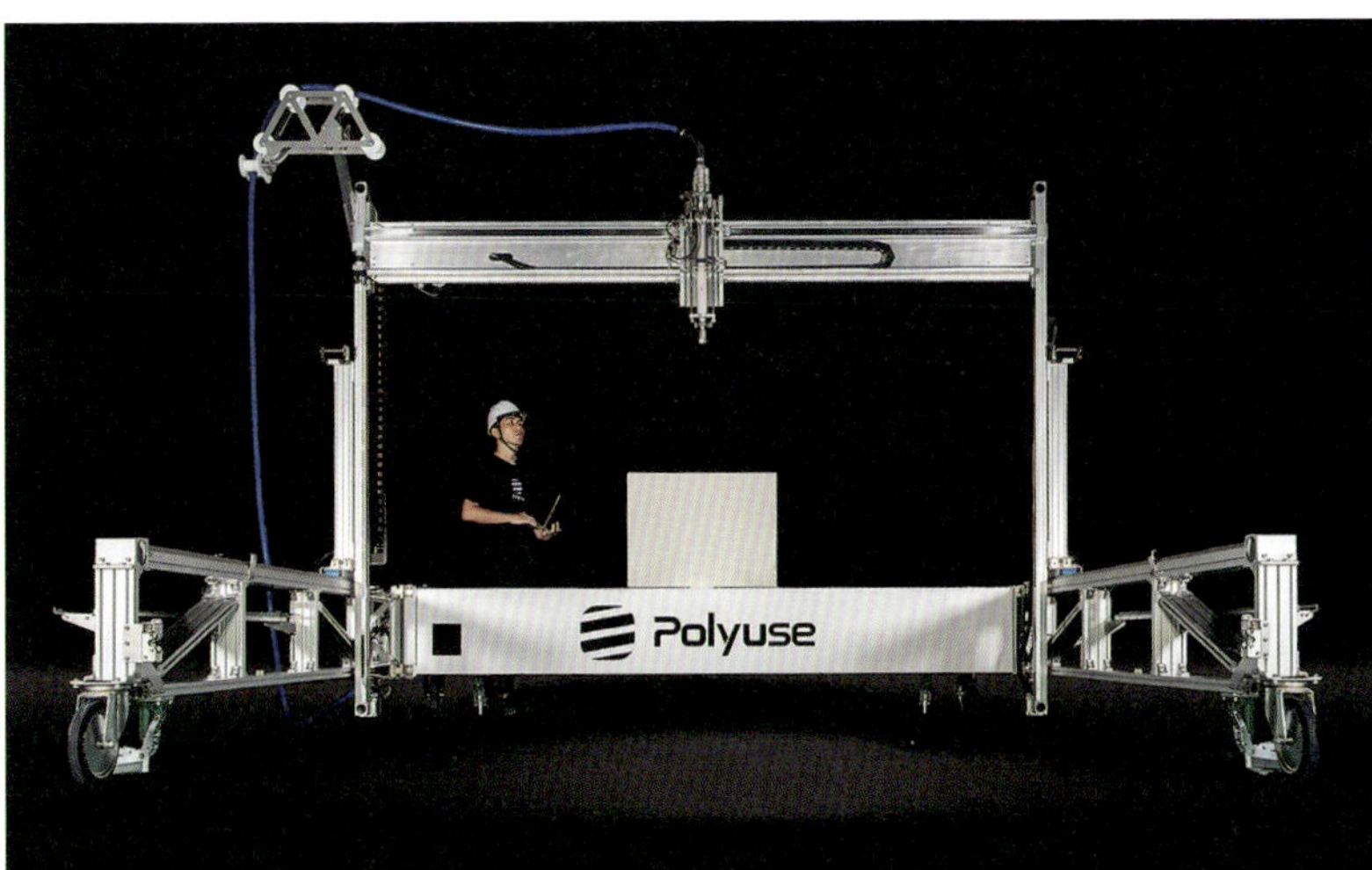


資料5-1●ポリウスが販売する建設3Dプリンター（写真:Polyuse）

たことを皮切りに、2022年には公共工事へ、そして先述した日本初の建築物として施工許可が認可された構造物にも適用を進めた。その後も土木や建築の工事で施工実績を上げて直近3年間の実績では国内の建設3Dプリンター施工実績のおよそ8割をPolyuseが占める状況になっている（**資料5-2**）[2]。施工省人化を行わなければ今後10年、20年後の施工を遂行することが難しくなると考える地方の建設会社などと積極的に連携してきた。箱庭ハイサイクルで提唱される「スーパー松」の現場と比較して、圧倒的なボリュームゾーンである「梅」「竹」には切実なニーズが存在しているのだ。

## 地方ほど深刻な職人不足に

なぜ建設用3Dプリンターに期待が寄せられるのか。従来の工法でも十分に施工できていたはずではないか――。

**資料5-2● 建設用プリンターによる施工実績** [2]

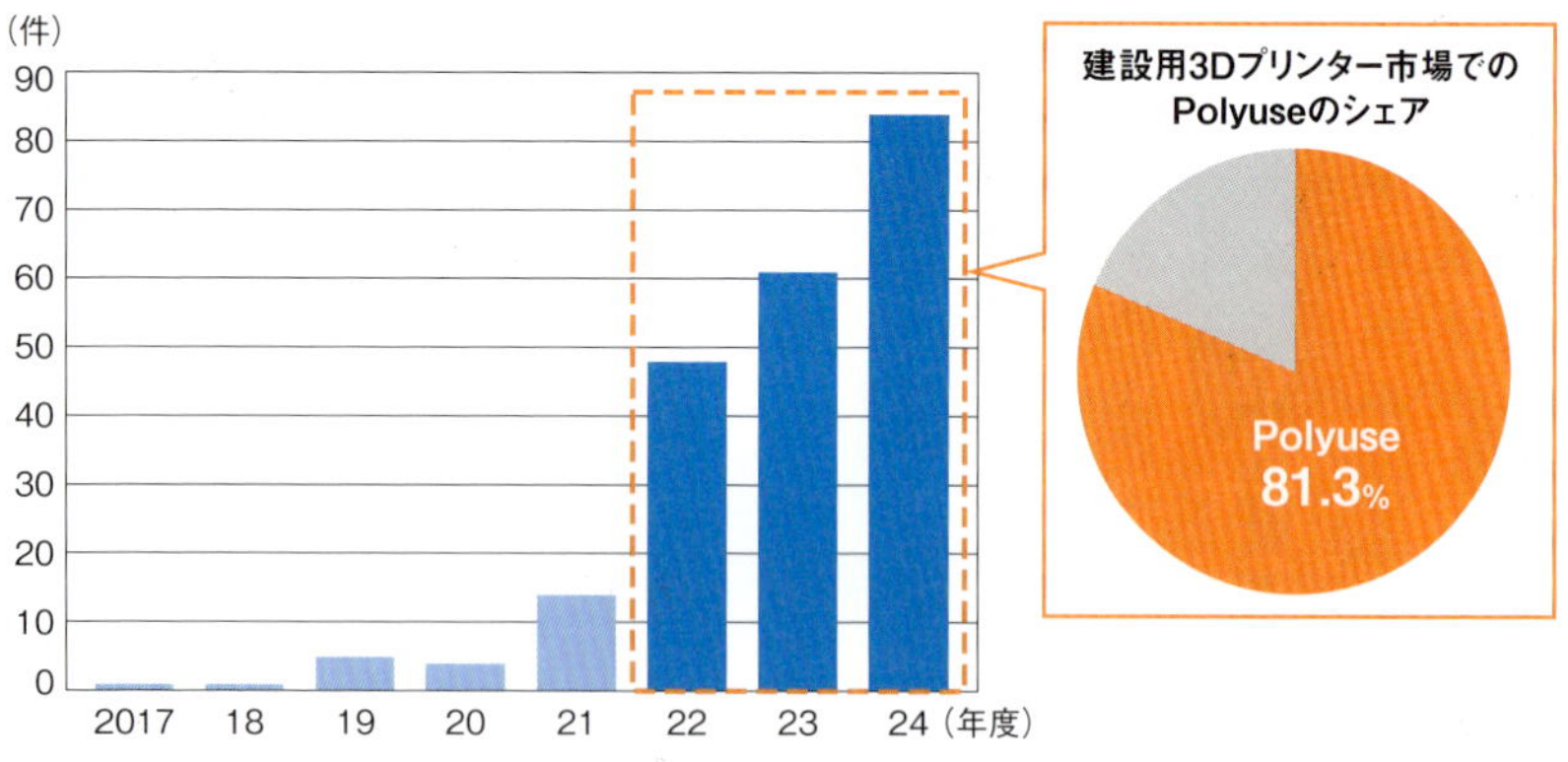


左は建設用プリンターによる施工事例数の推移、右は2024年度の建設用3Dプリンターの施工事例のうちPolyuseが手掛けた割合（出所：土木学会とPolyuseの資料を基に日経クロステックが作成）

その答えは、市場における担い手不足に起因する。

従来、コンクリート構造物は２つの方法で造られてきた。１つはプレキャストと呼ばれる工場で大量生産されるコンクリート二次製品、もう１つは型枠大工の組み立てた型枠に直接コンクリートを打設する現場打ち工法だ。道路や河川の構造物は施工環境に合わせてその都度形が変わるため、量産品で造ることは難しく、手作業が生じている。例えば、道の勾配や川幅、蛇行の度合い一つとっても同じ道路や河川は存在しない。

近年、その型枠大工という職人の減少率が施工環境に顕著に影響を及ぼし始めている。国勢調査の結果を見ると、２０１５年には４万６０１０人いた型枠大工が２０２０年には４万８４０人となり、実に５０００人以上がこの５年間で減少している（**資料5-3**）3。日本型枠工事業協会の試算では、２０２５年にはさらに５０００人以上減り、３万５１６０人になる見込みだ。つまり、単純に見れば２０１５年以降毎年１０００人減少し、10年で約４分の１の職人が減少するという事態が生じている4。

しかも、これは全国平均の結果である。職人は居住地から現場に向かうため、当然都市部と地方では偏在化が生じているはずだ。地方ほど、高齢化が進み、急激な職人不足に陥っていてもおかしくない。加えて、住宅建設は人口が増加しやすい地域、つまり都市部で施工が行われやすい。一方、土木工事は都市部と都市部をつなぐ道路や周囲の河川を整備するため、どうしても都市部だけではなく全国に工事が分散する。要するに、土木工事では職人の偏在化によって生じる職人不足の影響を受けやすく、今後のインフラ整備は地方から立ち行かなくなる現象に見舞われる恐れがある。

この影響を顕著に受けるのは地方の建設会社だ。地域外の協力会社から人員を確保できる大手建設会社と異なり、地域に根ざす彼らは地域の担い手が減少すると人員の確保が困難になりがちである。「梅」や「竹」といった箱庭となる市町村などが管理するインフラの施工現場はそんな地方の建設会社によってこれまで支え続けられていた。将来を危惧する地方の建設会社はその役割を果たし、人々の生活を守り続けるためにも地域の10年、20年後の施工を考え、建設用3Dプリンターに期待を寄せているのだ。

## 技術の適用は常に現場から

日本において建設用3Dプリンターが研究され、世に出始めたのは2017年に大林組が国内で実証実験を報告した事例だろう[5]。その後

資料5-3●型枠大工の国内人口推移[3]

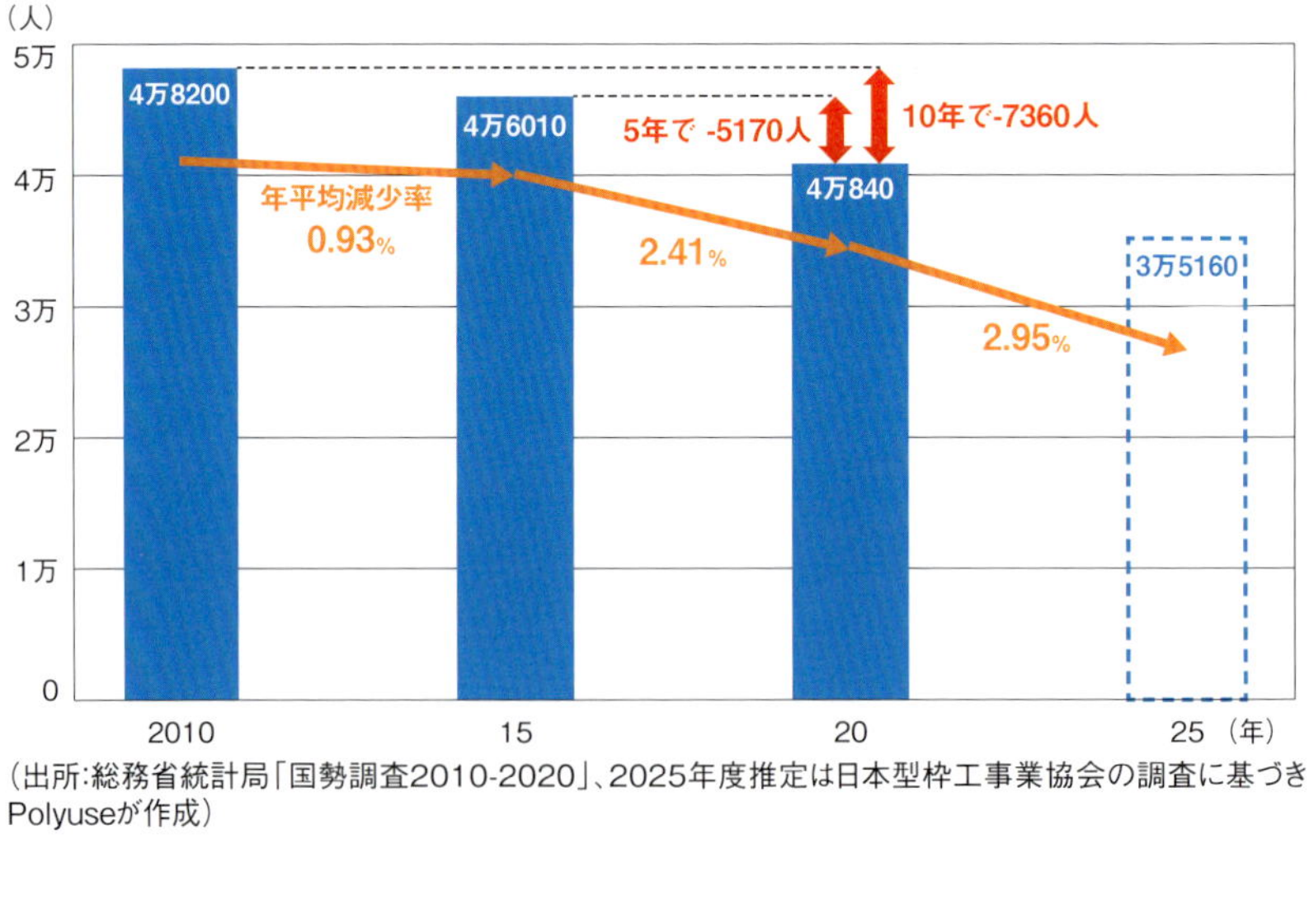


（出所：総務省統計局「国勢調査2010-2020」、2025年度推定は日本型枠工事業協会の調査に基づきPolyuseが作成）

も前田建設工業、大成建設、清水建設が相次いで実証実験の成果を発表し、研究所間での開発競争は盛り上がった[6、7、8]。ただし、実際に発注された施工現場で構造物としての活用が進んでいたわけではない。

大きな転機は先に述べた２０２２年だ。施工事例数が大きく伸長し、現場実装のブレイクスルーが生じたのだ。しかもそれを成し遂げたのは、元々技術を保有している大学や企業のスピンアウトではなく、建設分野の素人で技術的にも拙いメンバーが集まり、他社よりも遅く開発を始めたスタートアップ企業のPolyuseだった。それでいて、なぜブレイクスルーが起こったのか。

その要因は、Polyuseがスタートアップ企業として持っていた、ハイサイクルを具現化した独自のアプローチにある。大手企業や先行技術者は、その優れた技術の成果を実証実験でアピールし、その後に発注元が現れることを期待した。いわば「シーズ主導型アプローチ」だ。ただし、そのアプローチではプロジェクトをいくら成功させたとしても、それが広く普及しなかった。

それに対してPolyuseは全く異なる「ニーズ主導型アプローチ」を取った。最初に事業を立ち上げ、施工現場に積極的に入り込み、試行錯誤を繰り返しながら技術をブラッシュアップしたのだ。技術が完成する前から施工会社と協働して「箱庭」を構築し、現場での検証を行った。その結果を基に技術を磨き続けるボトムアップ型のアプローチを取ったのだ。内閣府の戦略的イノベーション創造プログラム（ＳＩＰ）で取り組むハイサイクル化そのもののようにスピーディーに繰り返し「箱庭」が構築され、次の「箱庭」に紡がれている。Polyuseはその結果、現場のニーズに応じた形で、施工に必要な要求性能を具現化できた。

最初に施工した構造物は集水升だ（**資料5-4**）。側溝から流れる水や土砂、ゴミを受け止める役割を果たす現場では目立たない構造物であった。ただし、集水升の施工は非常に面倒な作業とされていた。側溝に設置する際、升の位置や角度、接合する管の大きさが毎回異なるため、現場の職人がその対応に苦慮していた。初期のターゲットとなるこの構造物を様々な「箱庭」で繰り返し施工してきた。集水升の箱庭ハイサイクルは異分野からの参入者と現場をよく知るスペシャリストの共創によって生み出されたのだ。

最初の施工が成功すると、口コミや紹介で次々と相談が寄せられるようになった。地方の建設会社は人員の確保が難しく、コンクリート構造物を職人なしで施工できる方法は将来に直結する重要な課題だった。集水升だけでなく、重力式擁壁や中央分離帯、護岸ブロックなど

**資料5-4 ● Polyuse製3Dプリンターによる集水升の造形外観の変遷**

造形は途切れ途切れで、構造物としての所定の安全基準や寸法基準を満たすことができていない。十分な水密性も担保できていない

水密性と安全基準は満たす構造物となったが、美観としては実用に絶えないものであり、寸法基準にも適合していない

工事発注の基準内に安全性と寸法、機能性(水密性など)の全てを満たし、美観としても発注者や施工会社に認めてもらえる水準となった

（出所:Polyuse）

様々な形状の構造物の相談が現場から寄せられた。特に早急な対応が必要な災害復旧の工事にも複数用いられている。これらの構造物の施工に3Dプリンターを適用することで、現場の困りごとを解決できるからだ。

つまり、ブレイクスルーの要因は技術の高さだけでなく、困っている現場やその問題を見つけられた「ニーズ発掘力」にあると見る。ニーズに寄り添って社会実装することを前提に据えて技術開発を進めるアプローチは、まずは先に研究開発をしてから社会実装をどう実現するのかを考える手法に比べ、圧倒的に実装速度とボリュームが増えていきやすい。そしてこのアプローチでは、困っている人々にその技術を紹介し便利さを実感してもらえれば、自然に好循環が生まれ、そこからさらに技術の導入が広がっていく。併せて技術はこうした利用の広がりの中で磨かれ、より使えるものへと進化できるはずだ。ニーズ主導での実装が進むことで、結果として技術がさらに向上する――。まさにこれこそが、箱庭ハイサイクルを体現する一例ではないだろうか。

## 災害の復旧現場で工期を約半分に短縮

ここからは実際に活用されてきた事例を一部紹介しよう。

山形県新庄市に拠点を置く新庄砕石工業所は、2023年に新庄市から秋田県間を通る国道13号の土砂崩れが発生していた斜面の災害復旧工事で建設用3Dプリンターを活用した。発注者は国土交通省東北地方整備局山形河川国道事務所だ。施工延長43・7m、高さ1・3～2mの重力式擁壁を建設用3Dプリンターで構築、その上に落石防護柵を設置した（**資料5－5**）。

施工現場は非常に急峻な地形で斜面の勾配は険しく、上部は岩盤露出し、下部は堆積土で構成。従来の方法で施工しようとすると、掘り下げて型枠を設置しなければならない。ただし大雨が降れば斜面は崩壊し、現況道路を埋めてしまう危険性がある現場だった（**資料5－6**）。二次災害が発生しかねない。だからこそ従来であれば安全を期して施工区画を細かく分けて、崩落影響が最小になるように施工を進める必要があった。ただし、施工する地域は日本でも有数の豪雪地帯だ。早く施工を終えなければ雪が降る中で除雪をしながらの施工になってしまい、施工どころではなくなってしまう恐れがあった。様々な検討のうえ、建設用3Dプリンターは効果的だと新庄砕石工業所は判断したのである。

施工は床掘りした後に基礎材を配し、建設用

**資料5-5** ● 新庄砕石工業所が施工した落石防護柵（写真:新庄砕石工業所、Polyuse）

3Dプリンターによって事前に作製した重力式擁壁を据え付け、すぐさま斜面との隙間を土で埋めた。こうすることで、土砂崩れが発生しないように対策を講じながら施工を進められる。1日当たり6個のペースで合計54個のブロックを設置し、段階的に施工を実施した。結果として工事期間は当初想定の82日間が43日間になり、39日間短縮することに成功した（**資料5-7**）[9]。

実務では施工現場で雨の中、崩れないか心配しながら巡回することも多い。責任ある仕事だからこそ、安全性に対する気疲れは想像以上ものがある。新庄砕石工業所の担当者からは「39日間の事故や災害のリスクから解放され、心理的負担も軽減した」と高く評価された。災害は全国で起こり続けており、復旧工事は今後も避けられない。迅速かつ安全に復旧し得る建設用3Dプリンターの有用性を明確化に差し示した事例の一つだと言える。

**資料5-6 ● 落石防護策の設置現場の施工環境**

**1. 土砂の崩落を招きやすい状況**
**2. 擁壁基礎工の底面付近で岩盤線が露出する恐れ**
**3. 安全面への配慮が特に必要**

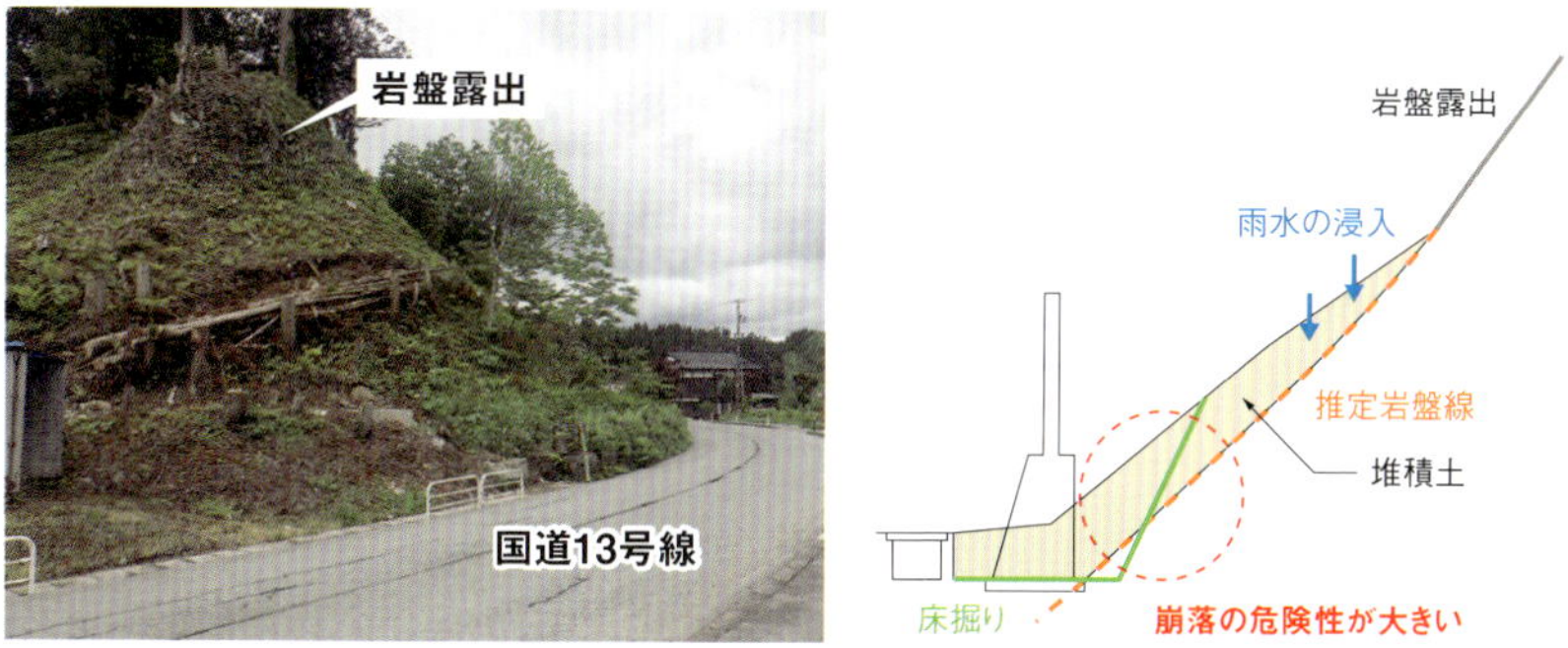


（出所：新庄砕石工業所）

## 河川工事を2週間短縮

続いて、河川の工事の事例を紹介する。石川県小松市に本社がある吉光組は、２０２４年に国交通北陸地方整備局金沢河川国道事務所の発注工事で手取川での河川工事２件に建設用３Ｄプリンターを活用した。手取川は急流河川として知られ、昔から洪水と復旧・復興の営みが繰り返されてきた。

２０２２年８月の記録的大雨で受けた河川浸食被害からの復旧現場だ（**資料5-8**）。急流河川の工事では、水の勢いを和らげるための抵抗を設ける工事（減勢工事）が行われる。今回構築した構造物はそんな減勢工事の一部。堤防の

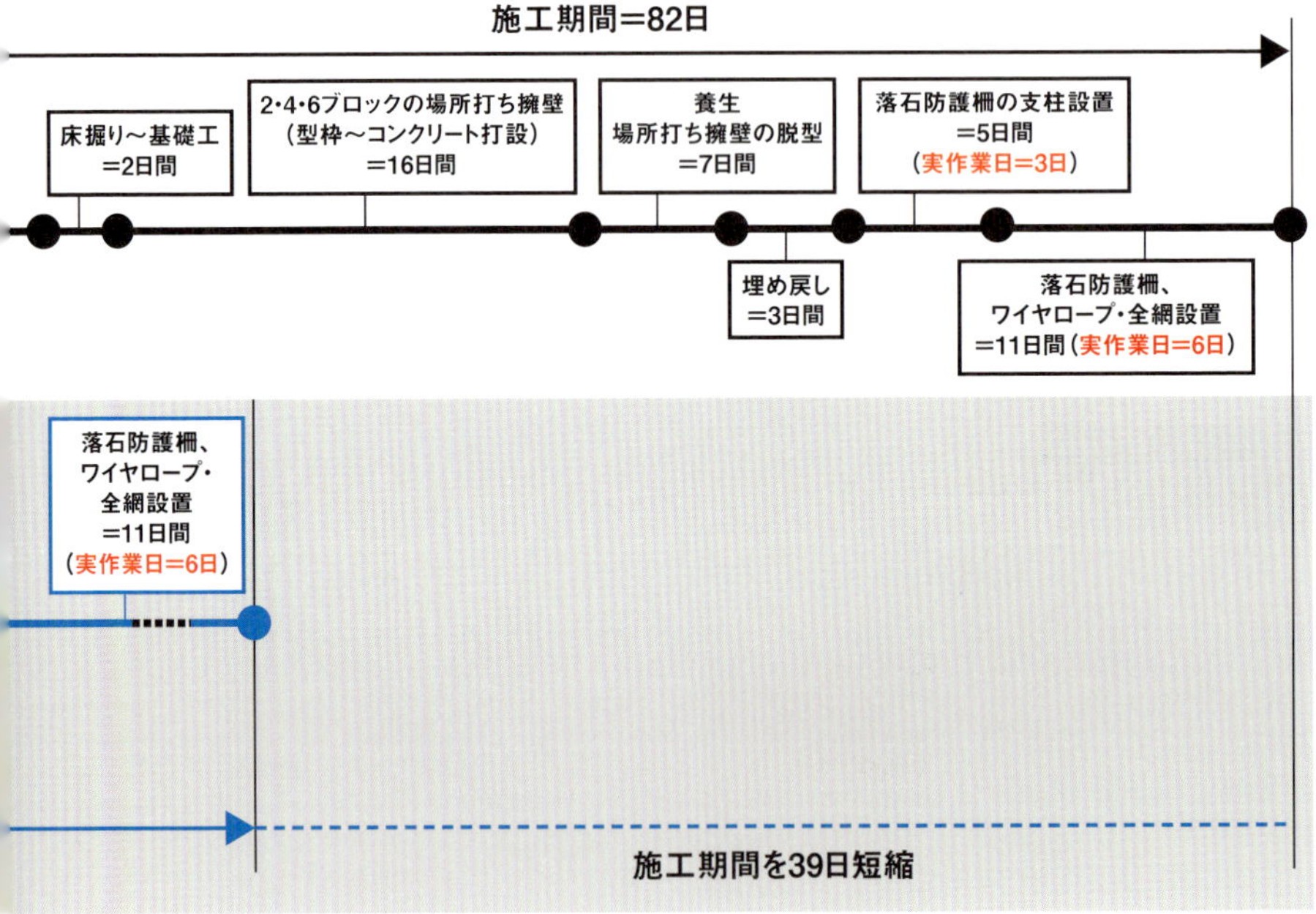

一定区間に設ける凸部のコンクリート構造物「元付工」と呼ばれる構造物だ。

　河川工事は気象条件の影響を受ける。雨が降れば水位が上がり、工事ができない。特に6月以降は梅雨、7月後半以降は台風の影響を受けるため、大半は非出水期と呼ばれる川が増水しにくい11月〜翌年5月に施工する。つまり、工事期間に必ず制約が生じる。

　加えて、河川工事では一般的に工事に必要な重機などを設置する場所が限られるために、川の一部をせき止め、流れを変えて空間を作る必要がある。実質河川工事の始まりと終わりの1〜2カ月は工事のための環境づくりに消えてし

資料5-7● 建設用3Dプリンターの活用による短縮効果 9

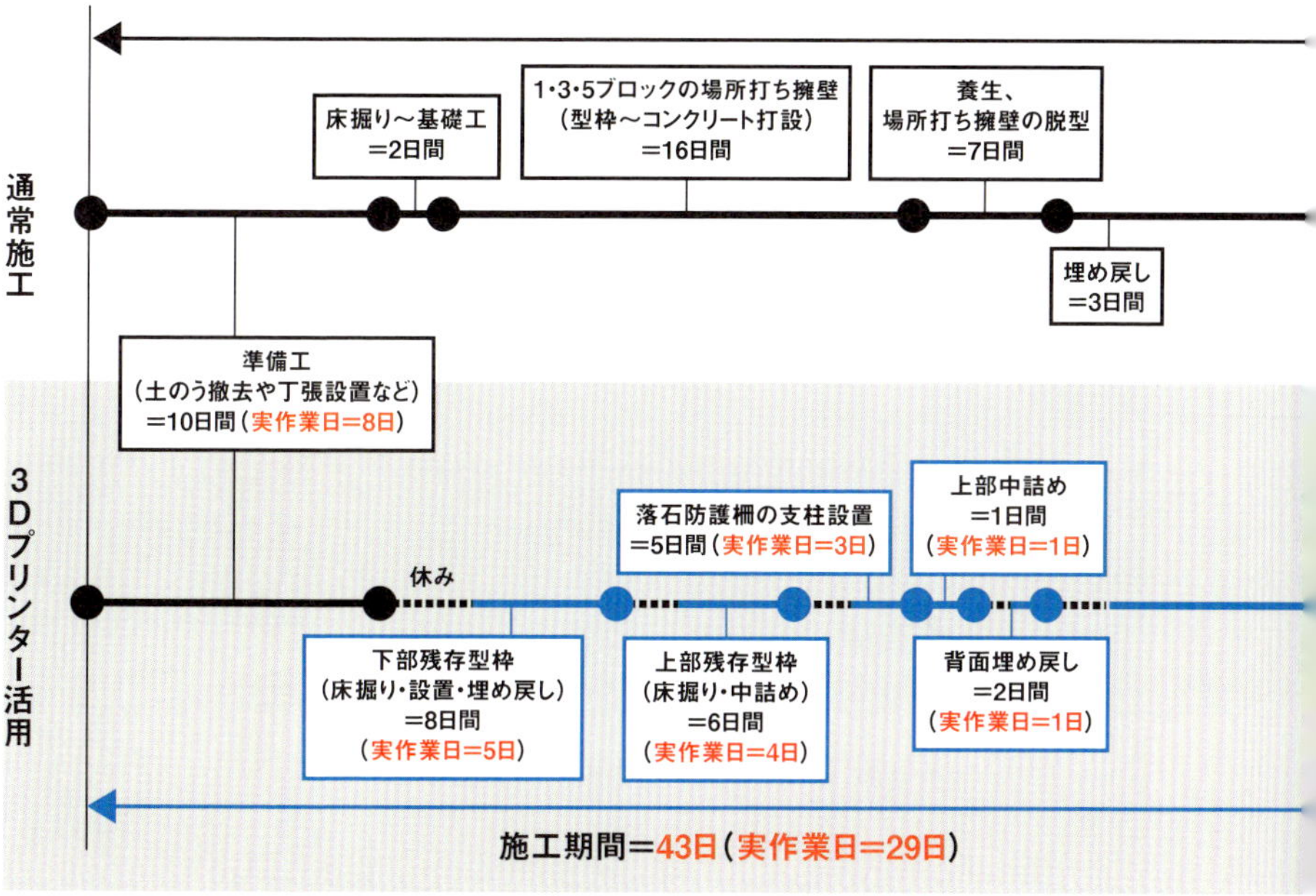


(出所:新庄砕石工業所とPolyuseの資料を基に日経クロステックが作成)

まう。つまり1～3月の3カ月で構造物を一気に構築しなければならないという課題を抱えるのだ。

この現場の元付工は在来工法では構築に20日間かかる。一方、建設用3Dプリンターでは6日間だった（**資料5-9**）。大幅な工期短縮と生産性の向上が図れたと言えるだろう。工期短縮できた14日はおよそ半月（2週間）に当たり、工期が非常にシビアな河川工事では莫大なインパクトを持つ。

## 重要構造物の適用巡る攻防

Polyuseは、難易度の高い工事にも精力的にチャレンジをしている。国交省四国地方整備局土佐国道事務所発注の阿南安芸自動車道安芸道路の橋梁下部に当たる橋脚のフーチングと呼ばれる基礎に、建設用3Dプリンター

資料5-8●建設用3Dプリンターを活用した手取川の現場

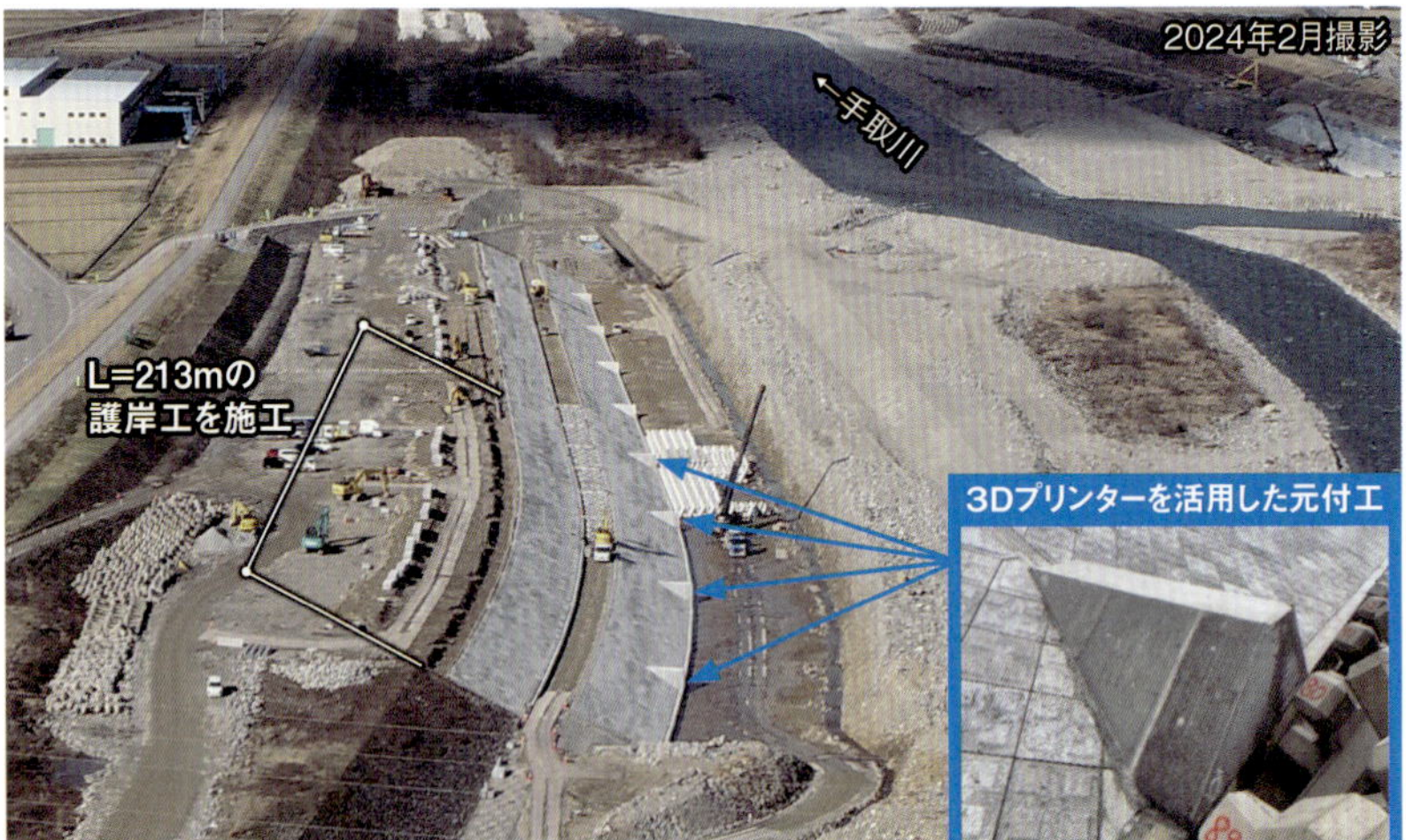


（出所：吉光組）

を活用したのだ（**資料5-10**）。フーチングは重要構造物と呼ばれ、構造物を造る工事の中でも難易度が高いことで知られる。

建設用3Dプリンターは、重要構造物への適用にハードルがある。重要構造物とはコンクリート構造物の中でも高さ5m以上の鉄筋コンクリート擁壁や橋梁の上部工、下部工などが当たり、より安全性を厳しく見られる。もし何かしらの事故が発生した場合には甚大な被害をもたらすためだ。

施工を担ったのは入交建設（高知市）だ。同社は集水升を建設用3Dプリンターで構築するなど、これまでに何度も挑戦を繰り返してきた。建設用3Dプリンターの活用を橋脚の巻き立て補修工事への未来に見据えており、フーチングはそのための布石でもある。橋脚の巻き立て補修工事は非常に手間がかかり難しく、この工事をいかに楽に施工できるかと

**資料5-9 ● 元付工の工法比較**

**従来工法**

**課題**

①複数の同種工事が発注され人材（型枠大工）確保の懸念がある

②工事ボリュームが大きく工期内の完成が不安。元付工がクリティカルパスであり工程短縮の肝である

**3Dプリンター工法**

**施工現場**

**解決**

①護岸ブロック張りの**作業員がそのまま3Dプリンターで造った元付を据え付ける**ことができた（型枠大工に依存しない）

②3Dプリンター工法では、型枠設置作業・コンクリート養生期間待ち・型枠脱型作業の工程を短縮できたため、予定より**14日の工程前倒し**が実現。北陸の冬季工事での「▲14日」は工事工程に多大なメリットであった。

（出所：吉光組）

いうのは現場において大きな課題となっている。そのためにもまずはフーチングでの活用を実現する必要があった。入交建設はPolyuseと共に何度も四国地整や土佐国道事務所と協議や検証データを提出し、十分な安全性を果たすことを示した。その結果、日本で初めてとなる重要構造物への施工適用を実現した。

この事例を機に一気に重要構造物への適用が広がるかと見られたが、そうはいかなかった。発注者でも様々な意見があり、新技術であるからこそ、他の現場に提案した際には過剰な証明やモニタリング、補償を要求されたりもした。今後前向きな発注者の下で箱庭において懸念事項一つひとつの検証と、利用が進むこ

資料5-10●3Dプリンターを活用した安芸道路黒鳥高架橋のフーチング（写真:日経クロステック）

とで、さらなる普及、拡大が望まれる。

## SIPで進む技術検証

実は、先に挙げたフーチングの施工に当たっては京都大学インフラ先端技術産学共同研究部門が連携し、非破壊検査により、内部や使用された3Dプリンター部材の状態をモニタリングする取り組みを実施している（**資料5-11**）。検査結果では、使用上大きな問題につながる影響はみられていない。次なる現場への適用をよりスムーズに実施できるように、このような検証も連動して進めている。

これは単なる産学の取り組みではなく、本書で何度も紹介しているSIPとして実施されている。Polyuseや京大以外にも大成建設、清水建設、学術機関として東京大学、日本大学が協力して実証に取り組んでいる。材料や施工方法などによって施工性がどう変わるのか、その際の強度や耐久性がどのようになるのか、またそもそもどのような評価手法によって安全性を評価すべきなのかを検証し、品質の解明を進めている。

SIPの中では多くのフィールドを箱庭に設定して積極的に活用することで、実験室では得られないリアルなデータを数多く蓄積しようとしている。現場では実験室では得られない工期への影響や施工環境による影響など、様々な因子を含んだ状態で評価できる。加えて、実験室や実験フィールドでの安全性評価も合わせて相互の関係性に関しても評価する。こうして得られたデータの蓄積は、現場利用時のリスクがどの程度存在するのか、使っても問題ないのかという判断材料にすることができる。慎重な判断を下していた発注者などの懸念材料を払拭し、積極的な活用が進むことを期待している。

## 柱が高性能・高耐久化

ＳＩＰでは、その他にも革新的な技術開発を実施している。

例えば、３Ｄプリンターで製作できる対象物の大きさが装置の稼働範囲によって制限されるという問題を受け、移動式３Ｄプリンターの社会実装を進めている。この取り組みに参画する大成建設はこれまで、３Ｄプリンター特有の軟らかいのに高く積むことができる材料設計や品質管理に関する技術、３Ｄプリンターの動きとノズルからの押し出し量を

資料5-11●京都大学と連携した非破壊検査の様子（写真:京都大学）

連動制御することで安定したプリントを実現する制御技術を開発してきた。それらに3つ以上の関節を持つ多関節ロボットを組み合わせ、多関節ロボットがレール上を水平移動しながら3次元的にノズル位置と押し出し量を制御し、横長の構造物が造れる技術を開発した（**資料5-12**）。

また、移動しながらノズルの筒先を傾けて接近することで、設置済みの鉄筋を回避しながら柱の外周（外殻）を構築することも可能だ。3Dプリンターは所定の場所に所定の材料を配置できるため、高強度かつ高耐久の短繊維補強コンクリートをプリント材料に用いれば、プリントした柱の外殻（つまり型枠に相当する部分）がその内側の鉄筋コンクリートを守る鎧のような役割を果たす。その結果、従来のように柱全体に同じコンクリートを打ち込んだ柱よりも、3Dプリンターで外殻を

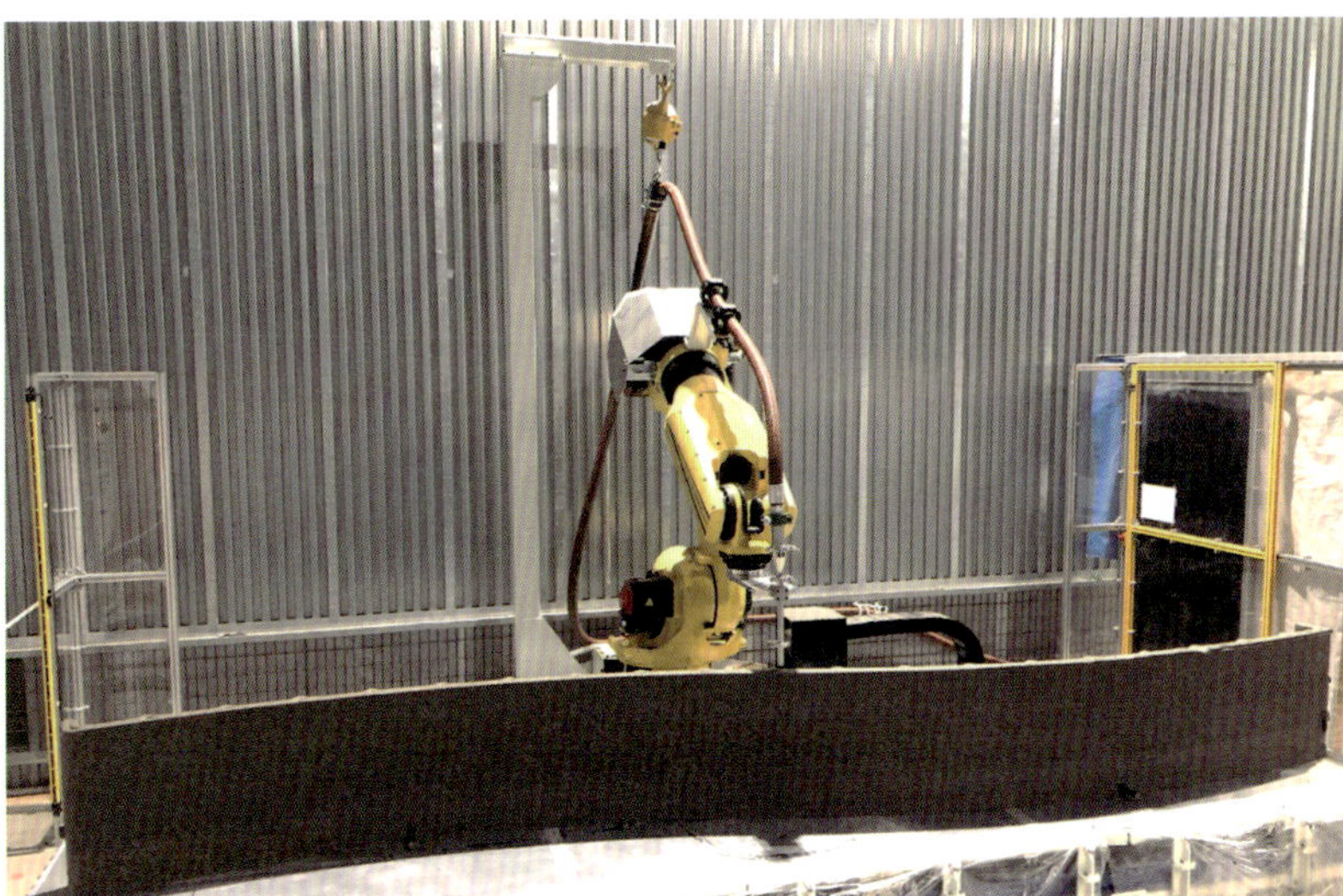

**資料5-12**●移動式3Dプリンターによるプリントの様子（写真:大成建設）

構築した方が高い耐震性と耐久性を持つことが報告されている[10,11]。

さらに実施工を想定して、基礎コンクリートと一体化して組み上がった鉄筋を回避しながら前述の移動式3Dプリンターで柱の外殻を構築し、内部にコンクリートを打ち込んで大型試験体を製作し、柱頭部に正負の繰り返しの力を作用させる正負交番載荷実験を実施し、耐震性を確認した（**資料5－13、5－14**）。なお、試験体製作と載荷実験は大成建設が担当した。

その結果、材料配置と短繊維の向きがそろうことにより、耐力や変形性能が向上する補強効果を有することが明らかになった（**資料5－15**）。なぜならば、コンクリートに混ぜ込んだ短繊維をプリントすると、繊維の方向がプリント方向にそろうので、プリントした外殻が内側の鉄筋コン

**資料5-13**● 柱試験体の製作状況
（写真：大成建設）

**資料5-14**● 交番載荷実験の実施
（写真：大成建設）

クリートの破壊をがっちりと拘束するからだ。特長をうまく掛け合わせ、新たな構造の可能性を見いだした革新的な事例と言える。

また、外殻をプリントした柱で内部の鉄筋コンクリートの破壊が進みにくくなる現象は、正負交番載荷実験中に実施した京都大学インフラ先端技術産学共同研究部門による最先端の非破壊計測・評価技術を用いた検証で、可視化することにも成功している。これらは、コンクリートの破壊の進行を動的・静的に評価できる技術だ。一例として、測定器から放った弾性波がコンクリート中の空隙や亀裂、ひび割れなどの欠陥に強く反射して戻ってくる性質を利用し、破壊の進行に伴う欠陥がどこで生じているかを2次元的に可視化した結果（静的評価）を示す（**資料5-16**）。

弾性波を用いて破壊の進行位置を2次元あるいは3次元的に検知する非破壊評価技術は日本

**資料5-15● 正負交番載荷実験の結果**

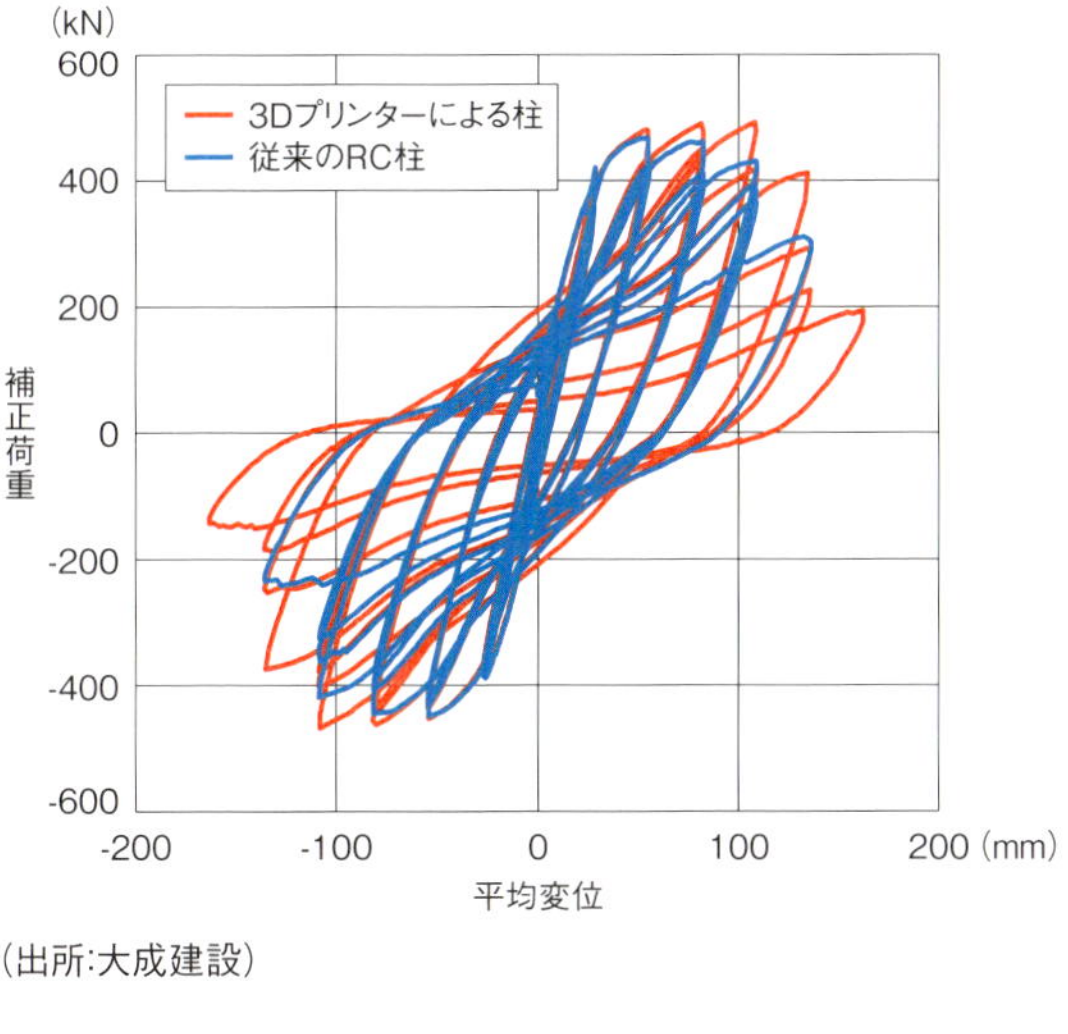


（出所：大成建設）

が世界をリードしており、構造物の性能や損傷後の安全性を確認する強力な技術アイテムとして期待される。

## 新技術ゆえに対峙すべき旧時代の壁

コンクリート構造物の造り方は長らく現場打ちとプレキャストの2つの造り方しかなかった。そのため、第三の手法となる建設用3Dプリンターでは、これまでのルールではどうしても適合しないことに直面することがある。

例えば、建設用3Dプリンターで作成した構造物の表面の精度管理（**資料5-17**）。従来の管理方法で積層の模様がある場合に突起の凸部を測定すべきなのか凹部を測定すべきなのか判断する根拠はどこにもない。結果として評価不能、時には精度不良と評価されるかもしれない。他にも、積層による各層の境界面の接着性能を評価することも今までになかった要素だ。剥離しないかどうかの新たな評価方法を取り決め、十分に安全性を担保しておかないと施工した後に不良だと分かった場合には大変なことになる。

一方で、従来実施していたような幾つかの試験方法は適さない。生コンのように粘性の低い材料では流動性によって型枠への充填性を評価していた。建設用3Dプリンターによる施工では型枠に充填せずに自立して積み上げるので粘性の高い材料を使用している。そのため、どうしても充填性を評価するために設けられた基準値はクリアできないし、そもそも試験方法がうまく実施

資料5-16 ● パルスエコー法による計測（左）と損傷進展の評価結果の比較（右）

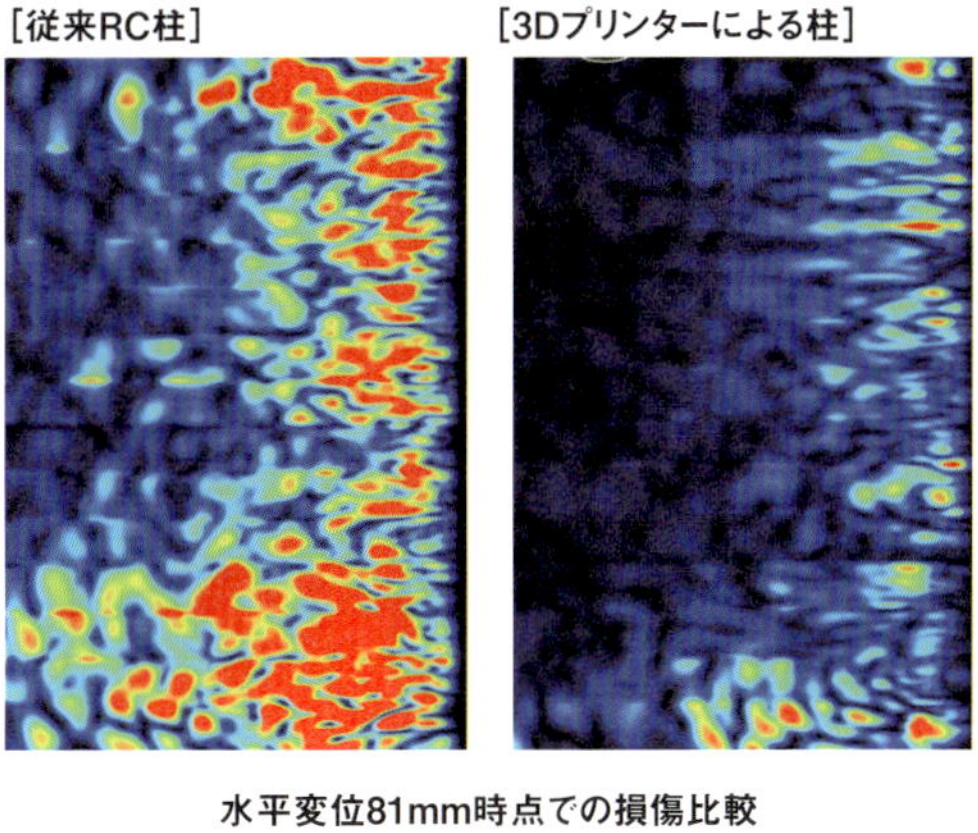


（出所：京都大学）

資料5-17 ● 積層間の精度管理でのポイント

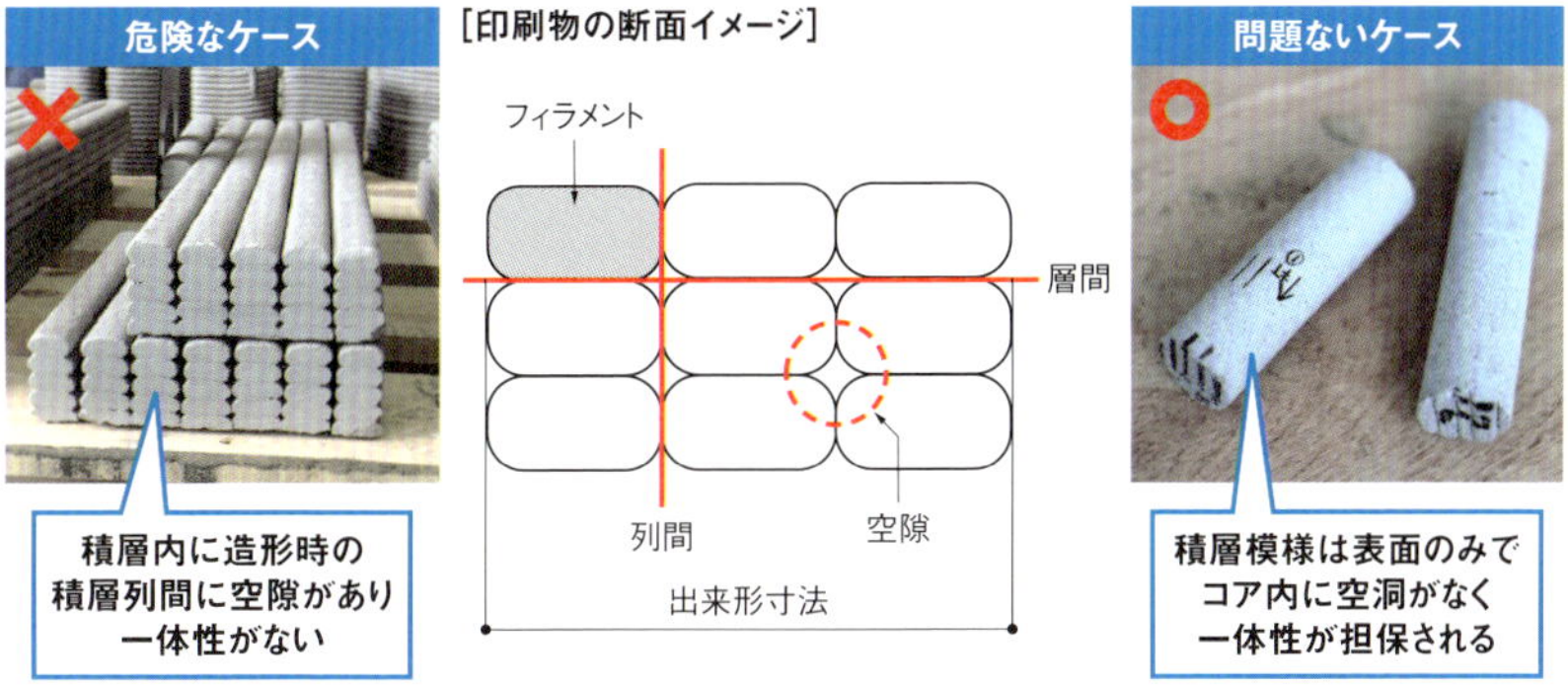


（出所：Polyuse）

できないことも多い。

このように手法が違うからこそルールを新規に作成しなければならない。そしてそのルールの整備が遅くなるほど技術の浸透は抑制され、結果として技術が〝腐る〟原因になってしまう。

ここまでやや悲観的に述べてきたが、現時点ではこれらのルール整備の状況は比較的明るい。建設業界でコンクリートに関する〝憲法〟のように扱われているコンクリート標準示方書、その補完的立ち位置にあるコンクリートライブラリとして建設用3Dプリンターのガイドラインが土木学会より2025年3月に刊行される。ガイドラインの策定は3年程度かかるというのが標準とされてきたが、今回のガイドラインは2023年の秋ごろから開始してたったの1年半で発行にたどり着いた歴史的な刊行速度だ[12、13]。

加えて、ガイドラインに連動する形で国交省でも土木、建築ともに従来の基準類では対応できていない点を検討する会議体などが発足。特に建築分野では2024年8月、国交省住宅局に設けられた3Dプリンター対応検討委員会より公開された「建設用3Dプリンターを利用した建築物に関する規制の在り方について」に記載されているように、2025年度に告示改正などが実施される予定である（**資料5-18**）[14]。

このように、土木学会や国交省、産業界のみならず、官学ともに業界の総力を挙げて、類を見ないスピードでルール整備が進む。引き続き、この速度で取り組みが進展する保証はないが、障壁突破に向けた進みは明るいと感じる。

資料5-18 ● 制度整備の状況

[土木学会では指針策定が進む]

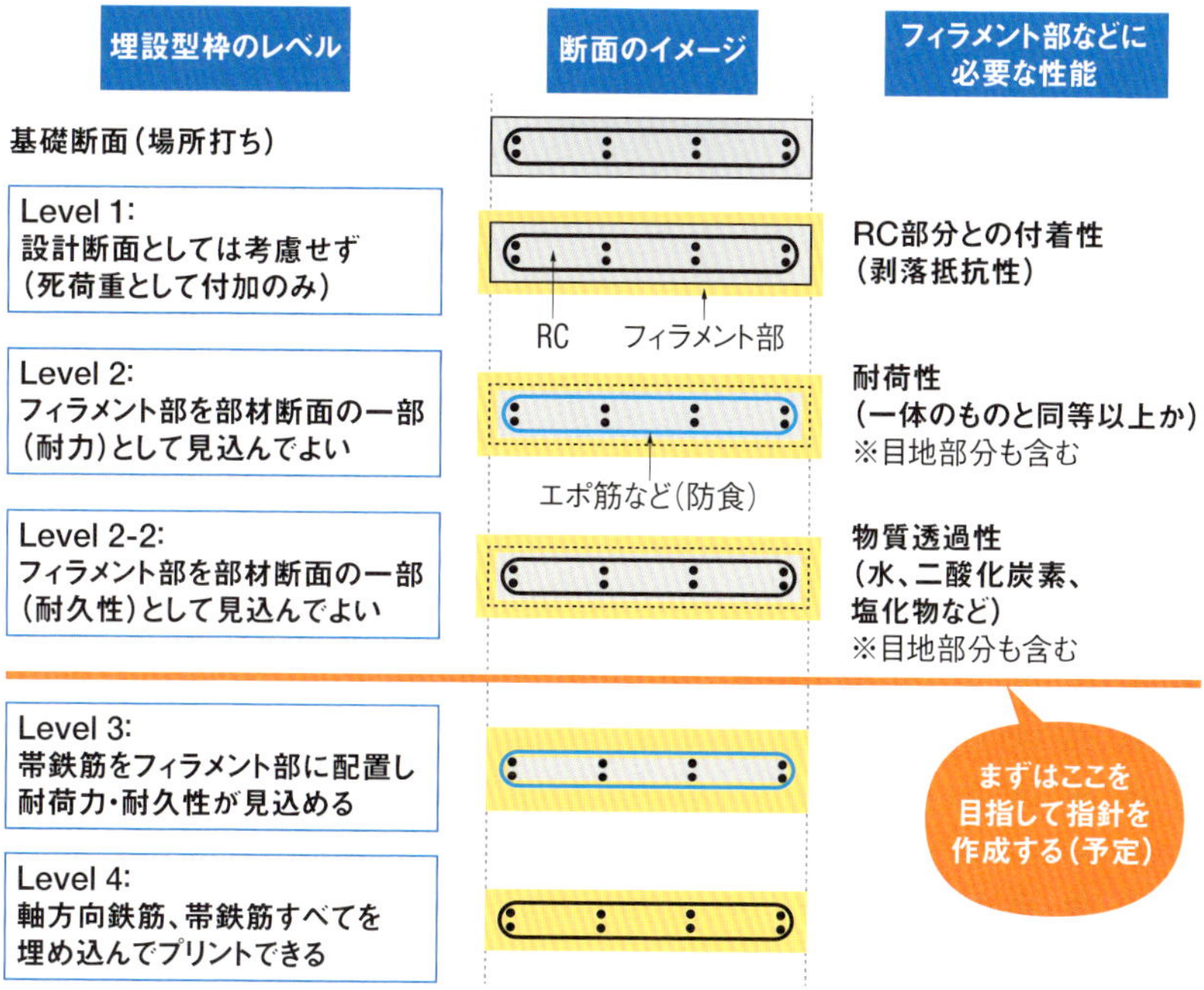


[建築分野では国土交通省が改革実行]

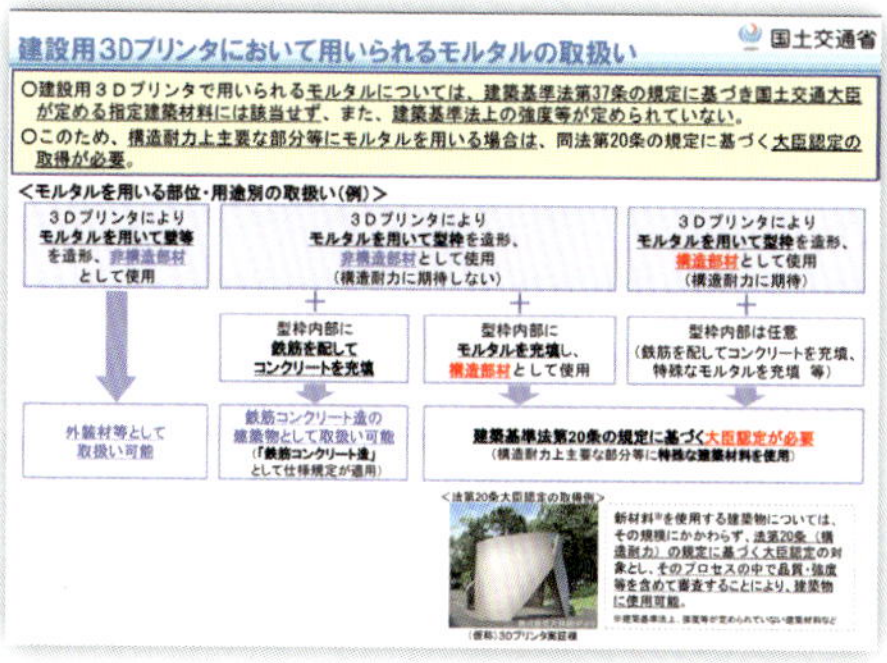

建設用3Dプリンターを利用した
建築物に関する規制の在り方について

令和6年8月
3Dプリンター対応検討委員会

(出所:上は3Dプリンティング技術の土木構造物への適用に関する研究小委員会の資料に基づきPolyuseが作成、下は国土交通省)

## 建設用3Dプリンターの未来

もしかしたら、2020年代前半がコンクリートの歴史の大きな転機として語られる日が来るかもしれない。建設用3Dプリンターが社会実装されてからルールや現場が急速に変わり始めている。研究開発も非常に活発で様々な試みが行われている。こうした動きこそが、イノベーションだと言えるのではないか。イノベーションが起こった産業は、どれも不便だった過去に戻ることはない。パソコンのない時代や、インターネット通信を活用しない状態は考えられない。最近で言えば、スマートフォンやドローンも当たり前の存在となった。

これを、コンクリート構造物の施工に当てはめてみよう。先に述べたように型枠大工の減少は著しい。型枠大工による施工が完全になくなることは考えにくいものの、主流であり続けるのは難しいのではないか。実際に、コンクリート構造物の施工では、プレキャストの活用が後押しされている。イノベーションが起こった産業の過去への不可逆性に目を向ければ、2020年代からはそれに3Dプリンターが加わり、2040~2050年には建設用3Dプリンターなしでの施工は考えられないという未来が、訪れるように感じる。

さらに、工事で最も重要なのは、コンクリート構造物が造られるかどうかだ。著名な経済学者であるセオドア・レビットの「顧客が欲しいのは、ドリルではなく穴である」という有名なコメントと同様に、真の意味で必要なのは「型枠ではなくコンクリート構造物」なのだ。より簡単に造れる方法として、建設用3Dプリンターが常用化される日も近いのかもしれない。

CHAPTER 5-2

# 新材料の活用がもたらす未来

## インフラ長寿命化に向けて残された課題

３Ｄプリンターやその他新技術の活用によって劇的な施工省人化や構造物の性能向上につながる一方で、インフラの長寿命化という観点では、さらなる改善の余地がある。最たる例として、鉄筋コンクリート（ＲＣ）構造物の代表的な劣化現象の一つである鉄筋腐食への対応が挙げられる。鉄筋はコンクリート構造物において補強筋と呼ばれ、引張力に対して抵抗する重要な役割を担っている。コンクリート構造物の使用中に、鉄の腐食を招く物質が浸透することで鉄筋が腐食するが、鉄筋腐食が進行すると設計された耐震性といった重要な性能が損なわれる恐れがある。その他のコンクリート構造物に発生する劣化現象についても、発生したひび割れから腐食の原因となる物質が侵入するなど、鉄筋腐食につながるがゆえに懸念されるケースも多い。

こうしたことから、構造物の点検で鉄筋腐食が認められたり、鉄筋腐食につながる劣化が発見されたりした場合、しばしば補修や補強が行われる。鉄筋腐食を発見するための点検コストと、発見された場合に必要となる補修・補強にかかるコストを足し合わせると、鉄筋腐食による経済的な損失は計り知れない。前述の３Ｄプリンターによって強靱かつ耐久性の高い外殻を構築する場合でも、鉄筋を内部の補強材として用いる限りは、腐食による構造性能の劣化の懸念からは逃れられない。

## 真のメンテナンスフリー構造物への一手

そこで、鉄筋腐食の問題を根本的に解決するためには、鉄筋に代わる「さびない」補強筋が必要になる。その代表例は、ＦＲＰ（Fiber Reinforced Polymer、繊維補強ポリマー）だ。ＦＲＰは、ガラス繊維や化学繊維、炭素繊維といった繊維を、様々な形状に加工した工業製品である。その軽量性や強靱性、品質安定性、加工性といった特長から多くの用途で活用されている。このＦＲＰを棒状に加工したＦＲＰロッドを補強筋として使用すれば、ＦＲＰはさびないため、鉄筋腐食の問題から解放される。つまり、真の意味でのメンテナンスフリーＲＣ構造物が実現する可能性を見いだせる。

近年、ＦＲＰロッドの中でもバサルト（玄武岩）繊維を用いたバサルトＦＲＰロッドが着目されている。バサルト繊維自体は、これまでにも耐熱性などを生かして、主に自動車の吸音材などで広く使用されてきた。ＦＲＰロッドを建設材料である補強筋として使用するには、材料が安定的に供給可能なことと、また許容範囲内のコストで使用できることが求められ、その他のＦＲＰ繊維は多くの場合安定供給性もしくは製品コストの点で課題を抱える。一方で、バサルトＦＲＰロッドの場合、原材料が自然由来のありふれた玄武岩であるため安定して入手できる。また後述の熱可塑型バサルトＦＲＰロッド（バサルトＦＲＴＰロッド）の開発により製造コストを大幅に削減し、かつ大量生産することにも成功している。

　また、この製品コストのみを考えればよいわけではなく、施工や維持管理のコストも総合したライフサイクルコストを考えることが重要である。バサルトＦＲＰロッドの場合、軽量性を生かした施工省人化、時短化によって施工コストを低減できる。鉄筋腐食の懸念からの解放によって、維持管理コストが低いことは言うまでもない。これらを総合すると、バサルトＦＲＰロッドを用いた構造物のライフサイクルコストは既存の鉄筋コンクリート構造物と比較して大きく低減できる。

　ＦＲＰロッドは多数の繊維を束にして樹脂で固めることで製造される。使用する樹脂によって熱硬化型のＦＲＰ（Fiber Reinforced ThermoSetting polymer 以下、ＦＲＴＳ）と熱可塑型のＦＲＰ（Fiber Reinforced ThermoPlastic polymer、以下ＦＲＴＰ）の2種類がある。どちらも加熱・冷却によって成形するが、熱可塑型のバサルトＦＲＴＰロッドは成型後の再加熱によって再成型できる一方で、熱硬化型は製造時の冷却後には再成型できないという特徴を持つ。これまで多くのＦＲＰロッドは熱硬化型のＦＲＴＳロッドであり、加熱炉に入れて硬化、成型させる製造方法が、コスト面と生産効率面での課題となっていた。これに対し、バサルトＦＲＴＰロッドは、大量生産が可能な生産技術の開発に成功した上で、ＲＣ構造物に補強筋として活用するに当たって求められる、太径かつコンクリートとの付着性能の高い異形状のロッドの製造に成功している（**資料5-19**）。熱可塑、太径、異形を兼ね備えたバサルトＦＲＰロッドの製造は世界でも類を見ない技術であり、材料から製品、使用まですべてが日本国内で完結する新たな基幹産業となる可能性を秘めている。

## 重量は鉄筋の5分の1

バサルトFRPロッドの有利性は「さびない」ことに限らない。一般的な鉄筋と比較して重量が5分の1である軽量性から、鉄筋工やそれに関連する施工の常識を覆せる可能性がある。

例えば、路盤などで使用される同径多数の補強筋を格子状に組み上げたメッシュ筋を想定する。直径がおよそ13㎜の鉄筋を100㎜ピッチで配置した2・5m×5mの大きさのユニットを仮定すると、総重量は約235kgとなり、これの移動は不合理であるため、使用位置で鉄筋同士を組み上げることが求められる。一方で、ほぼ同じ直径のバサルトFRPロッドを使用したメッシュ筋では総重量が約50kgとなり、この1ユニットは人力で運搬

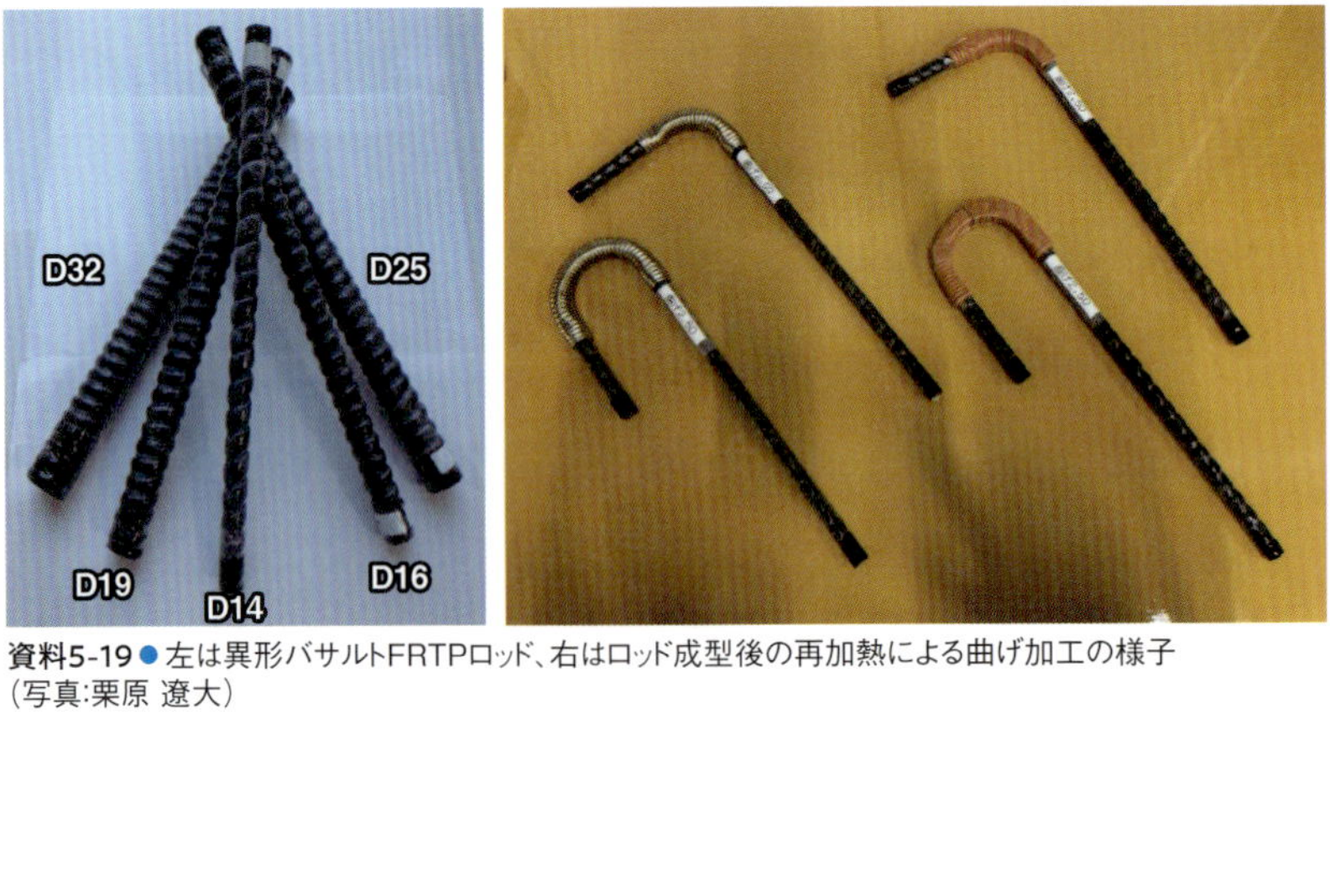


資料5-19● 左は異形バサルトFRTPロッド、右はロッド成型後の再加熱による曲げ加工の様子
（写真:栗原 遼大）

できる。

**資料5-20**は、実際にバサルトＦＲＰロッドを用いて作成したメッシュ筋を人力で運搬した様子である。状況に応じて、現場の中で他のより広く作業しやすい場所でバサルトＦＲＰロッドを組み上げてから運搬する、工場でユニット化してから輸送するといった、より自由度の高い施工ができるようになる。バサルトＦＲＰロッドの軽量性と建設用３Ｄプリンターによる施工省人化とを組み合わせることでも、施工コストのさらなる低減に期待できる。

資料5-20 ● メッシュ筋ユニットの運搬の様子（写真:栗原 遼大）

## カーボンニュートラルへの貢献

バサルトＦＲＰロッドのさびない性質は、コンクリートの性能へも影響を与える。一般的に、コンクリートは力学的な性能だけでなく、耐久性も重視される。耐久性は、コンクリートをより緻密にすることで鉄筋腐食を招く劣化因子の侵入を防ぐといったように、構造物の劣化を防ぐ観点での性能である。土木構造物では要求される寿命が特に長いことから、コンクリートの性能は強度といった力学的な性能よりも、耐久性が支配的となって定まるケースも多い。ここで、バサルトＦＲＰロッドを鉄筋の代替として使用することで鉄筋腐食の懸念を無視できれば、コンクリートの鉄筋腐食に対する耐久性ではなく、力学的性能の満足を中心に考えればよい。そこで、コンクリートをあえて中性化させるというアプローチが考えられる。

コンクリートの中性化は、コンクリートのアルカリである水酸化カルシウムと二酸化炭素（$CO_2$）が結合し、炭酸カルシウムを生成する化学反応である。これまで中性化はコンクリートのアルカリ性が落ちることで鉄筋腐食を招く原因になるという理由から、コンクリート構造物においては「ワルモノ」とされてきた。ただし、現象としては、むしろコンクリートをより緻密にし強度を高める効果がある。また、気中の$CO_2$をコンクリート構造物が吸収し固定することでもある。つまり、コンクリートをあえて中性化しやすい〝疎な〟ものとすることで、構造物の供用中に積極的に$CO_2$を固定させ、コンクリートの性能も同時に向上させられる。

加えて、バサルトＦＲＰロッドを使うと、耐久性の観点ではかぶり（コンクリート表面から補強筋表面までの距離）を小さくしても良くなり、コンクリートの使用量自体を削減できる可能性もある。ロッド製造の観点でも、バサルト繊維が自然由来の材料から製造されることに加え、熱可塑性のＦＲＴＰロッドは製造時に必要な熱エネルギーが熱硬化性と比べて低く、他のＦＲＰロッドと比較して製造時の$CO_2$排出量は小さくなる。以上のことから、バサルトＦＲＴＰロッドの活用はカーボンニュートラルに対して、直接的、間接的にいずれも貢献度が高い。

## バサルトＦＲＰロッドの性能

バサルトＦＲＰロッドをコンクリート構造物の補強筋として用いる上で重要な力学的な性能を紹介する。力学的な性能は主にバサルト繊維の特徴に依存するため、基本的には熱硬化型・熱可塑型に関わらず共通する。鉄筋と大きく挙動が異なる点は、鉄は一定以上の力が加わった時に抵抗力はそのままに大きく変形する（降伏する）弾塑性材料であるのに対し、バサルトＦＲＰロッドは降伏せず、ほぼ弾性挙動のまま破断に至る点である。Ｄ14（公称直径13・６㎜）のバサルトＦＲＴＰロッド１０５６本に対してロッドの引張強度を測定する試験を実施したところ、最大引張力の平均は１２８・２ｋＮだった。これは、一般的な鉄筋（ＳＤ３４５）が降伏するときの強度の約３倍、破断する引張強度の約２倍である。繊維を束ねて製造させる性質上、鉄筋と比較してばらつきの大きい材料ではあるものの、試験データがさらに蓄積されれば、製品として保証する強度をより精緻に設定できる。一方で、バサルトＦＲＰロッドは変形のしにくさを示すヤング率が鉄筋より低く、鉄筋のヤング率約２００ＧＰａと比較すると５分の１程度だ。これは他のＦＲＰ材料と比較しても小さく、小さな力を受けたときでも大きく変形する。補強筋のヤング率は、後述するコンクリート部材としての耐荷挙動に影響を与えるため、留意が必要である。

　コンクリート構造物の補強筋に求められる性能としてコンクリートと補強筋が一体となって働くための付着性能がある。付着強度試験の結果によると、異形バサルトＦＲＴＰロッドについては、一般の鉄筋と同等の付着強度を有することが確認されている（**資料5-21**）。

　力学的性能のほか、コンクリートは硬化後も強いアルカリ性を保つため、補強筋には耐アルカリ性能が求められる。バサルト繊維の主成分の50％はシリカ（二酸化ケイ素＝$SiO_2$）であり、シリカはアルカリによって加水分解して劣化する。そのため、バサルトＦＲＰロッドは、束ねた繊維に樹脂を浸漬するのみでなく、周囲にアルカリ耐性のある樹脂被覆とフィルム被膜で2重のコーティングを施すことでコンクリートと繊維の接触を避け、

**資料5-21●バサルトFRTPロッドの力学的特性**

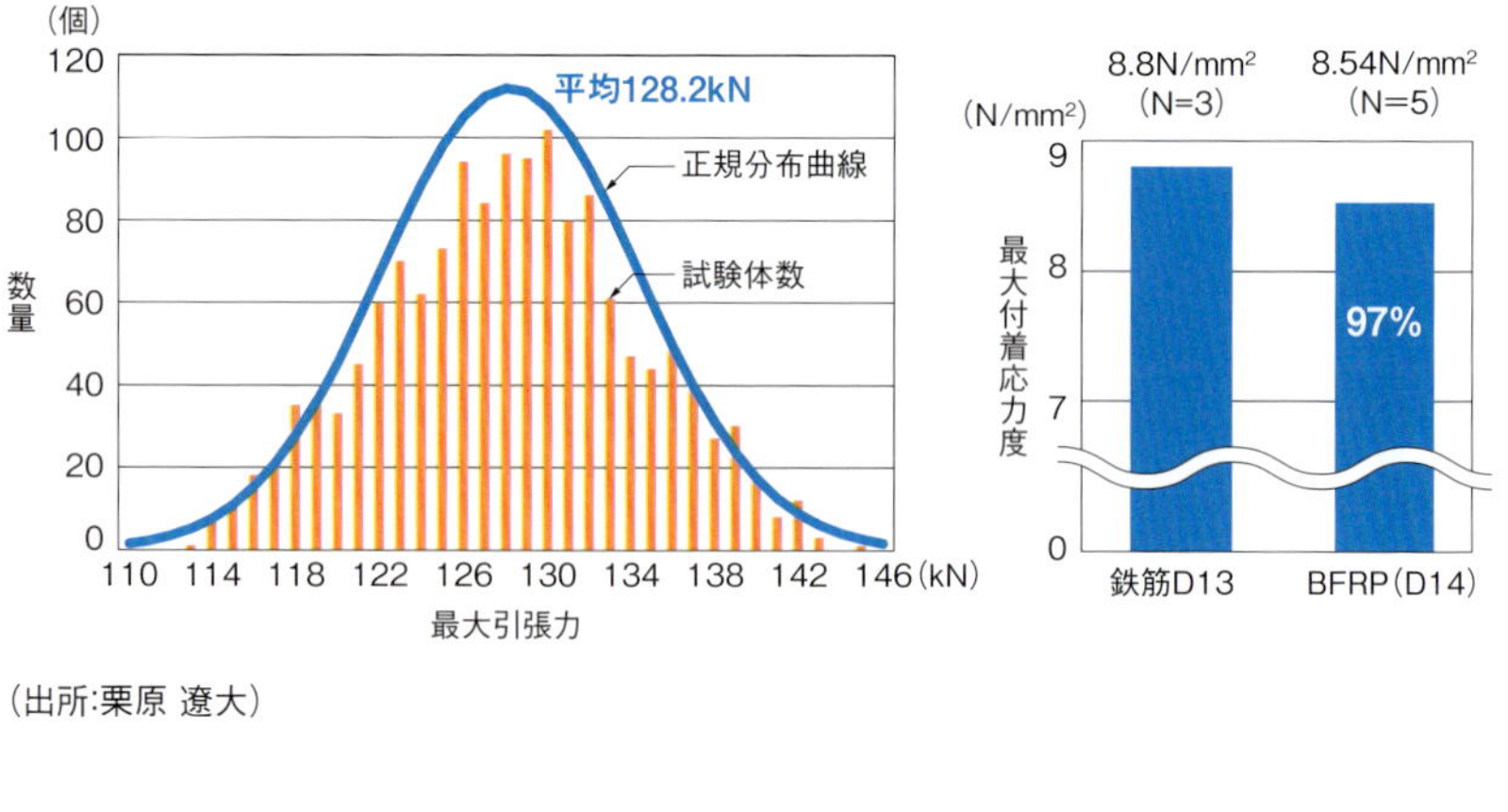


（出所：栗原 遼大）

ロッドのアルカリ劣化を回避している（資料5-22）。

## バサルトFRPロッドの社会実装に向けて

バサルトFRPロッドは既に路盤といった非構造部材において実用されている。さらに、構造部材での適用も見据えた研究も進む。実大スケールのRC柱において、耐荷力の発揮に重要な軸方向の補強筋にバサルトFRTPロッドを使用した場合、柱頭部に力を繰り返し作用させ耐震性能などを評価する正負交番載荷実験において、鉄筋を用いた一般的なRC柱と比較して最大耐力が向上した。これはバサルトFRTPロッドの高い引張強度によるものである。また、バサルトFRTPロッドの弾性挙動がもたらす原点回帰性（柱がコンクリート部損傷を受けていても、バサルトFRTPロッドが元に戻す）が確認された（資料5-23）[15]。

一方、バサルトFRTPロッドの低ヤング率が構造応答に与える懸念もあり、ひび割れ発生後に部材の変形が大きくなり、ひび割れ幅の急な拡大や一般的な鉄筋RC構造では見られないような特異なひび割れの進展を生じさせることが報告されている[16]。た

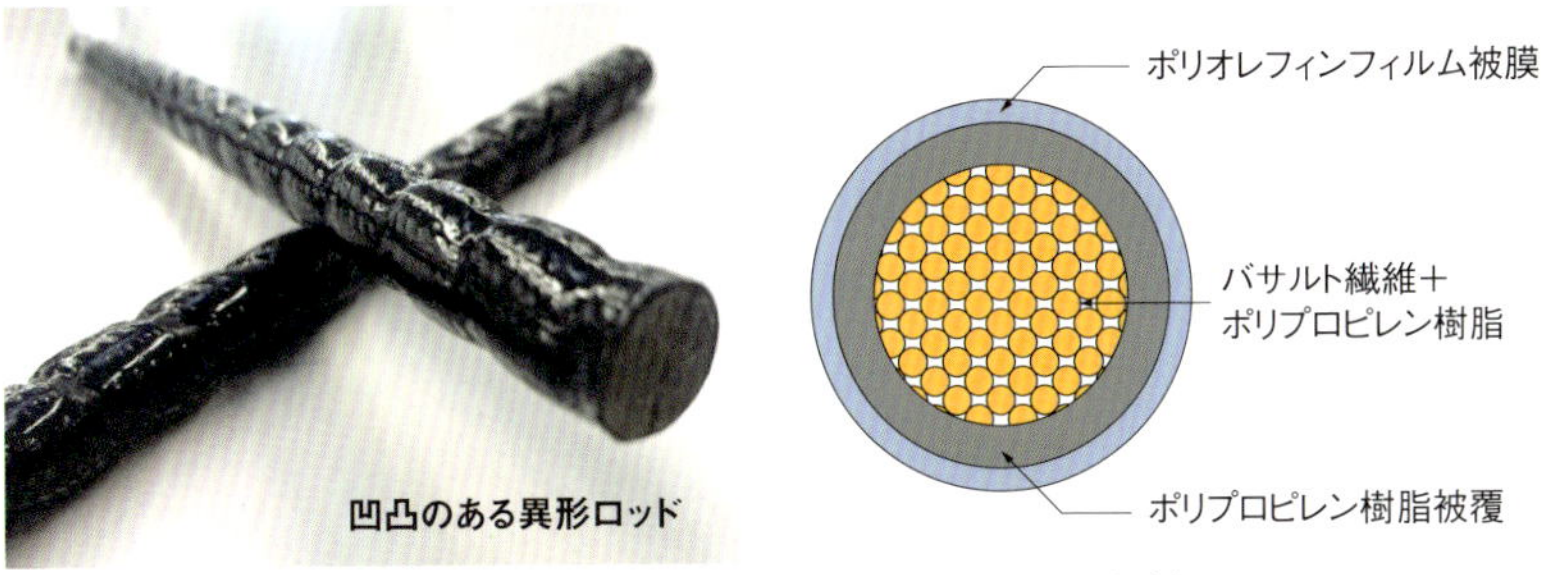


資料5-22 ● バサルトFRTPロッドの被覆保護のイメージ（写真・出所：栗原 遼大）

だし、これは低ヤング率かつ高強度なロッドが部材に柔らかくて強い「しなやかさ」をもたらすとも捉えられる。

こうしたロッドの低ヤング率による影響を補うため、バサルトFRTPロッドと鉄筋を併用するハイブリッド構造が提案されており、このとき、単に両者を足し合わせたときの予測値以上の性能を持つと報告されている[15,17]。このようなFRP製のロッドと鉄筋を併用するハイブリッド構造のアイデアは他国などでも研究事例がある[17,18]。ただし、この場合はコンクリート中に鉄筋が存在するため、鉄筋腐食への懸念が残る。引張力に対する抵抗の役割はバサルトF

**資料5-23●バサルトFRPロッドを使用した柱の正負交番載荷試験の結果**

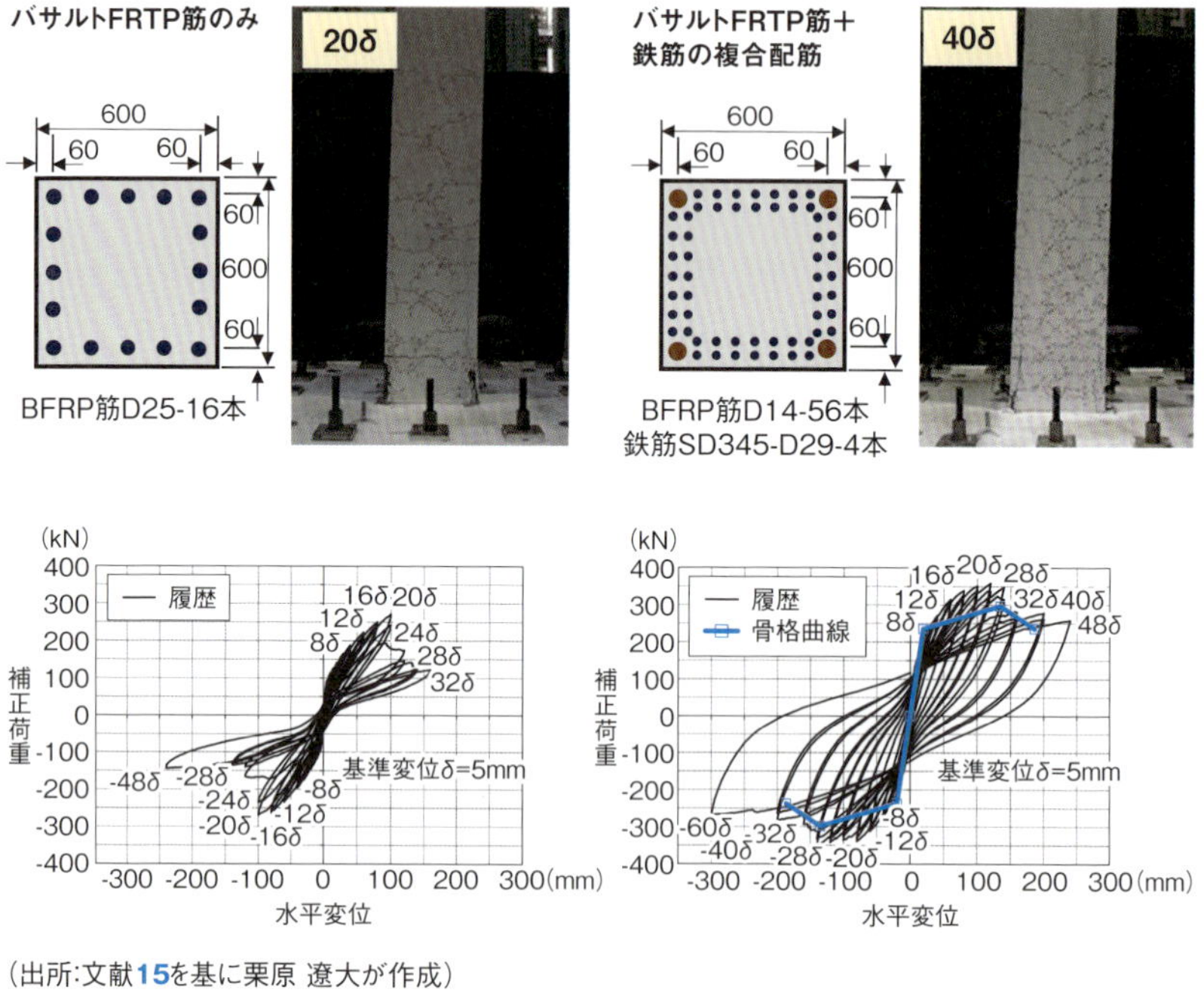


（出所：文献15を基に栗原 遼大が作成）

RPロッドに任せ、鉄筋はひび割れ幅の制御や、何らかの理由によりバサルトFRPロッドが損傷を受けた際のフェールセーフとしての役割を担うといったように、RC構造における補強筋の役割を鉄筋とFRPロッドとで分担をする考え方に基づけば、鉄筋はコンクリート表面から遠い位置に配筋し劣化因子の影響を受けないようにするといった方法を取れる可能性もある。

## バサルトFRPロッドのこれから

これまで、近年特に注目を浴びているバサルトFRTPロッドのRC構造物への適用の可能性を探ってきた。バサルトFRTPロッドは、その「さびない」特長による構造物の超長寿命化に限らず、施工省人化、カーボンニュートラルへの貢献も期待される中、急速に研究開発及び社会実装が進んでいる。構造部材での使用を考えたとき、高い強度や弾性(復元性)、低ヤング率といったバサルトFRTPロッドの鉄筋とは異なる力学的な特性は、構造物に求められる性能に応じて不利にも有利にもなり得る。これまで、新材料が登場したとき、既存の鉄筋コンクリートの知見を前提とする、鉄筋コンクリートに近づける、といったアプローチが取られることもしばしばあった。しかし、バサルトFRTPロッドのような従来使用されてきた鉄筋とは全く異なる特性を持つ材料をコンクリート構造物で使用する場合、無理に既存の考え方に当てはめようとすれば、当然齟齬が生まれるはずである。ここでは、蓄積されてきた知見を参考にしつつも、新材料の特長を最大限活用するための使い方をゼロベースで考えることが重要である。

# 革新的要素技術のパッケージ化がもたらす未来

CHAPTER 5-3

## 耐震補強の完全オートメーション化

前節までに紹介した移動式3Dプリンターやバサルト FRPロッドといった革新的技術は、世界的に見てもトップクラスにある。さらに、そうした要素技術を融合することで、世界を突き放す技術パッケージを日本から生み出そうとしている。その一つが、構造性能が飛躍的に向上可能な3Dプリンターによる耐震補強を、完全オートメーション化する試みである。

その背景にあるのは日本においてインフラの老朽化や頻発化・激甚化する自然災害、迫り来る巨大地震への対策が急務となる中で、インフラの補修・補強・更新が喫緊の課題となっている現状だ。しかしながら、耐震補強の工事一つを見ても、狭い空間に多くの人が入り組んで作業している。夜間や高所作業など労働環境も厳しく、人手不足の深刻化に終わりが見えない。このような状況に立ち向かうため、省人化や省力化を図りながら耐震性の向上につなげられる3Dプリンターの可能性を踏まえ、移動式3Dプリンターを用いた巻き立て補強技術の開発が進みつつある。また、巻き立て補強用の補強筋にバサルト FRPロッドを使うことで、さらなる生産性や耐震性の向上を実現しようとしている。

前節で紹介した通り、バサルトＦＲＰロッドは、非常に軽くてさびない他、強度が高く変形後の復元性にも優れる。柱の外殻を３Ｄプリンターで構築し補強筋にバサルトＦＲＰロッドを用いれば、腐食による性能劣化の問題から解放される（**資料5-24**）。鉄筋を用いる場合では、鉄筋を覆うコンクリートに十分な厚み（かぶり）を確保して腐食を防ぐ必要があるが、バサルトＦＲＰロッドであれば厚いかぶりは不要となるため、巻き立てる断面積を最小化できる。そもそもさびないことから長寿命化が期待でき、高強度・高復元性のため、地震に強くしなやかな柱を造れる可能性がある。

実は、軽さに優れるというバサルトＦＲＰロッドの特性は、ロボット施工する上でもメリットが大きい。ロボットが小型で済むので、より狭い空間でも施工できるから

**資料5-24● プリント外殻とBFRTPを組み合わせた巻き立て補強方法と期待される効果**

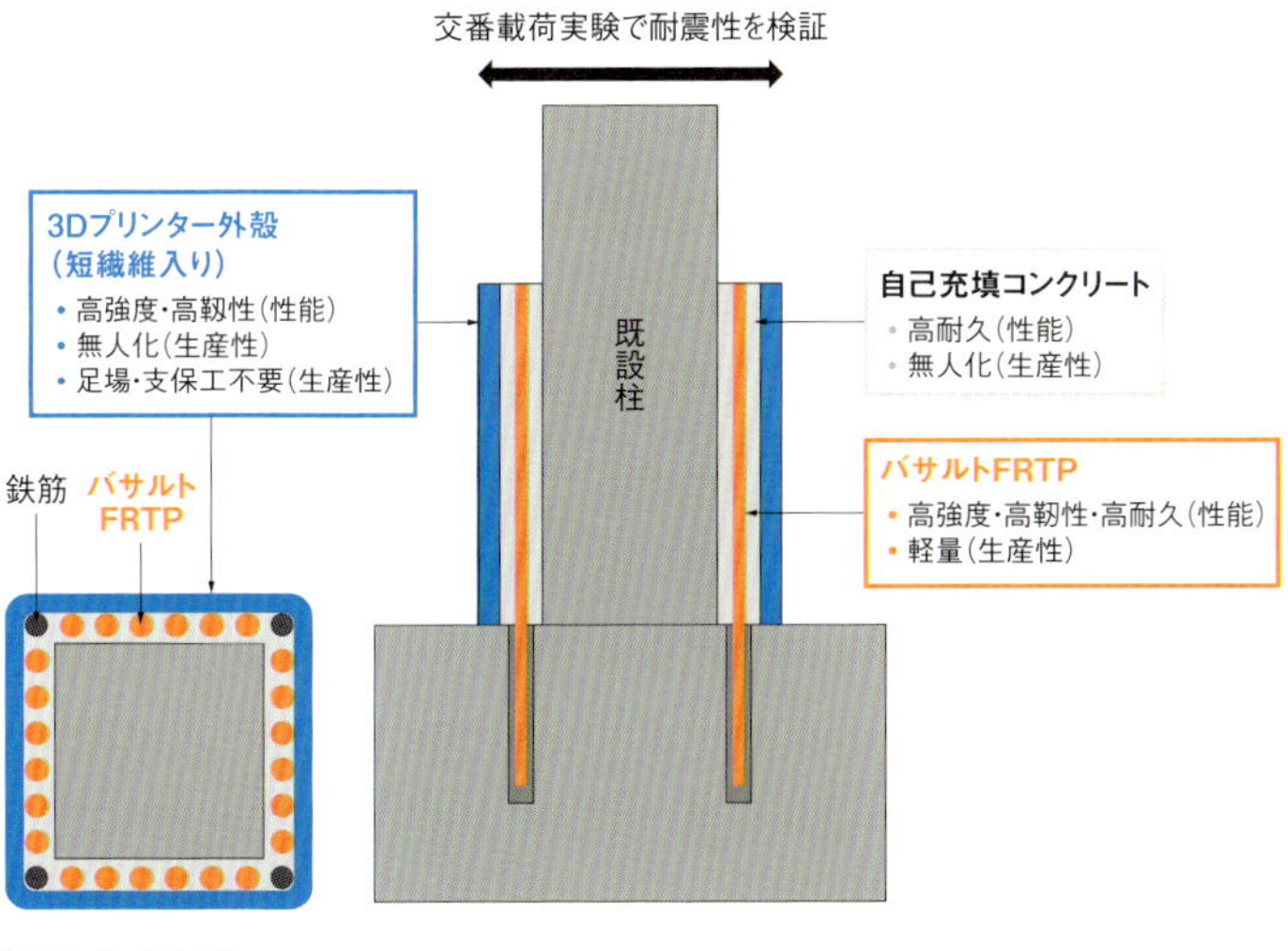


（出所：大成建設）

だ。部分的に人が補う場合でも作業しやすい。

さらに、3Dプリンターのアームを使用し、人力による締め固めが不要な「自己充填」コンクリートを打ち込めば、自動でコンクリートの施工が完了する。一般的なコンクリートは、型枠内にしっかり充填するようにバイブレーターなどを用いて振動を与える必要があるが、日本発の技術である自己充填コンクリートでは、そうした締め固めが不要で、オートメーション化に適している。しかも、型枠代わりとなる3Dプリンターを用いた外殻が高強度であることから、打ち込んだコンクリートの側圧（静水圧などの、流体が接している物体に及ぼす圧力）に対する抵抗力が高い。これによって、従来、型枠が崩れないように設置していた支保工が不要となる。このように、それぞれの特徴やメリットを組み合わせて人手が必要な作業を無くし、すべてをオートメーション化する。そうすることで、生産性や構造物の性能を飛躍的に向上できるはずだと考えている。

今後こうした3Dプリンターに関係する革新的要素技術の融合は、さらに加速していきそうだ。例えば、先述した施工の完全オートメーション化や高耐久補強材の活用に加え、最先端の非破壊検査技術を駆使した施工の品質管理、内部に埋め込んだセンサーなどによる構造物のリアルタイムモニタリング、モニタリングデータを反映させた数値解析による予測・評価とつなげることで、構造物のデジタルツインが実現できる（**資料5-25**）。こうした次世代の技術パッケージは、インフラの設計、施工、維持管理プロセスの在り方そのものを変革するようなインパクトを引き起こすだろう。

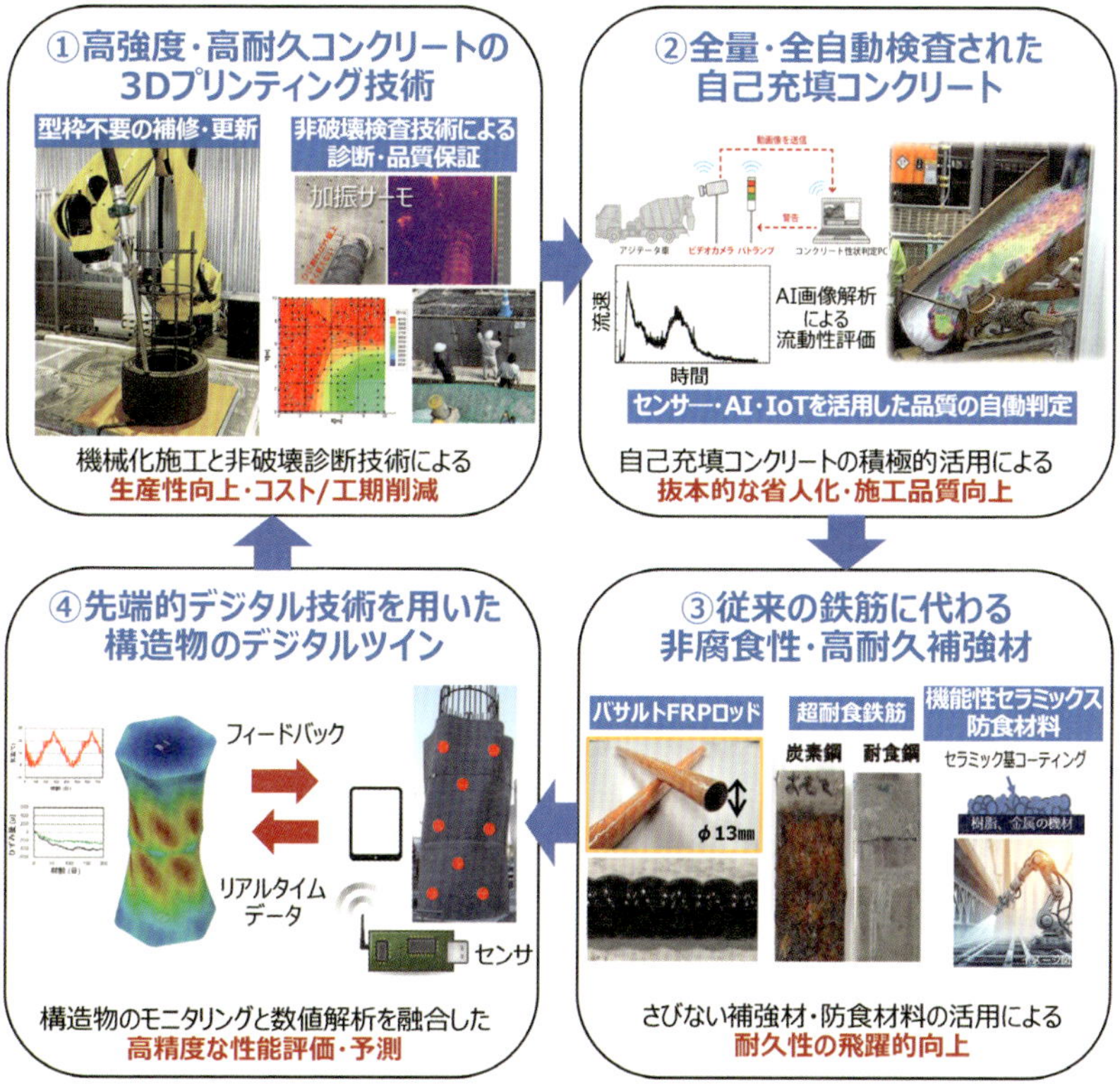


資料5-25●施工省人化・長寿命化の革新的要素技術を融合させた技術パッケージの将来像
（出所：東京大学、大成建設、清水建設、京都大学、鹿島、物質・材料研究機構、産業技術総合研究所）

第6章

# 5大ニーズ「小規模自治体」

「5大ニーズ」の5つ目は、技術者や財源に乏しい「小規模自治体」である。法令で定められた定期点検や緊急対応で手一杯の自治体も少なくない中で、自治体の特性に合わせたマネジメント体制が求められる。具体的には、技術者・管理者に加え、市民も参画する形で、「簡易点検チェックシート」やデータプラットフォームなどを活用する福島県・平田村。厳しい判定結果の橋梁が多い中で、新たな性能評価指標により、真に補修すべき橋梁の優先順位付けに向けた検討を進めている、同じく福島県・南会津町。本章では、この2つの自治体を対象とした取り組みを紹介する。

# デジタル技術を活用した橋のセルフメンテナンス

CHAPTER 6-1

## 市民と橋を守る

国土交通省は5年に1回の道路橋の定期的な点検に加え、日常的な状態や、事故や災害などによる変状を適切に把握することを求めている[1]。だが、実際には5年に1回の定期点検で手一杯という自治体も少なくない。特に小規模な市区町村は人員や予算の不足を受け、劣化や損傷などが深刻になる前に修繕する「予防保全」型のメンテナンスへの転換が不十分だ[2]。いまだに損傷が深刻化してから修繕する「事後保全」段階の施設が多数存在する。

そこで、このような自治体において、これまでメンテナンスを担ってきた技術者や管理者に加え、その利用者である市民と共に地域の橋梁を日常的に点検し、簡易なメンテナンスを実施することにより、健全な状態を維持できないかと考え、「橋のセルフメンテナンス」を考案した（**資料6-1**）[3]。具体的には、①簡易橋梁点検チェックシートを用いて市民による橋梁点検を実施する、②橋マップを通じて点検結果や橋梁に関する情報を市民へ公開して共有する、③市民による簡易な清掃（橋の歯磨き）を通した〝日常的〟な予防保全を実現するという3つの取り組みだ（**資料6-2**）。①〜③のサイクルがうまく機能すれば、5年に1回の定期点検では収集しきれない日々

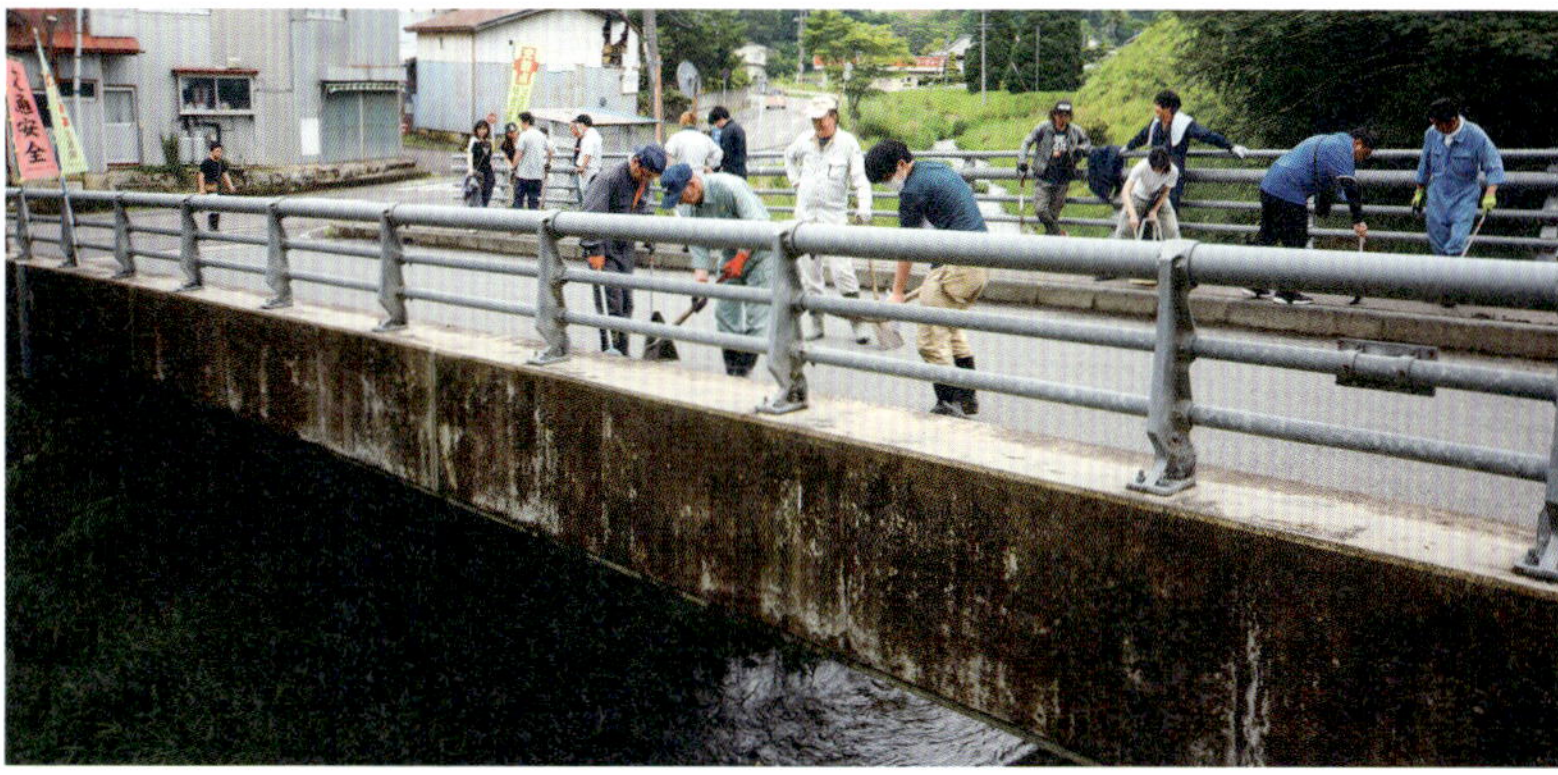


資料6-1●福島県平田村にある滝坂橋で「住民主体型セルフメンテナンス」として実施した「橋の歯磨き」。橋面上の堆積土砂の撤去や、排水升の清掃などを住民と大学生たちが共同で実施した。2023年7月1日に撮影(写真:日経クロステック)

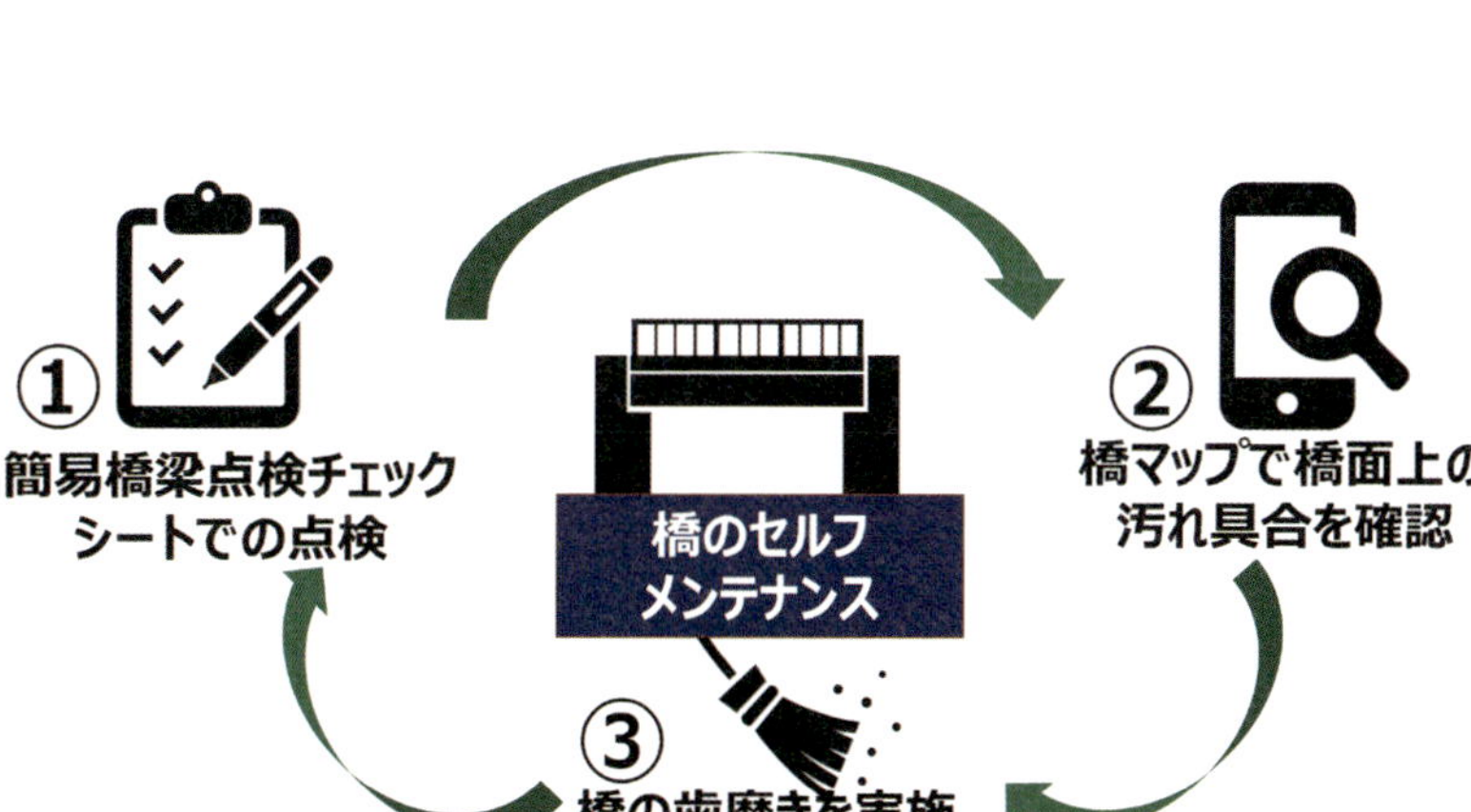


資料6-2●橋のセルフメンテナンスのイメージ(出所:浅野 和香奈)

の橋梁の状態を把握できる。伸縮装置や舗装の著しい変形・欠損、高欄や照明の支柱の腐食など、次の定期点検までに通行車両や歩行者に影響を及ぼすような緊急性の高い損傷にも早期に気付けるようになる。さらに、橋面上をきれいに保ち排水機能を常に確保し水の影響を最小限に抑えることで、長寿命化を図ることができるとも考えた。

## 福島県平田村を舞台に

本研究の主なフィールドは、福島県中通り東部に位置する小規模自治体である平田村だ。山あいに農地が広がる自然豊かな村で、2024年12月1日時点で5250人が暮らす。「自分たちの地域は自分たちの手で」という精神の下、村民一人ひとりが主役として参画できる協働のむらづくりを進める。

筆者の平田村との出会いは2012年まで遡る。平田村では、村役場が資材を提供し住民自らが生活道路をコンクリートで舗装するという取り組みを長年実施してきた。そこに2012年から学生が参加し、住民と学生との協働による道づくりを始め、当時大学1年生だった筆者も取り組みに加わった。この時、雨が降ると砂利が流され、道がぬかるんで通行できなくなるという道路の課題を、住民自らの手で解決する平田村の姿勢にとても感動した。この地域の力で、小規模自治体の橋の老朽化問題を解決できないかと考えるようになった。

とはいえ、急に住民主体で橋を守ることはハードルが高い。そのため、まずは住民が橋に関心を向けて愛着を持ってもらえるよう、小学生による「橋の名付け親プロジェクト」を実施した。これまで33号橋、72号橋と呼ばれていた番号橋の名前を、小学生に付けてもらった。子どもたちだけでなく、村の祖父母世代まで橋に興味や愛着を持ってもらい、長く地域に愛されてほしいという思いがあった4。それぞれの橋は「きずな橋」、「あゆみ橋」という名前に決まり、名前を付けた小学校の前の橋で「橋の歯磨きプロジェクト」を開催。橋を長持ちさせるためには、劣化の原因である水を断つために、普段から橋面上や排水升を清掃する「橋の歯磨き」が重要だという説明を専門家から受けて、住民が実践した。

## 楽しく点検できるチェックシート

このような取り組みを経てから着手した橋のセルフメンテナンスモデルの構築に当たって、まずは市民でも安全かつ楽しく点検できるような簡易橋梁点検チェックシート（**資料6-3**）を作成した。表面が点検項目、裏面は各部材の損傷例を示した橋梁点検カタログとなっている。

このチェックシートは、普段の橋梁の使用方法から逸脱せず、市民が橋を安全に点検できるように、橋面上の部材のみを対象としている。福島県の建設コンサルタント会社が橋梁の点検で使っていた点検調書を参考に作成した。難解な言葉を使わず、「高欄の錆の有無」「地覆のひび割れの有無」などの点検項目を載せて、橋梁の現状を簡単に把握できるようにした。視覚的に「難しそう」「堅苦しい」「面倒」と感じさせないように、手書き風の親しみやすいフォントを使って楽しく点検できるよう工夫した。なお、実務者の点検結果と、橋梁点検に関する知識を持たない住民と学生のチェックシートを用いた点検結果を比較し、一定の正確性を確認している[5]。

橋の排水升や道路脇に土や草がたまっていると、雨水を排水できず路面のひび割れから浸透したり、路面の伸縮装置の隙間から雨水が流れ床版や桁端部の劣化につながったりする恐れがある。これらは、橋の上の土砂や雑草などを取り除き、排水機能を確保するといった簡単な清掃によって防げる。橋をこまめに清掃することを、日ごろの歯磨きに例えて橋の歯磨きと呼ぶ。

簡易点検や橋の歯磨きの成果は、見える化し「橋マップ」として市民に公開している。Web上で橋の歯磨きの必要度を確認できる地図だ。プロットされたピンの色が暖色だと橋面上の汚れが多く、寒色だと汚れが少ないことを示す。地図上のピンを選択すると、橋梁名、橋長、竣工年、点検日、点検結果、コメント、点検時の写真や報告書を確認できる。

資料6-3●住民の提出物。点検済みのチェックシートと点検記録簿(出所:浅野 和香奈)

## 既にある地域の行事に併せて

福島県平田村では、2018年度から同村が管理する71の橋梁のうち、住民が安全に活動できると判断した約60の橋梁を対象に、住民による橋のセルフメンテナンスを実施した。

2015年度は村の文化祭で住民に声をかけて趣旨を説明し、賛同した人に紙のチェックシートと切手を貼った封筒を渡して、自らの地域の橋を点検した結果を大学に郵送してもらった。しかし、この方法では長続きしない。住民主体による橋のセルフメンテナンスは、一過性ではなく継続性が保てるように、平田村の一部ではなく村全体の意識向上につながる取り組みにしたいという思いがあった。そこで、「広報ひらた」という村の月刊広報誌を1年分読み、村の団体や年間行事を調査したところ、行政区長が主導する河川クリーンアップ作戦や道路愛護作業といった、地域のごみ拾いや草刈りをする行事が年に4回あると分かった。

そこで、このうち2回は地域住民による橋の簡易点検や清掃活動を実施することを提案し、2016年は1行政区で、2017年は管理橋梁の半分で試行し、2018年から全行政区で橋のセルフメンテナンスがスタートした。最初はチェックシートとともに写真を提出していたが、ある行政区長から「記録簿の方が損傷や汚れをきちんと報告できるのではないか」と提案を受け、チェックシートと点検記録簿を行政区長が村に提出する形となった。現在は、この活動が地域に根付き、行政区ごとに行う毎年恒例の行事となっている。

平田村では、対象とする約60橋において、住民がチェックシートと記録簿を提出し、次の定期点検までの5年間の変状を把握する（**資料6-4**）。さらに毎年1回、住民が堆積土砂を撤去しており、排水機能を常に確保している。住民による簡易点検や住民から管理者へ橋の異常を知らせる119番の緊急通報により、重大な劣化につながる変状を見逃さず、早期に対処できているのだ。実際に、定期点検結果を待たずに住民の点検結果から高欄の取り換え工事を実施した例もある。さらに、今後自然災害や事故が起こっても、その直前の橋梁の状況が確認できるため、復旧に当たっては前後の状態を比較しやすいというメリットもある。

## 簡易橋梁点検アプリ「橋ログ」

現在は、2つの研究開発に取り組んで

資料6-4 ● 橋梁維持管理の比較

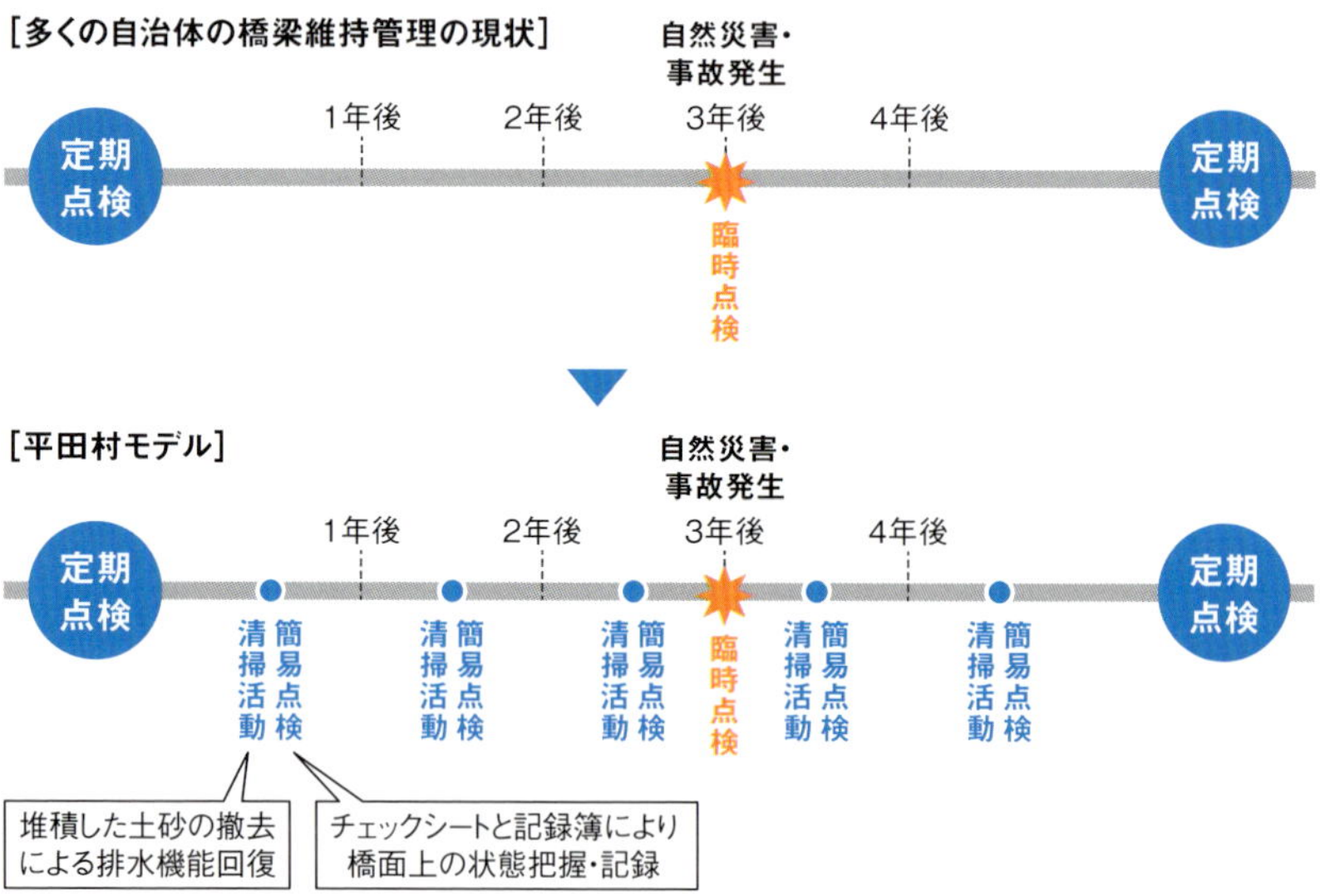


（出所:浅野 和香奈）

いる。1つ目は、さらに多くの市民が橋の簡易点検に携われるように、かつ、市民による簡易点検データを効率的に維持管理に活用できるように、アプリケーションを構築すること。2つ目は、市民がアプリで入力した点検情報を管理者もほぼリアルタイムで確認し、橋梁台帳や点検調書、補修履歴、橋梁の3Dといった、橋梁のあらゆる情報を一元管理できるデータプラットフォームの構築だ。

1つ目の市民向けの橋の簡易点検アプリを「橋ログ」と命名（**資料6-5**）。誰でも手軽に使えるように、スマートフォンの動作システムに関係なく使える仕様とした。長岡工業高等専門学校の井林康教授と共同で開発している。アプリ化に当たっては、元の簡易橋梁点検チェックシートの親しみやすさを残すとともに、機能が複雑にならないよう心掛けている。

具体的には、平田村の住民をはじめ、学生や建設業従事者などが試行し、アンケートやヒアリングを実施し、使い勝手や欲しい機能などについて意見を集めながら作成した。直感的に操作できるようにタップとスワイプ、スクロールの3つの操作のみの構成とし、どの年代でも使いやすいように工夫した。加えて、初めてアプリを使う人でも操作できるように、ユーザビリティーを意識して構成している6。具体的な内容は、次の通り。

**▼位置情報取得機能**：チェック開始をタップし注意事項を承認すると、位置情報を取得する画面となる。ポップアップで表示される「認証コード」をコピー&ペーストで入力すると、位置情報を入力できる。**▼カメラ起動機能**：対象橋梁や橋名板、それらの損傷状況などを、アプリ内でスマホのカメラ機能を立ち上げ、撮影できる。**▼近隣橋梁表示機能**：取得した位置情報を基に、

近くの橋梁の橋名や架設年次、定期点検実施年などを表示する。**▼簡易点検機能**：高欄、地覆、照明、舗装、排水升周辺、伸縮装置などを選択して点検を進め、最後にコメントや損傷箇所の写真を入力し点検結果を登録できる。**▼緊急通報機能**：災害や事故などの緊急時に通報できる。**▼一括入力機能**：電波が入る場所に移動してから点検結果を一括で入力できる。**▼その他**：「My点検記録」から過去に点検したデータを閲覧したり、「投稿ランキング」から投稿数の多い順に登録したニックネームを表示したりするような遊び機能を備える。

平田村では2024年6月の行政区長会で、「橋ログ」について説明した。行政区長らは年齢層が高く、スマホに慣れている者もいれば、これまで通り紙のチェックシートが良いと希望する人もいたため、選択制でスマホを使い慣れている人が「橋ログ」を使うことに決めた。多くの行政区長が橋

**資料6-5●簡易点検アプリ「橋ログ」**

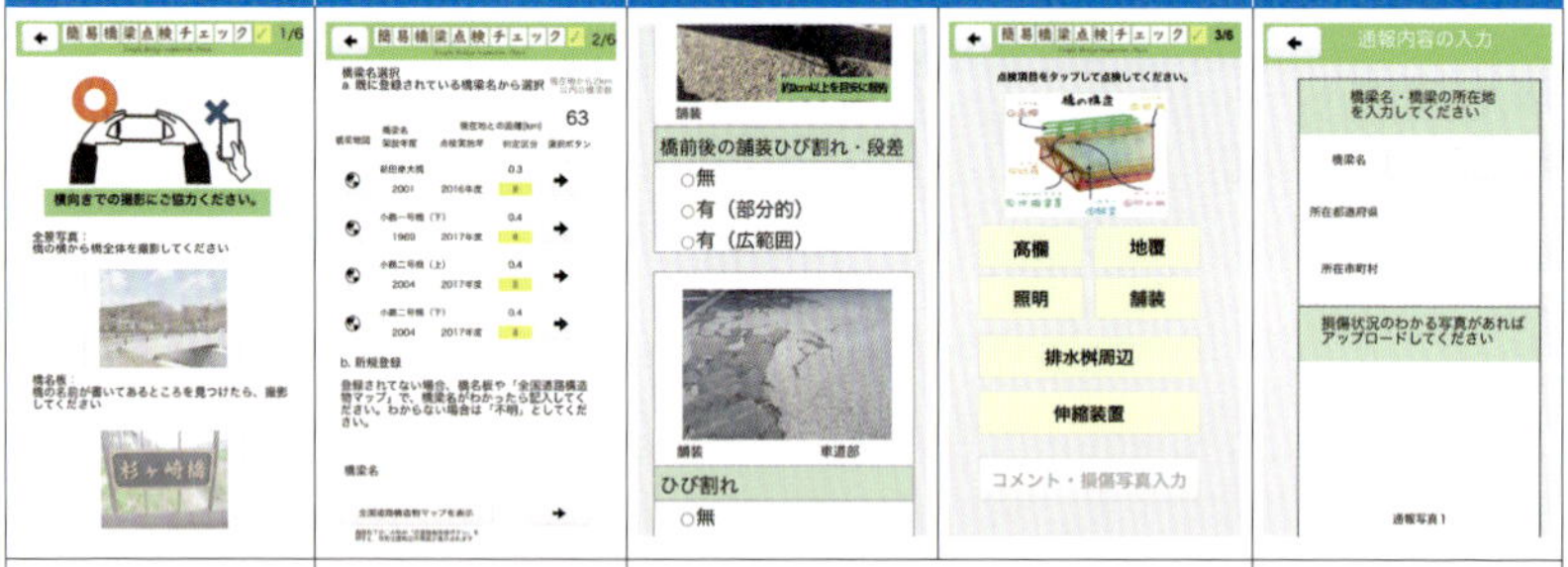


| カメラ起動機能 | 近隣橋梁表示機能 | 簡易点検機能 | 緊急通報機能 |
|---|---|---|---|
| 対象橋梁の全景写真、橋名板写真を撮影。自動でカメラに切り替わる | 取得した位置情報から距離が近い順に橋梁を表示する。該当する橋梁を選び点検開始 | 高欄、地覆、照明、舗装、排水升周辺、伸縮装置などを選択して点検を進め、最後にコメントや損傷写真を入力し、点検結果を登録できる | 日常の点検機能の他に、事故や災害時に通報が行える「橋の119番」を設置 |

（出所：浅野 和香奈）

ログに関心を示し、村内では2024年11月時点で個人または行政区単位で15のアカウントが開設された。実際にいくつかの行政区内の点検に使われている。その他、福島県、宮城県、熊本県内の工業高校や中学校の生徒など、橋のセルフメンテナンスに取り組むスマホに使い慣れた世代が橋ログを使っており、横展開が進んでいる。

## データプラットフォームの構築

2つ目の研究開発では、これまでは個別で管理していた橋梁台帳や定期点検結果、修繕履歴に加え、市民の簡易点検結果や緊急通報情報を共通基盤に集約したプラットフォーム「橋マップ+」を構築し、効率的な維持管理につなげる（**資料6-6**）。さらに、スマートフォンやドローンといった操作が容易、かつ比較的安価なツールで橋梁の3Dモデルを取得し、プラットフォーム上で閲覧できるようなデータベースを目指している。こうしたデータベースの構築は、東京大学の全邦釘特任准教授と共同で行っている。

2023年12月には、スマホのLiDAR（ライダー）機能などを用いて、東京大学が中心となり平田村が管理する橋梁全ての3Dモデルを計測した。続く2024年8月、前年の計測時に鮮明にデータを取得できなかった橋梁を再計測した。この時前回と異なる計測方法で取得したデータを比較するため、360度カメラやMatterport（マーターポート）を用いた。マーターポートは360度撮影に対応した米国製の3Dスキャナーだ。費用対効果を検討しつつ、デジタル空間上で、３６０度カメラで撮影した箇所を移動して見られるような技術を中心に、自治体のインフラ維持管理への導入に向けて検討を進めている。このように、デジタル化を進めることが維持管理のハイサイクル化にもつながる。

## 懐かしくも新しい未来

２０１５年度から橋のセルフメンテナンスに取り組んだきたが、時代に合わせたバージョンアップが必要だと考えていた。この研究を機に、市民が橋のセルフメンテナンスにより取り組みやすくなるとともに、得られたデータを維持管理に生かせるような技術や仕組みを整えていきたい。今後は、市民が進んでアプリを使いたいと思えるような楽しめる仕掛けも必要だと考えている。最終的には、産学官民の総力戦で築く「橋のメンテナンスＤＸ平田モデル」を確立し、発信していきたい。

資料6-6 ● あらゆる情報を一元管理する橋マップ＋（出所：浅野 和香奈）

# 小規模自治体での事後保全から予防保全への転換

CHAPTER
6-2

## データで見る小規模自治体の課題

全国約１７００の市町村（特別区含む）の８割を占める小規模自治体をここでは、「町村と人口３万人未満の市区」と定義する。道路法において道路は高速自動車国道、一般国道、都道府県道、市町村道に分類され、このうち市町村道の延長は全体の84％を占める。だが、この膨大な延長に対し維持修繕費は全体の33％にとどまる（**資料６-７**）。さらに、市区町村における土木部門の職員は他部門に比べて大きく減少しており、小規模自治体の多くは道路の維持管理・更新業務を５人以下の職員で対応している[7]。加えて、多数の道路構造物で老朽化が進んでおり、予算や人口、担当者のいずれも減少している厳しい状況だ。また、食の観点からも市町村道は重要である。小規模自治体の農業算出率は４割近くに達してお

**資料6-7● 道路の実延長と維持修繕費**

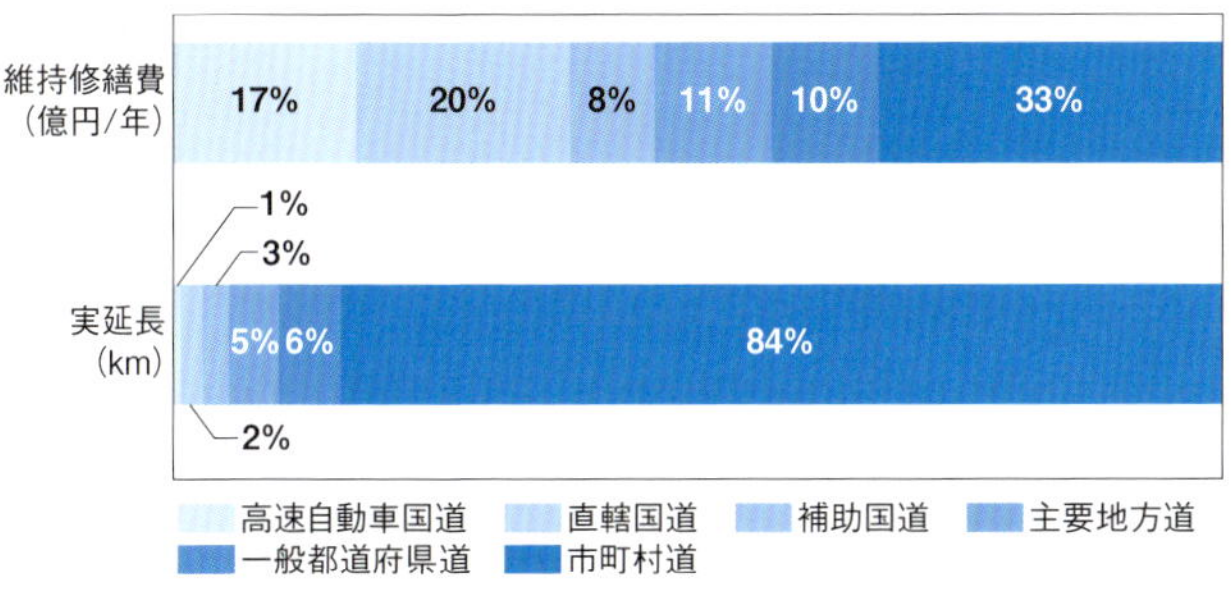


（出所：国土交通省の資料を基に日本大学が作成）

り、市町村道は、農産物を全国各地に届ける重要な役割を果たす（**資料6-8**）。
　これらの小規模自治体の中には、平田村のように住民の力を得ながら橋をメンテナンスし予防保全を実現できる自治体もあるが、全ての自治体がそうとは限らない。
　国土交通省の道路橋の定期的な点検を求める要領では、道路橋ごとの健全性を診断する区分を示している（**資料6-9**）。判定区分ⅢとⅣは、次の点検まで（5年以内）に補修などを求める一方で、措置の着手率は全国で7割程度にとどまる。**資料6-10**に道路の定期点検の1巡目点検結果のうちⅢ判定数とⅢ判定率（Ⅲ判定数／全橋数）の中央値を用いて偏差値化し足し合わせた「Ⅲ判定指標」と、1橋を何人で支えているかの関係を示す。この中でも、特にⅢ判定数とⅢ判定率が中央値（偏差値50）よりも大きいものを事後保全状態と呼ぶ。事後保全状態の小規模自治体は、全自治体の2割程度を占める厳しい状況だ。

**資料6-8 ● 自治体の規模に応じた農業算出額**

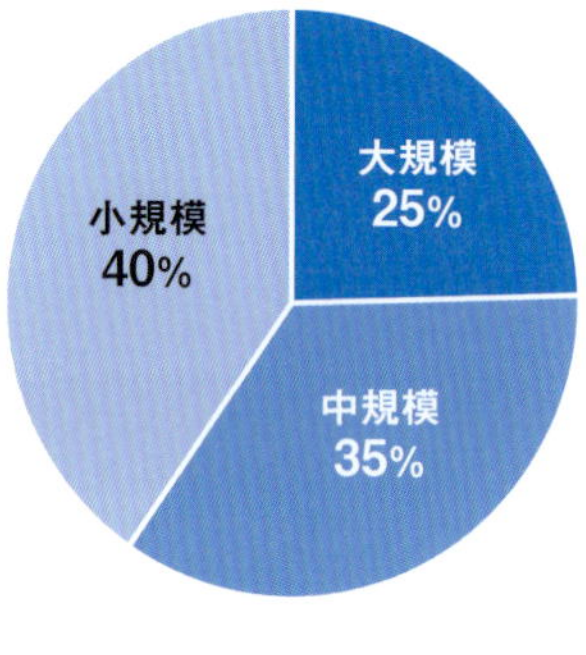


（出所：農林水産省の資料を基に日本大学が作成）

**資料6-9 ● 道路橋の健全度の判定区分**

| 区分 | | 状態 |
|---|---|---|
| Ⅰ | 健全 | 道路橋の機能に支障が生じていない状態 |
| Ⅱ | 予防保全段階 | 道路橋の機能に支障が生じていないが、予防保全の観点から措置を講ずることが望ましい状態 |
| Ⅲ | 早期措置段階 | 道路橋の機能に支障が生じる可能性があり、早期措置を講ずべき状態 |
| Ⅳ | 緊急措置段階 | 道路橋の機能に支障が生じている、または生じる可能性が著しく高く、緊急に措置を講ずべき状態 |

（出所：国土交通省の資料を基に日本大学が作成）

## 福島県南会津町での研究

そこで筆者は事後保全状態にある自治体の一つ福島県南会津町をフィールドに、予防保全への移行を促す取り組みを研究している。2024年8月1日時点の人口は約1万4000人で、奥会津地方の山間地域に位置する。同町は、10年ほど前から日本大学工学部やふくしまインフラ長寿命化研究会と共に橋守活動を実施している。豪雪地帯になるため、コンクリート構造物は厳しい環境に置かれており、平田村と比較してⅢ判定が多く未措置率が高い。

研究を進めていく中で構造性能の観点から、早期の補修などの措置不要と考えられる変状があることも分かってきた。そこで、2022年度に土木学会が作成したコンクリート標準示方書維持管理編の付属資料「外観上のグレードに基づく性能評価」などを参考に、Ⅲ判定の中でも特に優先して補修すべき変状を判断する方法を検討している。他にも維持管理計画から記録

資料6-10 ● Ⅲ判定指標と1橋を支える人口

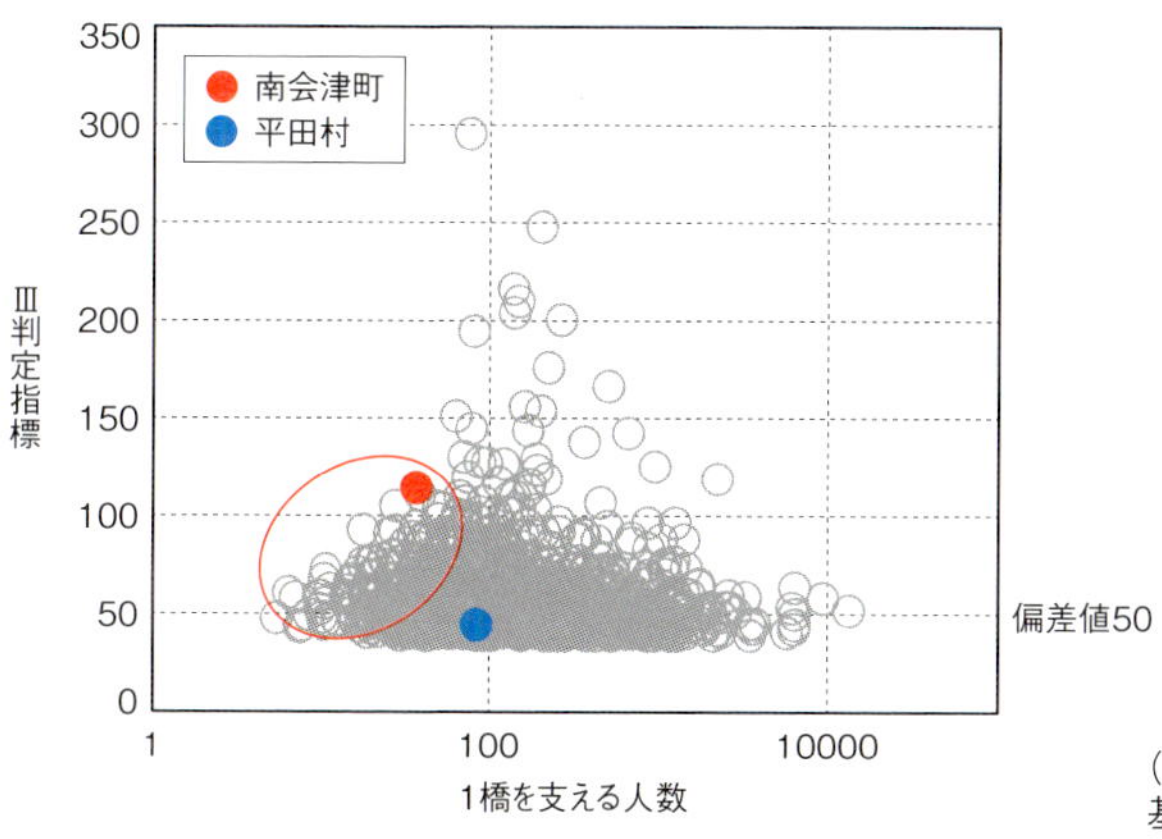


（出所：国土交通省の資料を基に日本大学が作成）

までのメンテナンスサイクルの各段階で、新技術を小規模自治体にどうやって実装できるかという研究に取り組んでいる。

減少する人口に対して全ての橋が１００％健全な状態を目指すことは自治体全体の財政状況を考慮すると非現実的である。橋梁補修の優先度を検討する中で、廃止や統合といったいわゆる「橋の終活」の方法を提案していきたい。

また、これまで自治体を数字として捉え分析を進めてきたが、インフラメンテナンスの主役は、そこに住む人々である。研究者や技術者は専門知識を生かし、地域の方々が活動しやすい土台を作る支援者としての役割に徹する必要がある。我々の活動でも、専門知識を生かして地域と関わる「関係人口」のような新たな役割を提案し、持続可能な橋梁の維持管理に貢献していきたい。

第7章

# その他の重要ニーズ

ここまで第2章～第6章で「5大ニーズ」に対する取り組みを述べてきたが、インフラに対するニーズや技術の可能性はこれだけにとどまらない。例えば、道路陥没やトンネル壁面の変状把握を高速で進めるため、地中レーダーと深層学習などを組み合わせた「四次元透視技術」。道路や橋梁の変状、地盤沈下に対して、人工衛星を活用したリモートセンシング。あるいは、水道の腐食による老朽化リスクをいち早く調べる、高周波交流電気による非破壊探査技術。これらはいずれも、一点突破型の開発が進み、インフラ管理者を交えた実証、実装のステップも進めている。本章では、これら3つのニーズに特化した、技術開発・社会実装の動向を紹介する。

# 見えないインフラ内部を四次元透視

CHAPTER 7-1

## インフラ課題に立ち向かう四次元透視技術

日本の街を支える道路や橋、トンネルは、その多くが建設から数十年たち、現在老朽化の波に直面している。国土交通省の試算によれば、これらのインフラの維持管理を効率化し、損傷が表面化する前に予防保全を行うことで、今後30年間で85兆円もの維持管理費を削減できる可能性がある。しかし、従来の点検方法には限界があった。一般的な点検手法である目視検査や打音検査、赤外線による表面温度測定などは、主に表層の劣化検出で強力な手段ではあるものの、表面から数十センチメートル以深の内部の状態を広範囲で調査するのは必ずしも簡単ではなかった。例えば、２０２５年1月の埼玉県八潮市での大規模な陥没事故は、現場の地下深くを通る下水道管内に土砂が流入し空洞が生じたことが原因だと見られる（**資料7-1**）。八潮市の被災例のように、ひとたび陥没事故が起こると、社会的な大混乱を招きかねない。普段目にしているのは氷山の一角に過ぎず、その内部で何が起こっているのかを把握することは極めて困難だといえる。

このような「見えない」問題に対して、構造物内部の状態を「見える化」し、リアルタイムでその変化を捉える技術が求められている。その革新的な答えとして注目されているのが、「四次元透視技術」だ。地中レーダーを用いて、構造物内部を立体的かつダイナミックに可視化できる。地中レーダーは電磁波を使用し、構造物内部の損傷や埋設管の位置、コンクリート内部の亀裂などを非破壊で検出できる。医療分野で用いられるレントゲンや磁気共鳴画像装置（MRI）のインフラ版といえる。この地中の三次元情報（縦・横・深さ）を高精度で時系列に重ね合わせることにより、時間軸も加えた四次元データとなる。

この技術の優れている点は、道路や橋、トンネルの内部を非破壊で検査できることである。しかも、走行中の車両にレーダーを搭載することで、交通を規制することなく、時速80km以上の速度で三次元データを取得する。広範囲のインフラを効率的に点検し、内部構造を正確に把握できるこの技術は、インフラ点検のゲームチェンジャーとなるだろう。

**資料7-1**● 八潮市陥没事故の発生後に撮影した現場の様子
（写真:国土交通省国土技術政策総合研究所）

## 地中レーダーの基本原理とその解析

地中レーダーは構造物の内部に電磁波を送り込み、その反射波を解析することで内部の状態を可視化する技術である。電磁波は物質内部まで透過する一方で異なる材料の境界で反射するため、内部構造の把握や異常検出に有用だ。コンクリートやアスファルト、土壌など様々な素材に対応可能で、地表から数メートルの深さまで詳細に調査できる。例えば、道路の下に埋設された管や配線、コンクリート内部の鉄筋の状態、さらには空洞や亀裂など、目に見えない部分を詳細に捉えることが可能である。これらの異常箇所を非破壊調査で迅速に発見し、手当（修繕など）することで、道路の陥没リスクを未然に防げる。

資料7-2●レーダー・LiDAR調査イメージ

（出所：土木管理総合試験所）

車載型レーダーシステムは、車両にレーダーアンテナを搭載し、走行しながらリアルタイムで内部状態を把握するシステムである。広範囲の道路や構造物を短時間で効率的に調査できるため、交通規制を最小限に抑えながら点検を行える。また、車載型レーダーは複数のアンテナを用いて高密度に三次元データを取得するため、インフラ全体の詳細な状態を把握できる。こうした車両自体は既に実用化されており、中には道路表面の状態を同時に取得する機能（ＬｉＤＡＲ）を搭載したものもある（**資料7-2**）。

地中レーダーから取得するデータは膨大であり、そのままでは解釈が難しいため、ＡＩ（人工知能）を活用した高度なデータ解析技術が必要となる。ＡＩは複雑なデータからノイズを除去し、内部の状態を直感的に理解できる形に変換する。特筆すべきは、深層学習を用いたパターン認識技術によって損傷の兆候を自動的に検出できる点だ。ＡＩによる解析は単に異常を検出するだけでなく、将来的には異常の進行を予測し、メンテナンスの優先順位を提案するシステムへと発展する可能性を持つ。

## 四次元透視技術の応用と可能性

四次元透視技術は予防保全を根本的に変える技術である。従来の点検方法では、劣化が進行してから対応するケースが多く、大規模な修繕が必要となることも少なくなかった。しかし、四次元透視技術を使えば、劣化の初期段階で異常を検出し、早期に対策を講じられる。損傷が広がる前の適切な修繕により、コストを削減しつつ安全性の向上につなげられる。例えば、従来は困難だった空洞の検出。下水管の周囲では、土砂の吸い出しにより路面下に空洞が発生しやすいことは以前から分かっていたが、電磁波レーダーの特性上、管と空洞の区分は困難で特に空洞が小さいうちに検出することは難しかった。しかし、正確に位置合わせをして、データの時間変化を見ることで、空洞の広がりを検知することが可能になると考えられる。空間領域の情報不足を、時間領域の情報で補強するということだ。

この技術は建設現場でも大いに活用が期待される。例えば、杭打ちを行う際、地中に埋まっている障害物を事前に把握することが非常に重要だ。地中レーダーの活用によって、埋設物の位置や形状を正確に把握し、それを基に杭打ち計画を立てることができる。これにより作業の効率化と安全性の向上が期待され、建設コストの削減にもつながる。さらに、建設現場では地中の状況が予期せぬ変化を見せることが多く、これが工期の遅延やコスト増加の原因となることがある。四次元透視技術は地中の詳細なマップを生成し、リアルタイムでその変化を監視することを目的としており、こうした問題に対処する手段となり得る。地下水位の変動や地中の空洞の発生といったリスク要因を事前に検出し、適切な対策を講じることができるのだ。

四次元透視技術は、自動運転技術との融合で、さらに大きな可能性を秘める。自動運転車に地中レーダーやＬｉＤＡＲ（光による検知と距離測定）、各種センサーを搭載すると、24時間体制で地中データを自動収集し、国土規模のインフラ管理を無人で実現することさえ可能となる。決められたルートを繰り返し走行する自動運転車は、同じ区間のデータを定期的に取得し、時間の経過とともに進行する損傷の変化を捉える。これにより高頻度で位置精度の高い調査が可能となる。損傷の進行を継続的に監視し、最適なタイミングでのメンテナンスを提案できるようになるということだ。

自動運転車によるデータ収集は、人手による点検作業と比較して非常に効率的である。例えば、広大な道路ネットワーク全体を自動運転車が巡回しながら点検することにより、従来ならば数カ月かかっていた点検作業を短期間で完了できる。夜間や早朝など交通量が少ない時間帯に点検を行えば、交通の妨げを最小限に抑えることも可能である。同じ距離を調査するにしても、人力と車両では調査者への負担は大きく異なる。これからの人口減少社会では、今まで以上に求められる技術だ。

## 鍵はデータ収集と解析の自動化

四次元透視技術には多大な可能性があるものの、

資料7-3 ● AIを活用したデータ解析イメージ

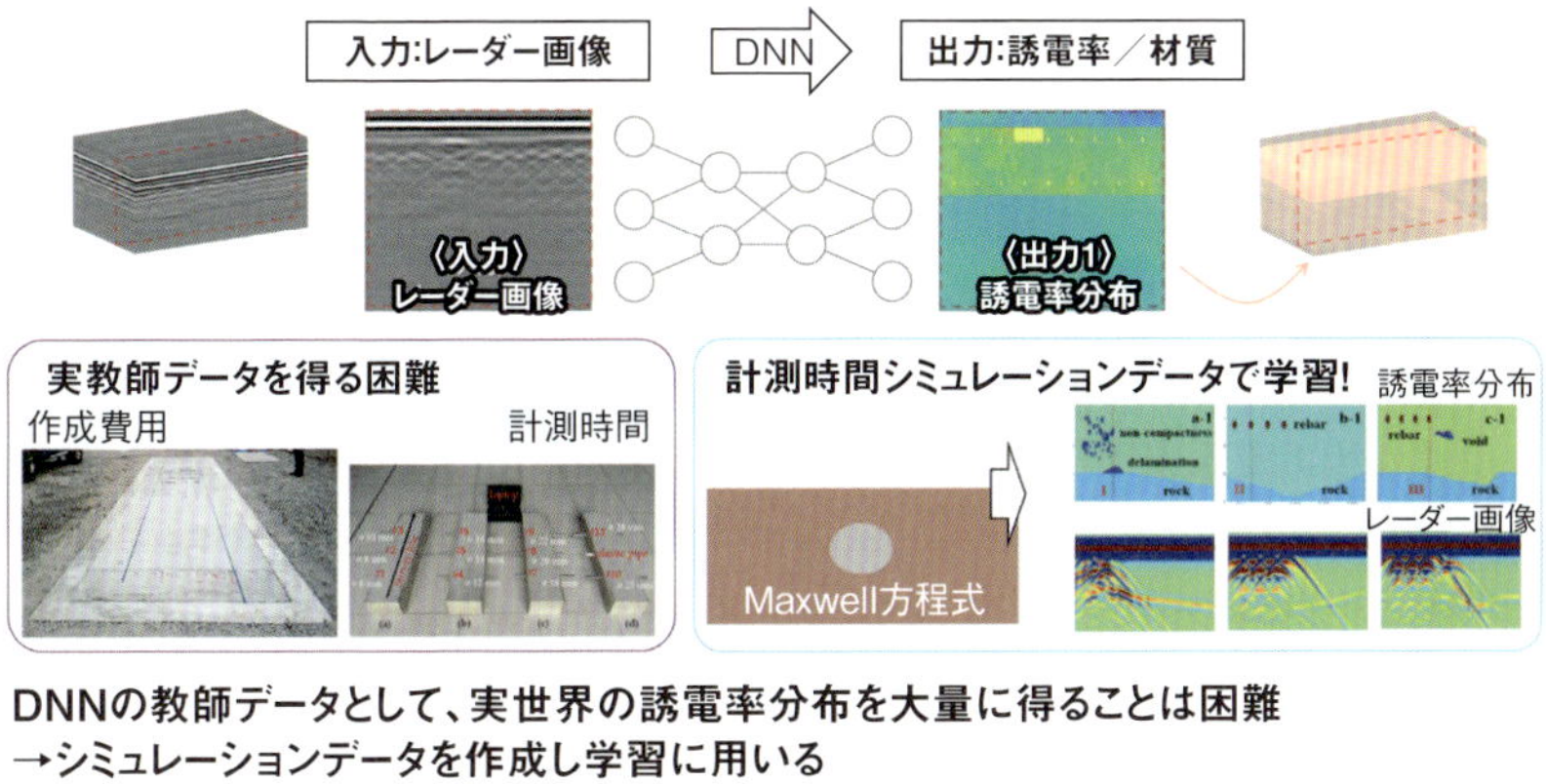


DNNの教師データとして、実世界の誘電率分布を大量に得ることは困難
→シミュレーションデータを作成し学習に用いる

（出所:東京大学生産技術研究所水谷司研究室）

普及に向けてはいくつかの課題も存在する。まず、地中レーダーのデータにはノイズが多く含まれており、これを適切に処理しなければ高精度な結果を得ることができない。地中レーダーの反射波は、複数の物体からの反射が重なることで複雑な波形となり、解析が難しくなる場合もある。この問題を解決するために、ＡＩや数理モデルを活用した高度なデータ解析技術を開発している（**資料7-3**）[1、2]。

具体的には、深層学習を用いた逆解析アルゴリズムにより、電磁波計測の特性でゆがんだ地下内部の三次元データから、元の三次元の物体の形状を高解像度で復元したり、その物体の持つ電気定数を特定したりする。このアルゴリズムは、膨大なシミュレーションデータや実測データが必要になるものの、高精度な検出が可能である。また、データの前処理段階でのフィルタリング技術も進化し、ノイズの影響を最小限に抑えたデータ解析が実現しつつある。

ＡＩを用いた異常検出には、高精度な教師データが必要である。しかし、地中の損傷を目視で確認することは難しく、正確な教師データの収集には限界がある。この問題に対処するために、シミュレーション技術を活用している。様々な損傷や埋設物のパターンを再現したデータを生成し、ＡＩの構築に利用できる。例えば、シミュレーションで作成した三次元モデルを用いて、異なる材質や構造の変化に応じた反射波のパターンを学習させる。これにより、現実に近いデータ条件でＡＩを訓練し、通常の位置や規模を正確に特定できる。従来の二次元解析ではデータを解釈できるのは熟練技術者に限られていたが、この技術は三次元空間での異常の直感的な理解を可能にし、非熟練者の判断を支援する強力なツールとなる（**資料7-4**）。

四次元透視技術の実用化に向けては、データ収集と解析の自動化が鍵となる。特に、広範囲にわたるインフラの状態を効率的に監視するためには、データの収集から解析、異常の報告までを一貫して自動化することが重要である。私たちの研究では、車載型レーダーシステムを用いて自動的にデータを収集し、それをクラウド上の解析システムに送信する仕組みも検討している。クラウド解析は、ＡＩを活用した自動異常検出アルゴリズムによって行う。異常が検出されると即座に点検員に通知する仕組みだ。

このシステムでは、異常箇所の位置や種類が地図上に表示され、点検員が現場での確認作業を迅速に行えるように設計している。さらに、解析結果は過去のデータと比較でき、異常の進行状況を把握することが可能である。これにより、修繕の優先順位を決定し、限られたリソースを最適に配分する。自動化された解析システムは、インフラ維持管理の効率を飛躍的に向上させ、将来的には完全無人でのイン

資料7-4●橋梁床版のボリュームイメージ

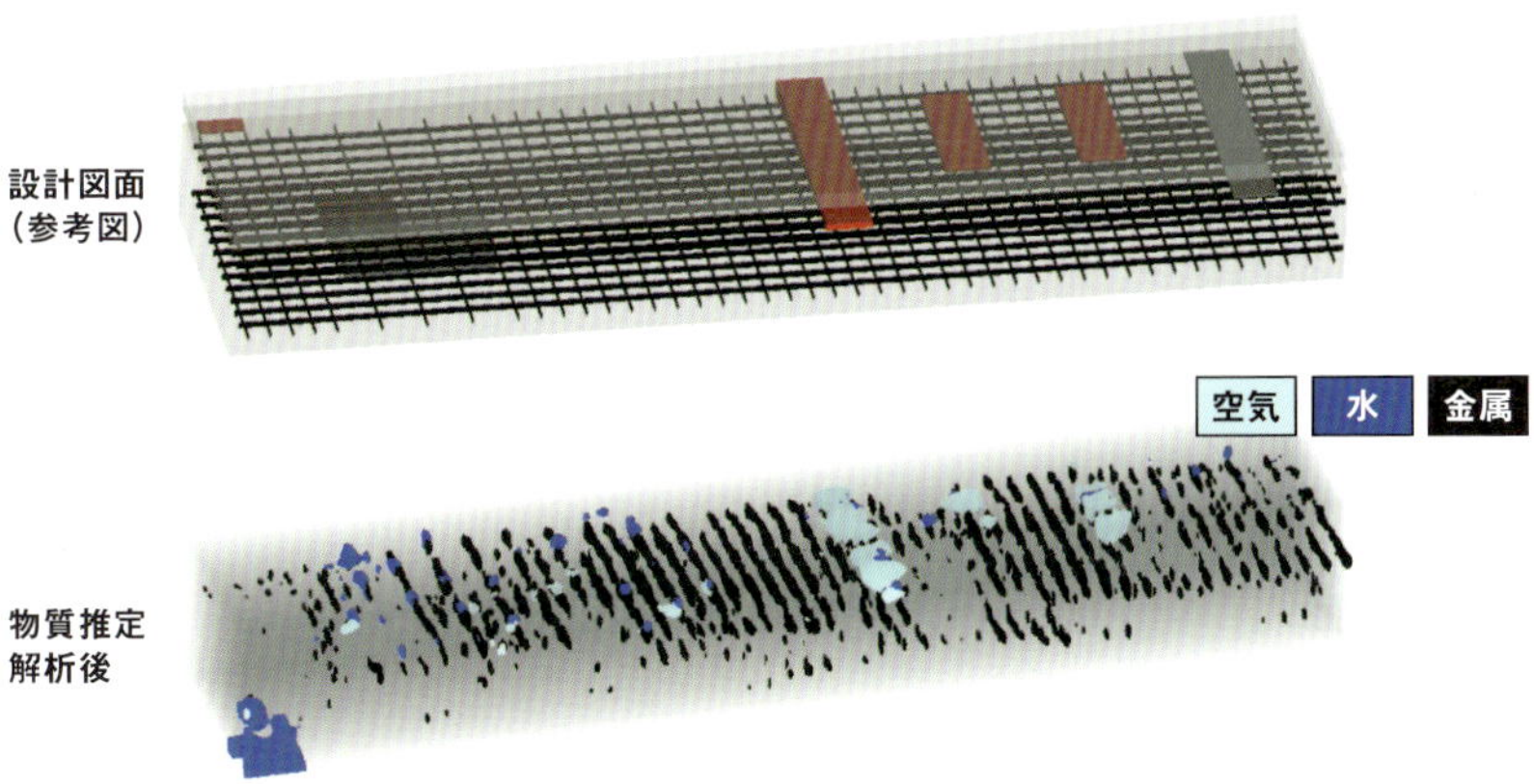


(出所:東京大学生産技術研究所水谷司研究室)

フラ点検が期待される。

## 社会的インパクトと未来への展望

四次元透視技術は、インフラ維持管理の分野において革新的なツールとなるだけでなく、社会全体に対して大きなインパクトを与え得る。インフラの老朽化が進む中で、安全かつ持続可能な社会を維持するためには、効率的な点検と迅速な対応が欠かせない。特に、少子高齢化が深刻な日本においては、インフラ維持管理の現場で人手不足が深刻化しており、技術革新による解決が急務である。同技術は人手に依存せず、正確で効率的なインフラ管理を実現するための鍵となるだろう。また、この技術は国際的にも注目を集めている。世界各国でインフラの老朽化が進行する中、効率的な維持管理技術への需要は高まり続けているからだ。日本で開発された四次元透視技術は、国内のみならず、世界のインフラ問題を解決する手段として期待されている。将来的には、同技術を国際展開しグローバルなインフラ維持管理のスタンダードとして確立することを目標に掲げる。

この技術のさらなる可能性として、単なる技術革新にとどまらず、「インフラ透視工学」という新たな学術分野を確立し得る。インフラ透視工学とは、構造物内部を透視し、その変化をリアルタイムで監視する技術を軸に、予防保全やメンテナンスの最適化を図るための総合的な学問だ。この分野では、地中レーダー、ＬｉＤＡＲ、ＡＩといった最先端技術を駆使して、インフラ維持管理の効率化と高度化を追求する。さらに、インフラ透視工学は都市開発や防災対策にも応用できる。例えば、地震や洪水といった自然災害によるインフラの損傷を迅速に把握し、適切に対応することで被害の拡大を防げる。また、都市の地下空間を詳細に把握して、地下開発の最適化や地下鉄網の拡充など、都市計画にも大きな影響を与えられる。

四次元透視技術はまだ発展途上だが、インフラの維持管理や建設現場など、その応用範囲は着実に拡大している。私たちは技術の進化とともに新たな可能性を探求し、安全で持続可能な社会の実現に向けた研究開発に取り組んでいく。四次元透視技術が世界中のインフラ問題を解決する鍵となり、将来のインフラ管理のスタンダードとなることを目指し、挑戦を続けていきたい。

## 「社会実装」への道筋

インフラの維持管理のためには技術開発だけでなく、社会実装も必要である。社会実装についての定義は様々だが、簡単に言えば「実際に現場で活用されている状態」を目指すということだ。ただし、良い技術であってもそのままでは実装に結び付かない。

本技術の前身となるのは、内閣府のＳＩＰ第１期で開発した床版自動解析アルゴリズムである[3]。橋梁床版は直接的に荷重を受け止める重要素材であるが、アスファルトに覆われているため見えないところで損傷が進行していることがある。従来であれば車線規制を行った上で打音調査を実施し、損傷箇所の同定が必要であった[4]。それを車載型レーダーによって高速・非破壊・

### 資料7-5●損傷検出の考え方

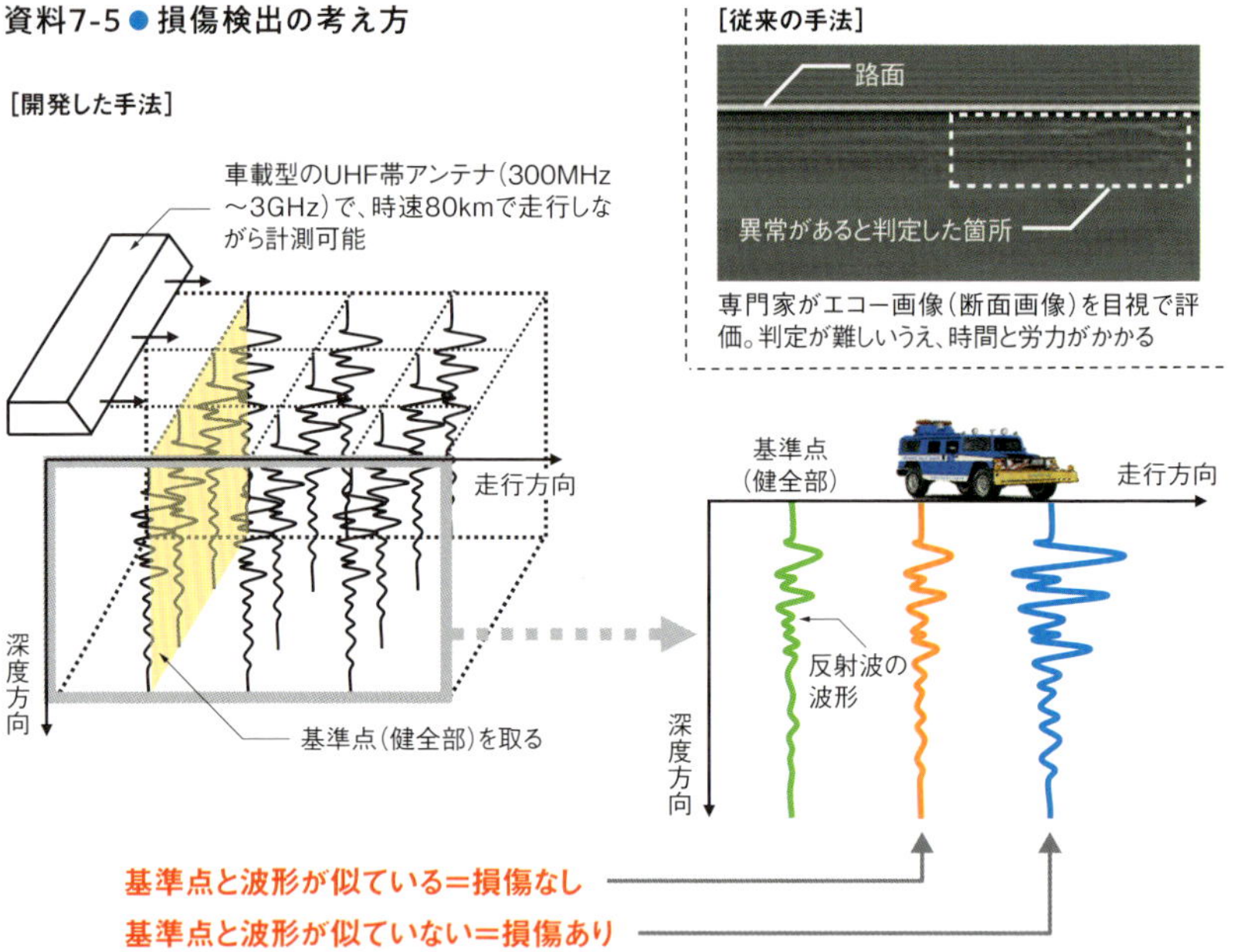


(出所:東京大学生産技術研究所水谷司研究室の資料を基に日経クロステックが作成)

### 資料7-6●開発手法と打音検査の結果の比較

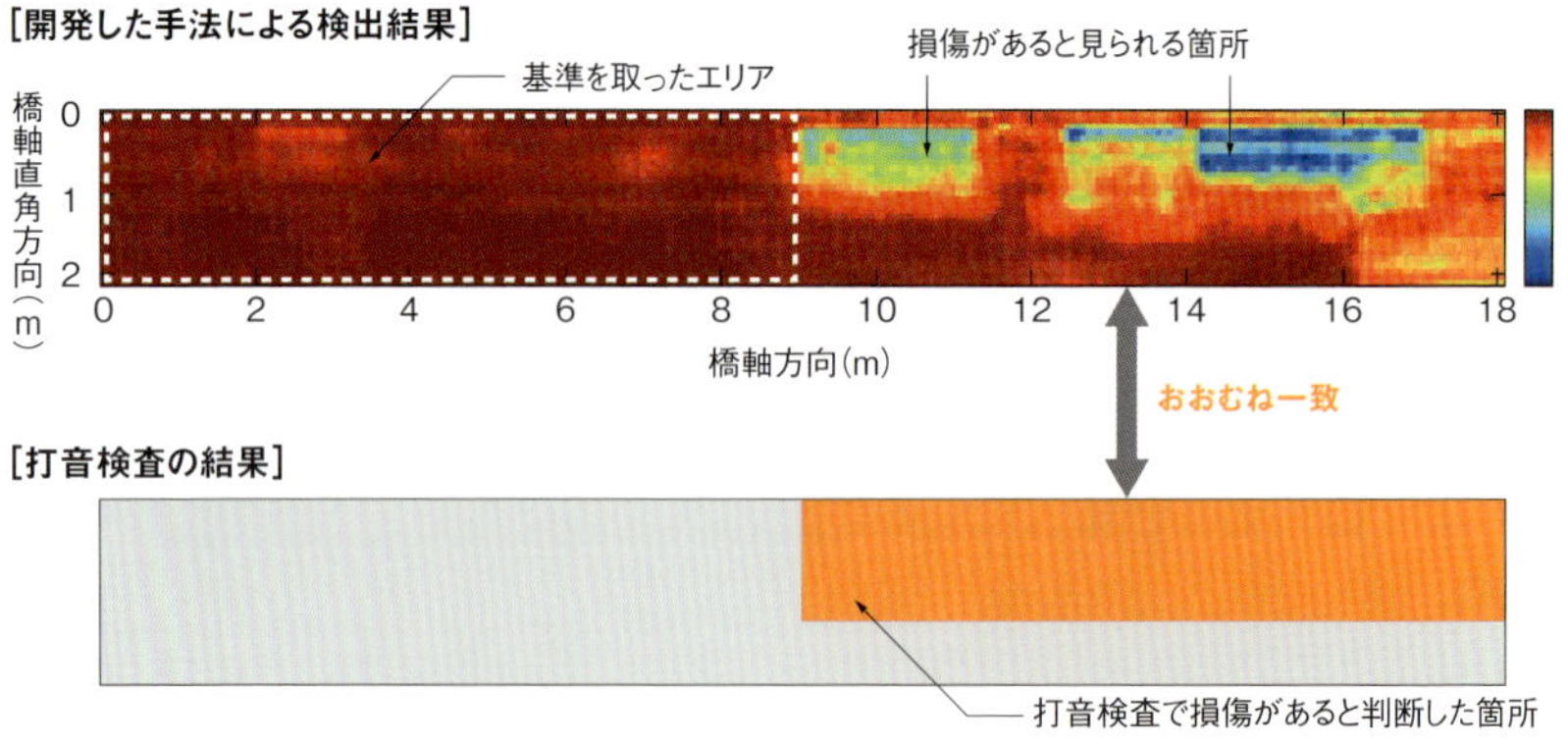


赤は健全と見られる箇所。波形の類似度が低い箇所、つまり損傷があると見られる箇所を青色で示した
(出所:東京大学生産技術研究所水谷司研究室の資料を基に日経クロステックが作成)

非接触で調査し、解析まで自動で行うというものだ（**資料7-5、7-6**）。立体的な損傷把握に未対応な点で四次元透視技術に劣るものの、従来の調査手法を大きく変え得る技術だった。

しかし、この技術が速やかに世の中に広まることはなかった。そこにはインフラ固有の課題があったからだ。例えば、公共調達では入札という仕組みのため、競合がいないと成り立たない。また、入札にかけられる各業務での要求事項は従来技術をベースに作られるため、新技術の入る余地が少ない。新技術を活用しようとしても費用の観点から活用を見送られることもある。実運用に当たっても、システム運用を担う民間企業に技術を十分に理解した人材がおらず、活用が進まない例が見られた。

この時の経験から、現在研究を進める四次元透視技術では社会実装のための複数の対策を取っている。まずは民間から研究員を受け入れ、技術に関する基礎から応用まで教育している。民間企業への技術普及を通し、実運用能力の向上と事業化の推進につなげている。また、制度面の課題に対しては、自治体との協定締結により、産官学の一歩踏み込んだ情報共有を実現。実運用上の課題といった実質的な議論を進めている。

具体的には、長野県千曲市において128kmに及ぶ大規模な計測を実施し、そのデータに対して橋梁とマンホール、埋設管を自動で分類した（**資料7-7**）。これだけの大規模な調査であっても測定時間は2日、解析時間は1日程度で済んだ。現時点では精度は検証中であるものの、少なくとも業務効率の面では大きなインパクトを残せたと考える。

新技術活用に当たっては、追い風が吹いている。xROADのような地理空間情報の管理システムの整備[5]により、データを緯度経度にひも付けて整理できるようになった。予測技術の進展を受け、不可視部分の情報を活用することが現実になりつつある。これらの環境条件と需要が整えば、こうした大規模自動解析は一次データとして爆発的に普及し得るのではないだろうか。日本は現在、インフラ老朽化と少子高齢化という難題を抱えており、テクノロジーによる効率化は待ったなしだ。本技術が日本のインフラ維持管理を変革するきっかけになることを願う。

**資料7-7● 長野県千曲市における大規模解析の事例**

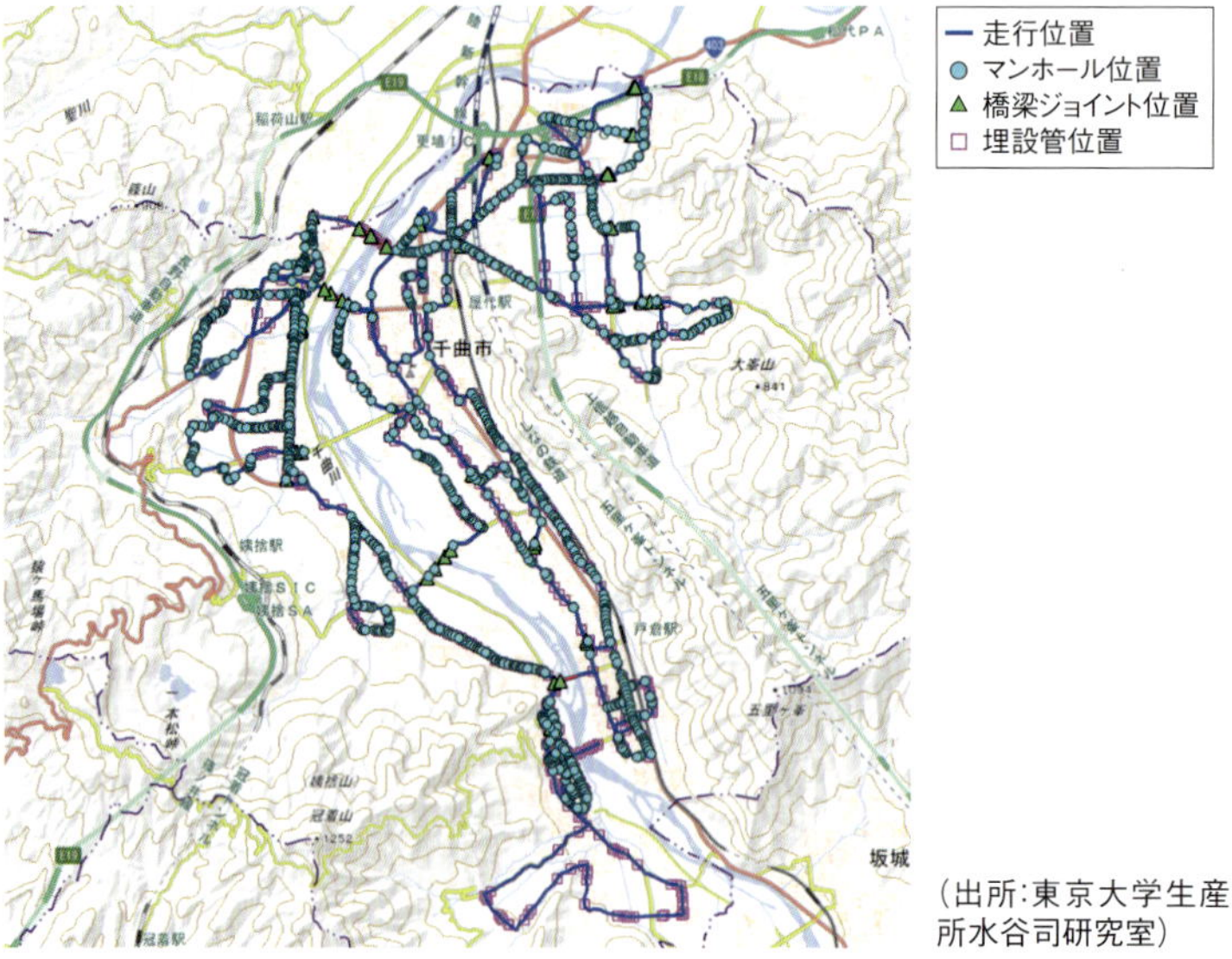


（出所：東京大学生産技術研究所水谷司研究室）

# インフラヘルス革命

CHAPTER 7-2

## リモートセンシングで未来を守る

国土規模の道路、地下構造物、橋梁、トンネル、鉄道などのインフラストックに対する点検と診断の方法は、安心と安全の観点から目視点検や打音調査といった、確実性の高い手法が基本である。しかし、熟練点検員の減少により、人員不足や財源の不足が深刻な問題となっている。

この問題に対して、非接触で広範囲かつ定期的に観測可能な宇宙からの「リモートセンシング」（遠隔探査）に期待が集まっている。地球規模で顕在化している様々な環境問題の監視・管理手段としてだけでなく、災害監視や、インフラヘルス（インフラの健全度）の監視、都市計画、地図作成などへの実利用が急速に進んでおり、宇宙ベンチャーの新規参入も進んでいる**6**。

事後計測から予兆診断への移行においては、ＳＡＲ（合成開口レーダー）リモートセンシング技術が重要な役割を果たす（**資料7-8**）。従来の事後計測は、インフラや地盤の変状が発生した後に行われるもので、問題が顕在化してから対応する手法である。変状が進行してからの対応となるため、被害が拡大するリスクがある。一方、予兆診断は、変状が発生する前に兆候を捉え、早期に対応する手法である。ＳＡＲリモートセンシング技術を活用することで、広範囲にわたる地表の微細な変動を高精度で検出できる。これにより、インフラの健全度をリアルタイムで監視し、異常が発生する前に対策を講じることが可能となる7。

## リモートセンシングの基本原理とその解析

リモートセンシングは、「非接触センサーシステムが計測した電磁エネルギーをスペクトルとして読み取り、画像として解釈し、対象物や環境について信頼性のある情報を得る技術」と定義される。これは、コンクリートや金属の強度を調べる際に実施する、非可逆的な破壊試験とは対照的である。

**資料7-8 ● 光学衛星とSAR衛星の違い**

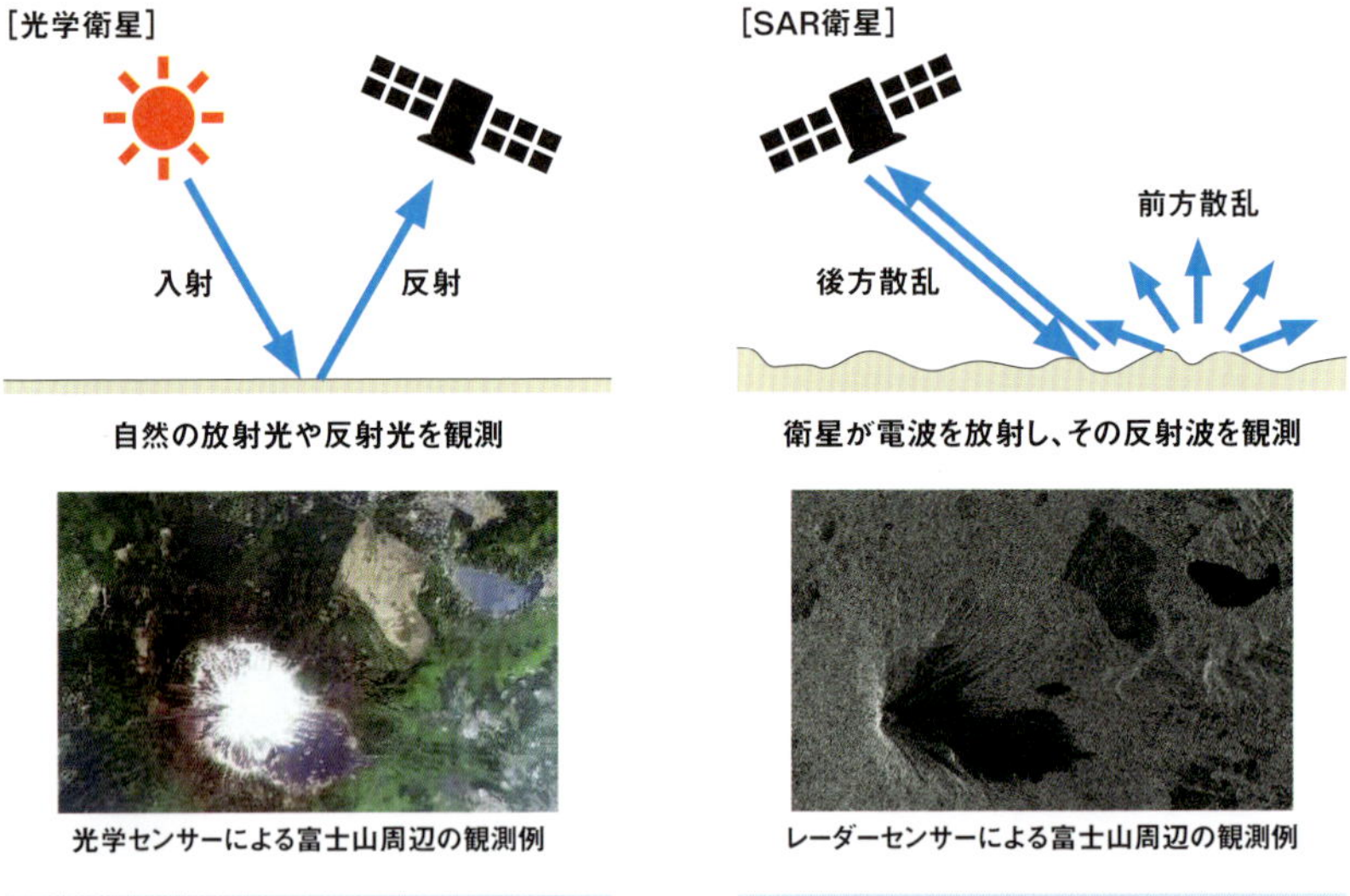

自然の放射光や反射光を観測
光学センサーによる富士山周辺の観測例

衛星が電波を放射し、その反射波を観測
レーダーセンサーによる富士山周辺の観測例

- 夜間は観測できない
- 雲に遮られる
- 一般の写真と同様に解釈できる

- 昼夜関係なく観測できる
- 天候に関わらず観測できる
- 画像解釈には専門知識が必要

（出所:宇宙航空研究開発機構の資料などを基に日経クロステックが作成）

ＳＡＲは、衛星が地球を周回しながらマイクロ波を地表に照射し、同じ地点を複数回観測することで、見かけ上大きなアンテナを持っているかのような高解像度の画像を得る技術である。マイクロ波は雲や雨を透過するため、天候に関係なく地表を観測できる。また、センサーから能動的にマイクロ波を発射し、対象物から反射した電波の信号の強さを観測するため、昼夜を問わず観測が可能である。さらに、ＳＡＲは、衛星から地表までの距離を示す位相情報も取得できる。これを用いて、２つの画像から距離差の情報を得る干渉ＳＡＲ（ＩｎＳＡＲ）解析を時系列で行うことで、ダムの堤体や工場設備、道路舗装、空港設備など、より高精度な計測が求められるインフラヘルスモニタリングへの利用が注目されている。

ＳＡＲから取得するデータは膨大であり、そのままでは解釈が難しいため、機械学習やＡＩ（人工知能）を活用した高度なデータ解析が必要となる。ＳＡＲを用いることで、従来の事後検知のみならず、過去データを遡って解析し、捉えた予兆や前兆に関する情報を学習することで、事前予測へと進化する可能性を秘めている。インフラの異常を早期に発見し、予防的なメンテナンスが可能となる[8]。

## 道路土構造物の維持管理の効率化

インフラの健全度を診断し未然に事故を防ぐためには、計測の均一性と広域性を持つリモートセンシング技術が重要である。路線ごとに広域の道路変状を定期的にモニタリングすることで、道路土構造物の点検と維持管理の効率化につなげられる9。

具体的には、**資料7-9**に示すように人工切り土の点検費用を削減し、変状が多い箇所を重点的に点検することで、路線全体の均一的な耐久性の向上が期待できる。アンカーの変状や路面盤の膨張、地滑りなど管理外からのもらい災害、深礎杭の変状、路面沈下、路面段差、盛り土の変状などの問題にも対応できる。インフラの健全度を高精度かつ効率的に診断し、未然に事故を防ぐことが可能となるわけだ。その実現に向け、Ｗｅｂ上のオンラインでリアルタイムかつ安価にアクセスできるダッシュボードを構築している。

**資料7-10**は、ＩｎＳＡＲによる長野市信州新町にある水篠（みすず）橋付近の路面沈下の計測結果をダッシュボードで表示した事例である。交通の大動脈である国道19号に架かる水篠橋では、蛇行する犀川の水流の影響で、２０１７年10月に橋と道路に大きな段差が生じて通行止めになり、２０１９年の全面復旧後も路面沈下が生じたことで、影響が広域的に及んでいる。欧州宇宙機関（ＥＳＡ）が無料で公開しているＳＡＲ衛星のSentinel 1A画像を用いて実施したＩｎＳＡＲによる計測結果では、２０１６年から２０２１年までの6年間で毎年およそ15㎝の速度で沈下が進み、国道から離れた山側に数十メートル離れた場所でも段差が生じていることが確認された。

ダッシュボードはスマートフォンやタブレットから簡単にアクセスできるようになっているので、このように現場踏査や目視が難しい場所の情報確認を容易に行うことが可能となる。劣化しつつある道路土構造物の性能と対策優先度を広域的に評価し、道路施設の点検・維持作業を効率

**資料7-9● リモートセンシング技術を活用した定期土工点検ルーティンの大幅な省力化および高精度化**

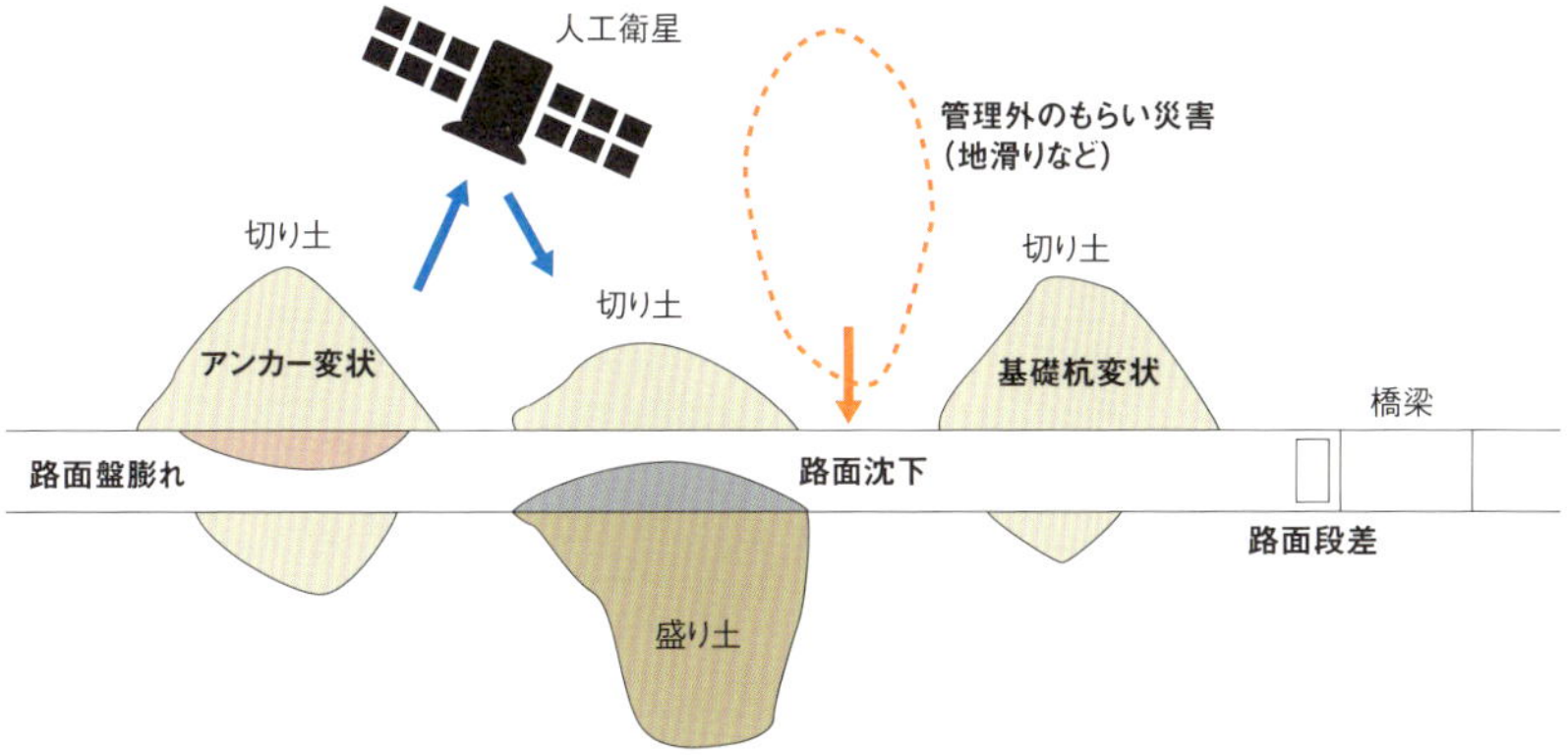


（出所：東京大学、基礎地盤コンサルタンツ）

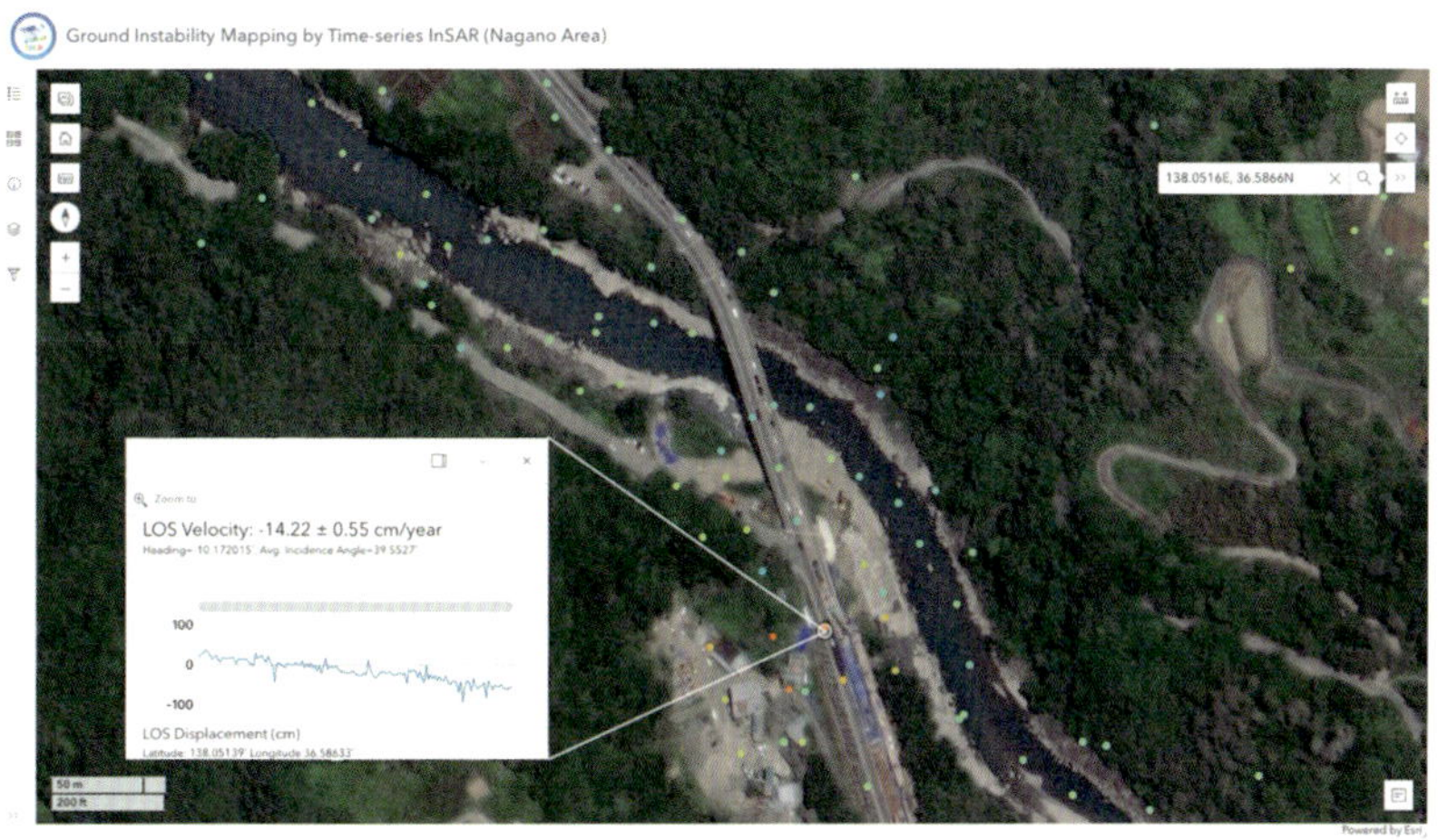


**資料7-10●**InSARによる長野市信州新町の水篠橋付近の路面沈下の計測結果をダッシュボードで表示した事例（写真：国土地理院）

化するため、現在は対象エリアを全国に拡大し過去に遡ってデータベースを作成している。

## SARリモートセンシングによる堤防維持管理の効率化

ＩｎＳＡＲによる堤防維持管理の例を示す。埼玉県東松山市に位置する荒川支流の都幾川（ときがわ）では、２０１９年の台風19号で決壊が発生した堤防周辺を対象にＩｎＳＡＲ分析を行った。具体的には、ＥＳＡの Sentinel 1A を用いて、２０１５年から２０２２年までに計測された２４２枚のＳＡＲ ＳＬＣ画像を入手。英国研究・イノベーション機構（ＵＫＲＩ）が開発しているＬｉＣＡＢＡＳシステムを用いてＩｎＳＡＲ処理を行った。その結果、**資料7-11**に示すように河川の堤防では変位が観測されなかったが、周辺の水田地域では、２０１５年から２０２２年にわたって毎年約7㎝の速度で地盤沈下が計測された。**資料7-12**に示す明治時代の地形図と比較してみると、１５０年間で流路が異なっており、旧河道に属する地域と沈下傾向を示した地域がほぼ一致することが明らかになった。こうした沈下が見込まれる地域の土地利用では、水田だけではなく住宅地にも転用されていることが確認できる。

**資料7-13**はＩｎＳＡＲで地表面の変動を解析し、車載型ＬｉＤＡＲ計測で橋梁ジョイントや埋設管、マンホールを検出した例である。計測の均一性と広域性を持つリモートセンシングで危険度の高い場所をあぶり出し、従来の測量に加えて、最先端の計測機器を用いたセンシングと機械学習と連動した超高速計算を局所的かつ効率的に実施。地盤工学的な視点から計測評価結果を

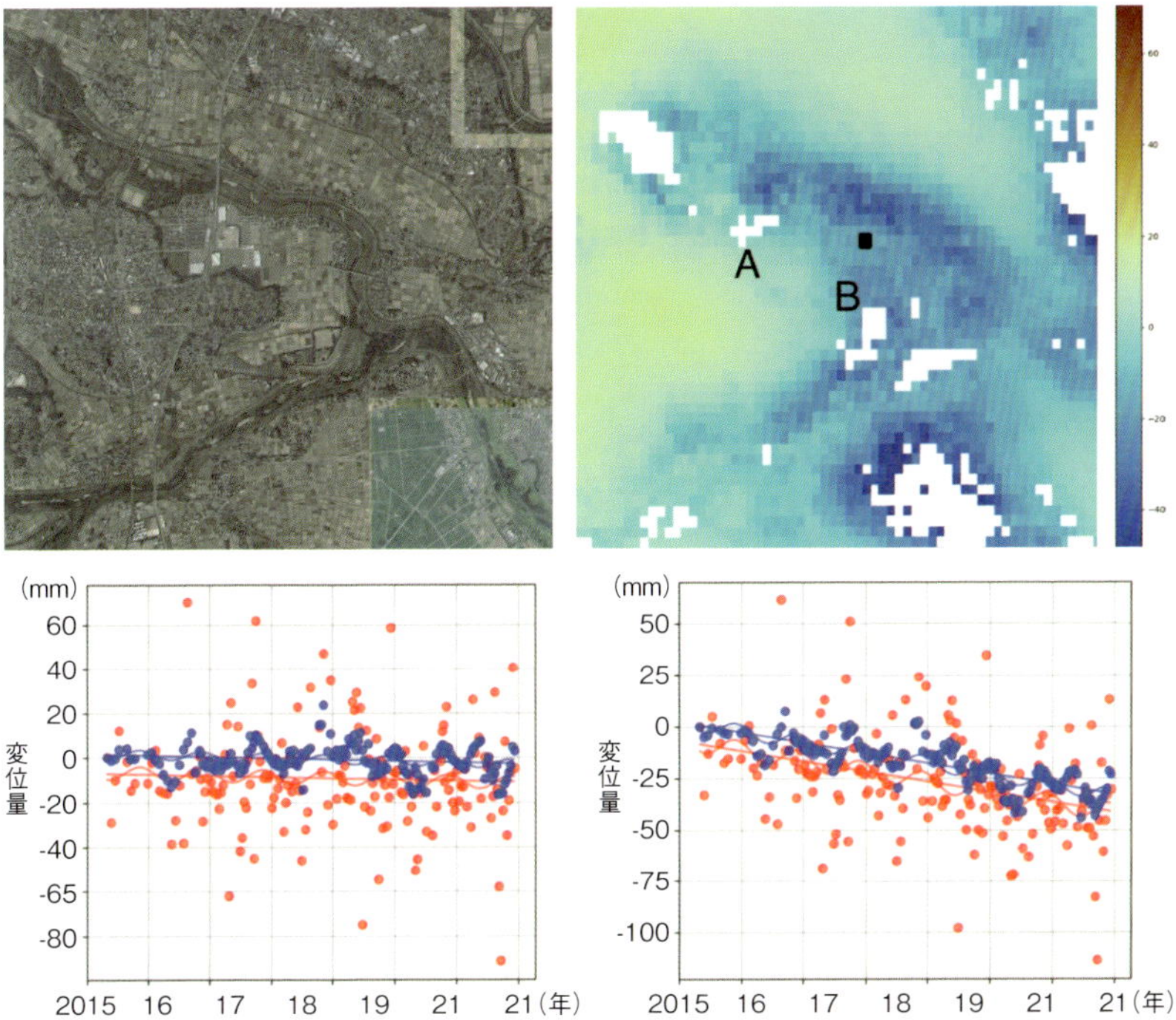


**資料7-11**●都幾川堤防周辺のInSAR解析。画像右上で青色のエリアは沈下を示す。A堤防では変化が見られないものの、水田地域Bでは地盤沈下が計測された(出所:国土地理院、英国COMET-LiCS)

**資料7-12**●左は都幾川堤防周辺の150年前の地形図、右は現在の土地利用図(出所:国土地理院)

判定するというデジタルとアナログのハイブリッド融合を目指した。他では見られないユニークな視点であり、社会的な意義と価値は高い。

## 産学協創による価値創造と国際感覚を育む教育

２０２２年４月に発足した生産技術研究奨励会の特別研究会RC106「空から地表からインフラを診る」研究会は、土木系やＩＴコンサルタント、宇宙リモートセンシング企業、自治体など、立場の異なる産官学からの賛同を得て活動を開始した。企業や自治体が保持するインフラの健全度に関する情報は公にしづらい側面がある。しかし、学が橋渡し役となり、実現可能性が必ずしも明らかでない技術を、分野横断的に現場ベースで試行する枠

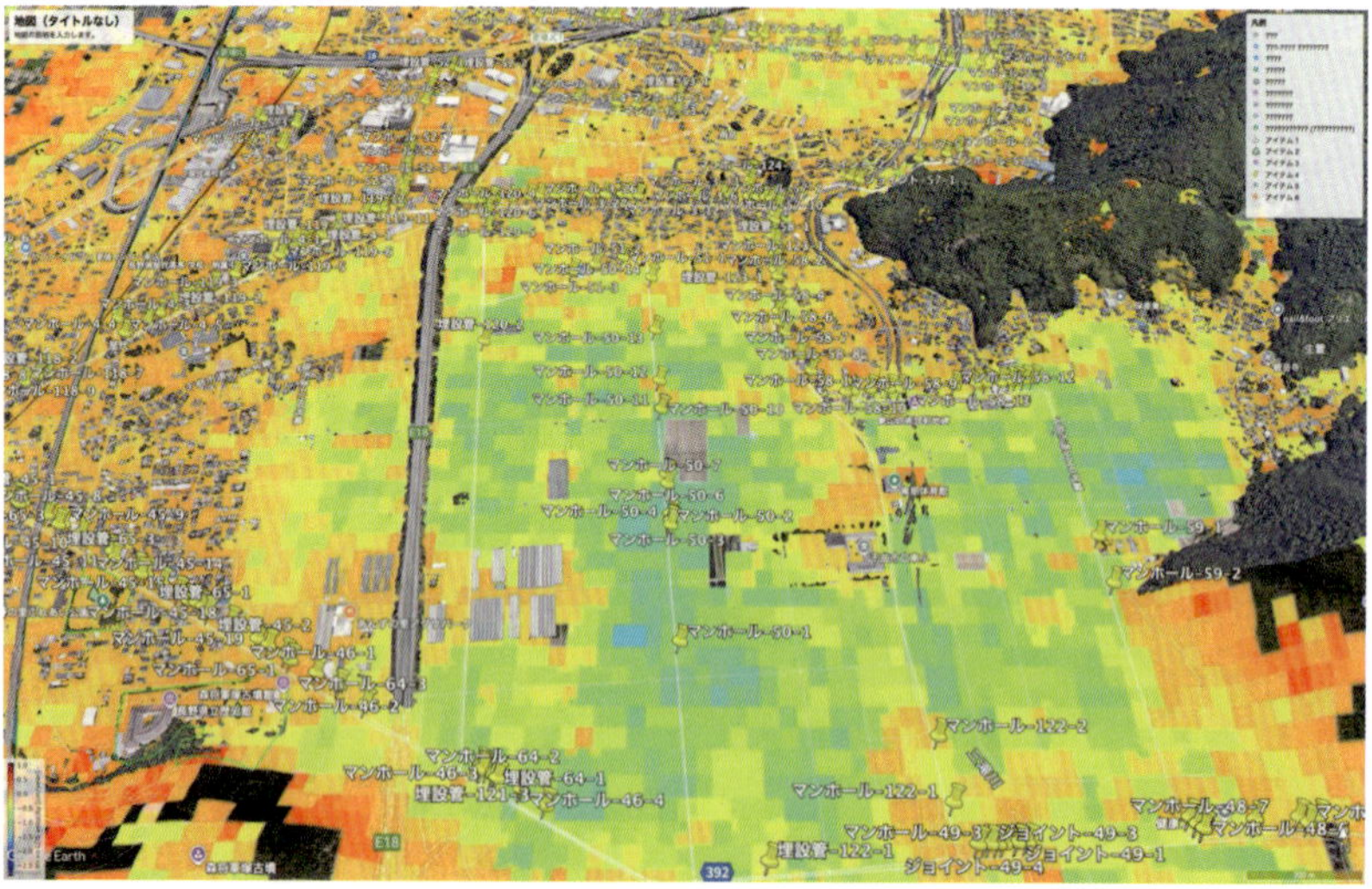

**資料7-13**● InSAR計測と車載型LiDAR計測との鉛直データ統合による4次元空間データセットの構築（出所:竹内渉、東京大学生産技術研究所水谷司研究室）

組みを提供することで、産学協創による価値創造が期待される[10]。

大学での研究開発成果をシステム化し社会実装するためには、インフラ管理者だけでなく、実施主体としての民間事業者の協力が不可欠である。そこで、国道防災カルテをはじめとする既存の点検情報システムを高度化し、現地での点検業務に使用可能な新たな情報ツールの構築を目指す。それにより、内閣府の戦略的イノベーション創造プログラム（ＳＩＰ）の最終年度（２０２７年度）に予定される国土交通省の土工構造物の点検要領の改訂に合わせて同要領に本技術を組み込み、国交省のＮＥＴＩＳ（新技術活用情報システム）への登録を目指す。

日本のインフラ維持管理における課題を解決するためには、リモートセンシング技術の活用が不可欠である。特にＳＡＲ技術は、インフラの健全性を高精度かつリアルタイムで監視し、早期に問題を発見・対策することを可能にする。東京大学生産技術研究所は、産学官連携を通じてこれらの技術を実用化し、国内外でのインフラ維持管理の効率化と安全性向上に貢献している。また、国際的なプロジェクトを通じて、日本の技術をグローバルに展開し、学生の国際感覚を育む取り組みも進めている。これにより、持続可能な社会の実現に向けた一歩を踏み出している。

アジアの新興国を中心とした世界のインフラ需要は、実際に投資できる額を大きく上回って拡大を続けている。現在指摘されている施工の質の担保だけでなく、将来的には効率的な維持管理が求められる。気象条件が厳しく災害の多い日本で培われた宇宙技術を中心とするＩｏＴ（あらゆるモノがネットにつながる）を活用したインフラ維持管理手法は、基本的にはグローバルに展開が可能な技術である。展開先の国からの留学生や帰国生と連動することで、日本人学生の国際的な感覚を育む一助となる。東大生研は、タイのアジア工科大学院（ＡＩＴ）やバングラデシュのバングラデシュ工科大学（ＢＵＥＴ）に海外オフィスを設置し、東南アジア諸国連合（ＡＳＥＡＮ）や南アジア地域協力連合（ＳＡＡＲＣ）に研究手法を展開できる状況を整えている。

# 水道管路の迅速で的確な更新へ

CHAPTER
7-3

## 老朽化する水道管

日本の水道管は高度経済成長期から短期間で整備されて、その多くが法定耐用年数の40年を超え、近年急速に老朽化が進んでいる（**資料7-14**）。国土交通省の資料によると、耐用年数を超えた水道管の割合が年々増加し、2021年度には22・1%に達した。また、今後30年間（2021〜2050年度）の更新費は、平均約1兆8000億円と試算されている。特に最近は、水道収支の悪化のため、水道料金の大幅な引き上げが懸念されている[11]。現状の限られた予算で最大限の効果を発揮するには、既存の水道管の状態を正確に評価し、優先順位を明確にした計画的な更新が求められる。そのためには、適切な資産管理と長期的な視点を踏まえた計画が重要で、これに資する技術革新への需要が高まっている。現在、

資料7-14● 老朽化した水道管（写真:浜松市）

老朽化が問題となっている上水道・工業用水道の水道管のうち、日本で最も使われているダクタイル鋳鉄管の劣化は、金属の化学反応の一種である電気化学的な腐食が主な原因である[12]。水道管の腐食は、埋設された環境で大きく異なり、周囲の土壌の種類や、電気の流れにくさを示す土壌の比抵抗（電気伝導度の逆数）などが影響を与える[13]。

以上のような腐食要因を踏まえ、水道管の計画的な更新を進めるには、腐食性土壌の分布や土壌の比抵抗を把握し、腐食の進行速度を考慮したリスク管理が必要である。腐食の進行速度から水道管の寿命を適切に予測し、直接的な管路の検査や更新を進めることで、更新コストを抑えることが可能となる。しかし、水道管は地中に埋設されているため、掘削しなければ目視や計測で腐食・劣化を確認できない。ただし、その確認で掘ろうとしても延長が大きく、現実的ではない。そのため、掘削せずに寿命予測を行うニーズが強く、予防保全を実施するためのツールとして、近年水道関連会社を中心に、ＡＩ（人工知能）を活用して管路の老朽化リスクを評価し、最適な更新計画を立案する「水道管路マネジメントシステム」の開発が進んでいる。

## 水道管路の腐食リスク評価

水道管路マネジメントシステムの導入により、予防保全が進み、更新コストの削減が期待される（**資料7-15**）。一方で、水道管の腐食リスクを高精度で評価することが課題となっている。そのためには、先述したように、土壌の状態や性質を正確に把握する必要がある。世界的には土壌を評価するために、ドイツや米の基準を使用。土壌の種類や比抵抗、pH値（ピーエイチ）、酸化還元電位などの指標を重視した基準だ[14]。

一方日本では、一部の水道事業体が地面を掘削して埋設された水道管の外面腐食の深さを測定し、その周囲の土壌を採取して土質や比抵抗などを分析している（**資料7-16**）。数十〜数百地点を掘削してそれらの組み合わせデータを収集し、外面腐食深さと土壌の相関を分析することで、水道管の外面腐食の深さの予測式を導き出す。この予測式により、掘削していない箇所については全国的に公表されている地質図を基に腐食深さを予測するリスクを評価している。

従って、掘削箇所のデータが多ければ多いほど予測式の精度は高まる。しかし、水道管は通常、舗装された車道や歩道の下に

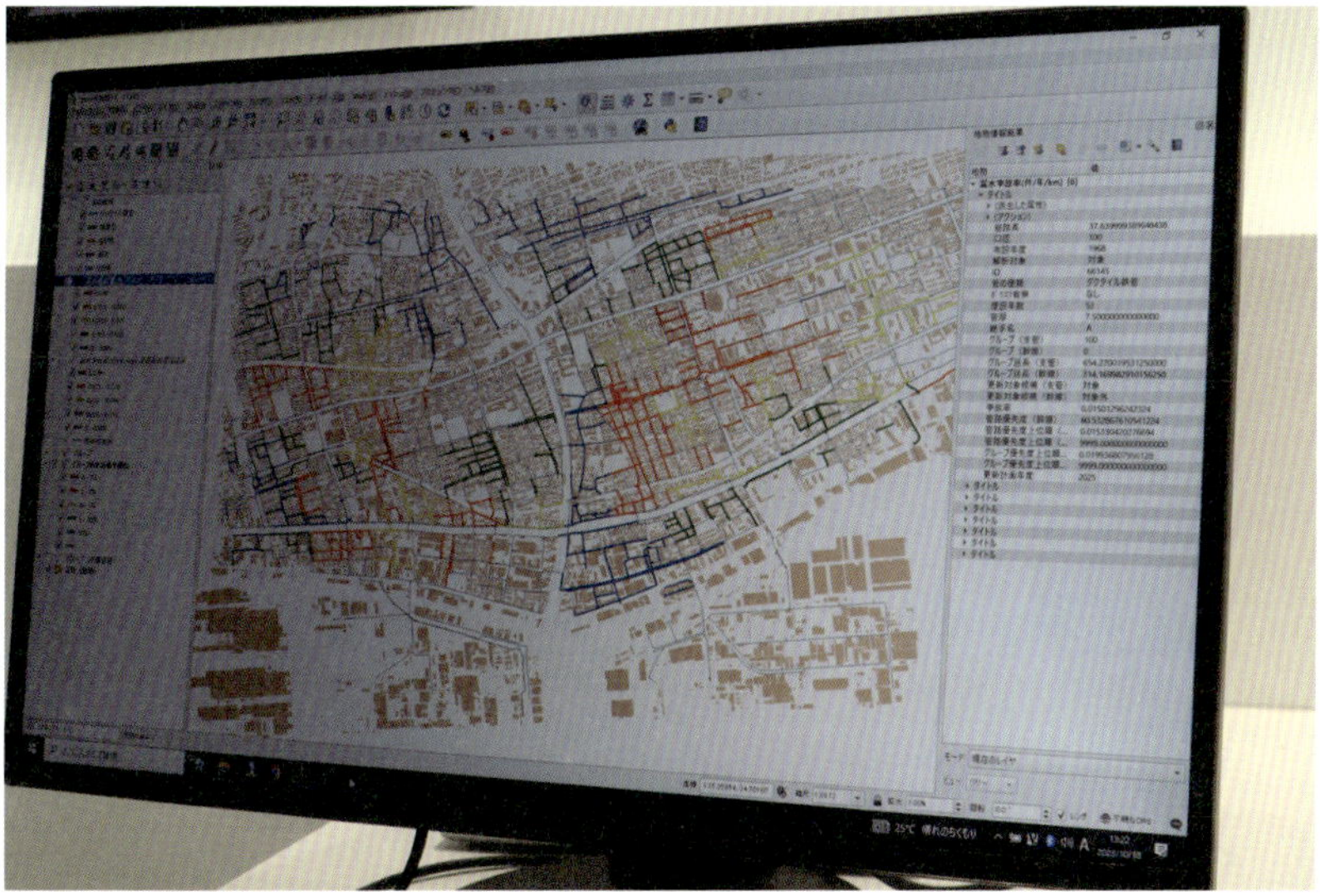

**資料7-15**●水道管路の更新におけるAIを使った優先順位付けの例。クボタが開発した（写真:日経クロステック）

埋設されており、舗装を傷つけずに土壌サンプルを採取することが困難である。また、掘削には多大な労力と費用がかかるため、広範囲での調査は難しく、市全域のうち限られた箇所でしかデータを収集できないのが現状である。

そのため、近年は水道事業体が保有している管路の漏水事故の情報と、公開されている地質や気象、インフラといった環境データをＡＩにより学習して構築した漏水事故の予測モデルによるリスク評価に期待が高まっている。

現行の水道管路マネジメントシステムでは、全国的に公表されている地質図と管路データを重ね、作成した腐食予測式でリスク評価を行っているが、さらなる精度向上のためには原位置での実際の土壌データをなるべく多く収

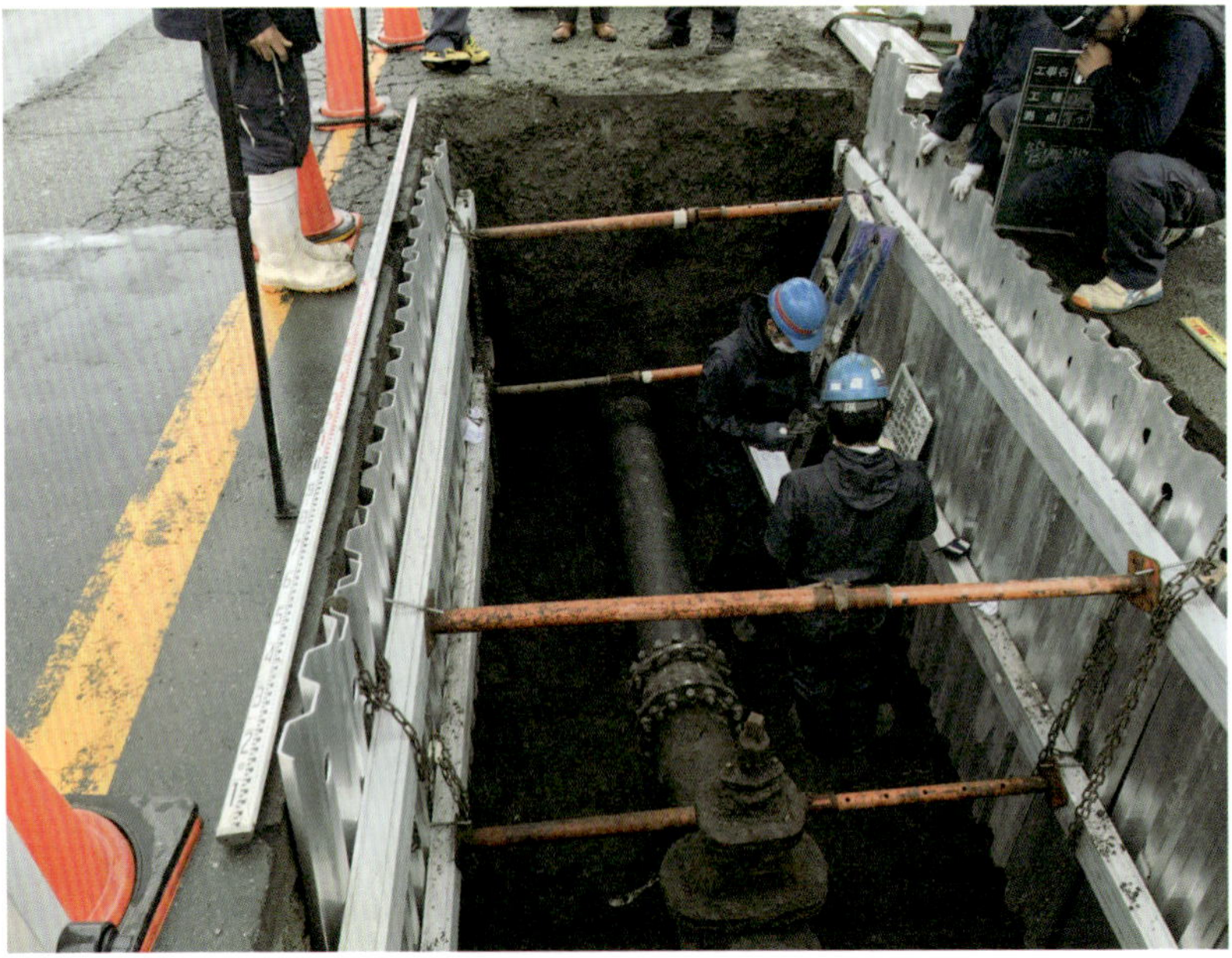

資料7-16●管体調査の様子（写真:神宮司 元治）

集することが必要である。比抵抗は、土壌の腐食性を評価する重要な指標だ。近年は、さらに土壌の種類と比抵抗から腐食速度を評価する研究が進んでいる[15]。また、pH値と水分量も比抵抗と密接に関係しており、一般的に、イオン濃度が高いほど比抵抗は低くなり、水分量が増加すると比抵抗は減少することが知られている。

これらのことから、土壌の種類と比抵抗を組み合わせたリスク評価は、水道管の腐食度の評価に有効であると考えられる。特に、土壌の種類と比抵抗を簡易かつ高精度に判別・測定可能になれば、労力と費用を抑えながら腐食リスク評価の精度向上につながり、水道管の効率的な管理に向けた重要な一歩となる。

## 高周波交流電気探査技術による非破壊比抵抗探査

土壌の種類と比抵抗を判別・測定する方法として一般的には、地表面を開削したりドリリングで土壌サンプルを採取したりする手法が用いられる。

その他に、電気・電磁波・弾性波を用いて土壌の物理的特性の違いから地下構造を探査する物理調査技術を使うこともある。このうち、電磁波を利用して地下の比抵抗構造を把握する電磁探査は、金属物や電磁ノイズの影響を受けやすく、特に都市部での適用が難しい。一方、地下に電流を流し、その電位分布を測定することで地下の比抵抗構造を把握する電気探査は、絶縁体であるアスファルトを貫通して電極を設置する必要があり、こちらも都市部での適用には課題が多い。

そこで、産業技術総合研究所では、電極を打設せずに、路上から地下に通電できる高周波交流電流を利用して、非破壊で地下の土質を比抵抗構造で探査できる「高周波交流電気探査技術」の研究開発を進めてきた[16]。この技術は、高周波電流が絶縁体越しに流れるキャパシタンス効果により、路面の舗装を傷つけずに地下の比抵抗を計測できる。開発した電気探査測定装置は、送信器や送信ダイポール、受信器、受信ダイポールで構成（**資料7-17**）。通電能力を高めるためにＰＶＡ（ポリビニールアルコール）製の超吸水スポンジを使用したローラー電極を利用している。ローラー電極は、地表への密着度が高く、通電能力も優れている。さらに、ローラー形状により調査時の移動性も高いため、短時間で長距離の測定が可能になる。これにより、水道管路マネジメントシステムで利用できる比抵抗データが大幅に増加する。

開発した装置の送信機と受信機は、ＧＰＳ（全

**資料7-17**●開発した測定装置による比抵抗探査の様子（写真:産業技術総合研究所）

地球測位システム）を使って同じタイミングを共有し、特殊な機器（ロックインアンプ）を使って信号を分析する。それにより、非常に微弱な電位差でも検出でき、周囲の電気ノイズに高い耐性を持つ。測定では、ローラー電極を使用したアンテナに当たる2つの電極のペアで構成される送信ダイポールから電流を送信し、同様に2つの電極で構成される受信ダイポールで電位を記録する測定する仕組みである（**資料7-18**）。この送信ダイポールと受信ダイポールを移動させることで、測定地点間の抵抗値を計測する仕組みだ。

　初期の装置では、送信ダイポールと受信ダイポールで計測していたが、現在では複数の送受信ダイポールを固定し、電極群をＵＧＶ（無人走行車両）でけん引するシステムを用いている。測定では、一時停止しながらデータを取得する方法と、連続的に移動しながら計測する2つの方法を選択できる。一時停止での測定はけん引によって生じ

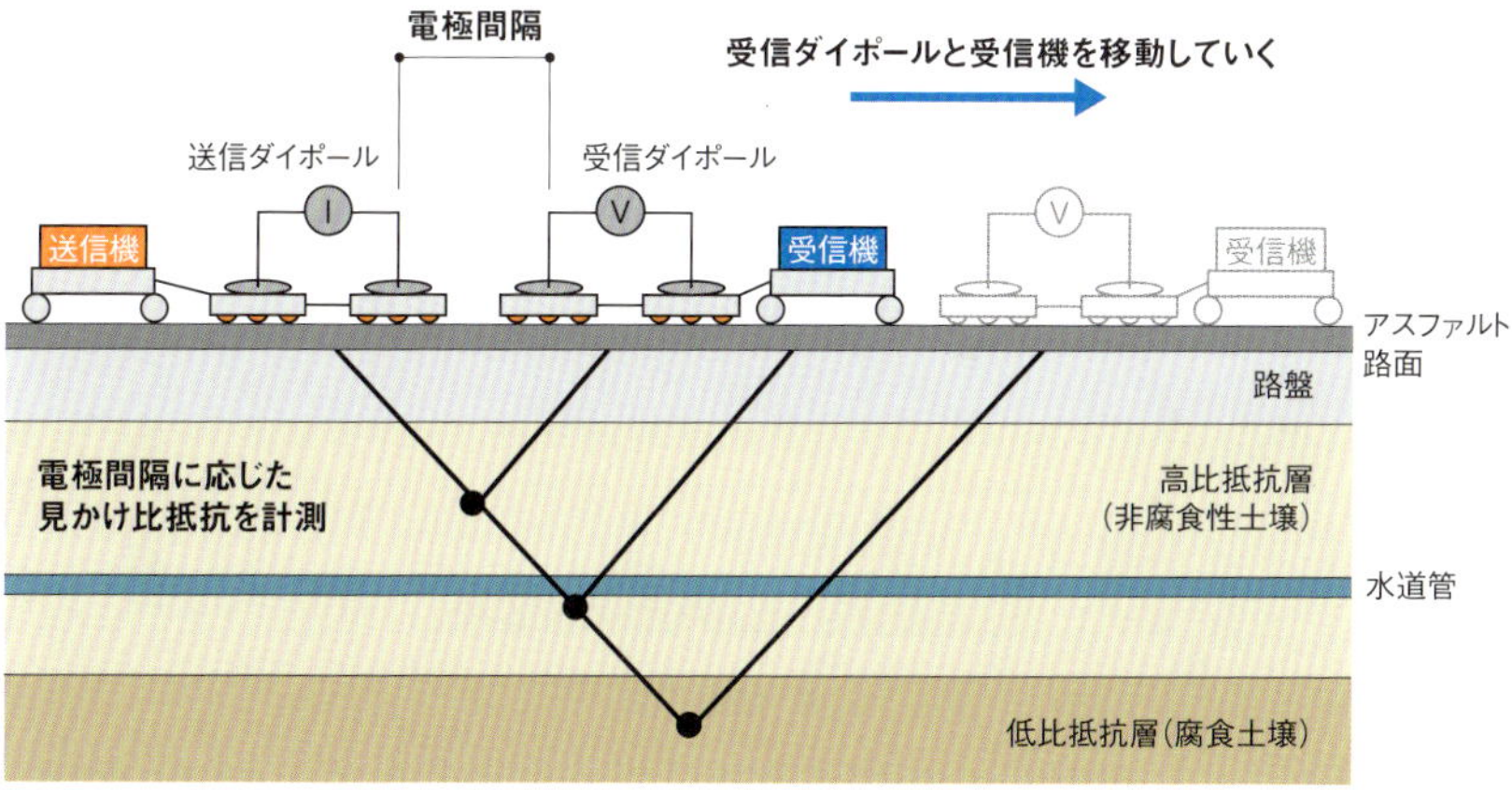


**資料7-18**●高周波交流電気探査の測定イメージ（出所：産業技術総合研究所）

るノイズが少なく、精度の高い測定データを取得できるものの、連続移動に比べて測定に時間がかかる。送受信ダイポールで取得したそれぞれのデータは、地下の電気の通りやすさ（見かけ比抵抗）に変換され、そのデータを解析することで、地下構造を表す比抵抗断面図が作成できる。この解析結果は、複数地点で地面を掘削して採取したサンプルを用いた実験結果と、ほぼ一致していることを確認できた。

こうして得られた比抵抗値を基に、水道管が埋設されている深度における比抵抗を求め、比抵抗値と比抵抗構造、近隣のボーリングデータを基に土質を推定する。推定結果は、米の土壌の腐食性評価基準に基づき、水道管の腐食リスクを判断する際に使用する（**資料7-19**）。今後は腐食性土壌の評価精度向上に向け、改良を進めていく。

## 事業体の協力による社会実証実験

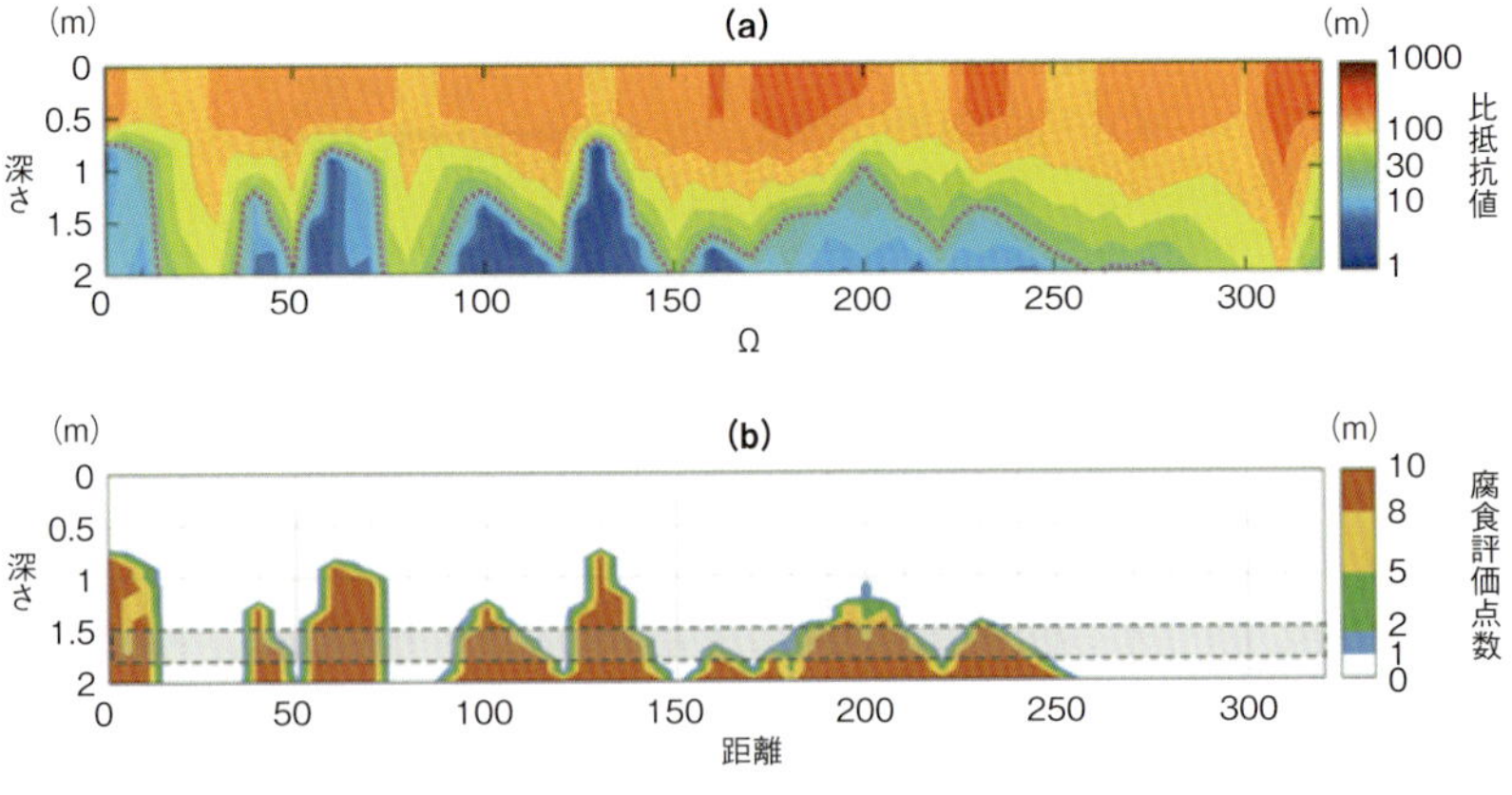


**資料7-19**●上は比抵抗断面図、下は米の基準「ANSI/AWWA C105/A21.5」による腐食評価点数に変換した断面図（出所:産業技術総合研究所）

このように、開発した非破壊電気探査は路面を傷つけることなく、地下の比抵抗構造を容易に測定できる。本技術を使うことで、広範囲にわたって土壌の比抵抗値や種類の推定が容易になった。しかしながら、この技術が広く使われるためには、近年水道事業体が使用する水道管路マネジメントシステムとの連動と、科学的に裏付けられた確かな水道管の腐食速度評価法の確立が不可欠である。

そこで、産総研とクボタ、同社子会社の管総研（兵庫県尼崎市）は、内閣府の戦略的イノベーション創造プログラム（ＳＩＰ）で、事業体の協力の下、水道管工事や管体調査の機会を活用した実証実験を推進している。実証実験では、産総研が開発した非破壊電気探査で得られた測定結果と、クボタで進めている土壌サンプル測定結果や外面腐食診断結果との整合性を確認する。また、産総研では、探査システムの効率化や解析手法の簡素化についても検討する。

これらの実証実験で確認した結果は、腐食速度の評価における信頼性の向上につなげる。同時に、管総研が開発している水道管路マネジメントシステムとの連動を図ることで予防保全型の維持管理を実現し、事業体への導入を促す。同システムでは、水道管の腐食リスク評価や、水道使用量などその他の評価項目から管路の更新優先度を設定する。今後、同システムには非破壊電気探査で得られた大量の比抵抗データを取り入れ、ＡＩを活用した高精度な腐食リスク評価を実現する（**資料7-20**）。加えて、ＧＩＳを用いた管路更新の最適化の提案や、複数の更新シナリオ（部分的な更新、全面的な更新、緊急時の断水対策など）の意思決定を支援する。それにより、作成する計画の効率性や精度が大幅に向上し、より迅速で的確な水道管の更新が可能となる。将来にわたり水道管路を健全な状態で維持管理し、漏水事故による断水や修繕費用の低減などが期待できる。また、SIPで実施している実証実験はシンガポールでの展開も検討されており、国内だけでなく国外へのアピールにもつながるように準備を進めている。

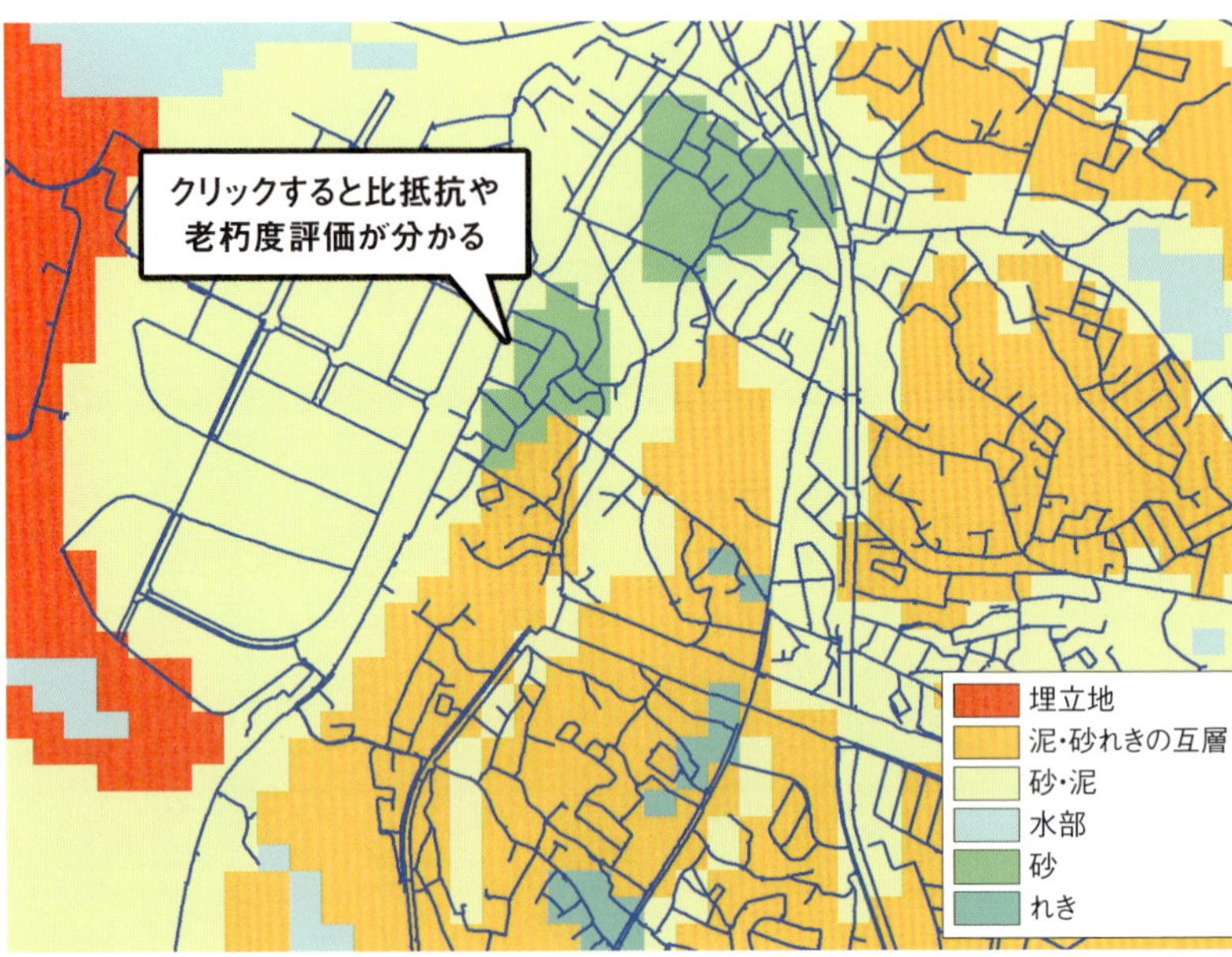


**資料7-20**● AIを活用した水道管路マネジメントシステムに、比抵抗データを反映するイメージ
（出所：クボタの資料を基に日経クロステックが作成）

# 第8章

# インフラメンテの社会実装

ここまで見たように、技術の社会実装に当たっては、単なる技術開発の推進だけでなく、産・官・学が一体となった連携による制度・仕組みに対する働きかけが不可欠である。本章ではこれまでに紹介した取り組み以外の「社会実装」において、産官学のトップランナーを担う有識者や、インフラ業界外の有識者の視点から一歩引いた目線で、「土木インフラの社会実装」に必要な要素について話題提供してもらう。

# 自治体の橋梁メンテナンスの新しいスキーム

CHAPTER 8-1

## 自治体の橋梁が置かれている現状

自治体が管理する橋は約66万橋と全体の9割を占める。橋の維持管理の課題は明確で「人がいない、財源がない」である。そしてこの課題は世界の先進国の間で共通だ。既に日本の人口は減少しており、建設産業の労働供給不足は2030年に22・3万人、2040年には65・7万人という試算もある[1]。建設だけでなくメンテナンスにとっても深刻な問題だ。これにはDX（デジタルトランスフォーメーション）による生産性向上が有効な手段となる。

さらには、気候変動により多発する災害に対してインフラの強靱化が叫ばれており、そのための財源確保が大きな課題である。そして、この気候変動の主因と言われている二酸化炭素（$CO_2$）に対して、世界中で2050年のカーボンニュートラルに向けた対応を迫られている。実は、橋の建設から維持管理、解体までのライフサイクルで排出される$CO_2$量の約半分は、供用中のものだ[2]。つまり、この$CO_2$排出量の削減は管理者（国や自治体）の責任で実施しなければならない。

橋が劣化や災害で要求性能を満たさなくなると、その機能を果たせなくなる。これは社会や経済、環境に大きな損失をもたらす。そして、橋の解体と再構築は多量のCO$_2$を排出する。これからの橋のメンテナンスは、財源確保と人材不足に加えてカーボンニュートラルという3つの難題を同時に克服していかなければならないのである。

## 課題を解決するDXとSX

先に述べた3つの課題を同時に解決するスキームはどんなものであろうか。まず「人」。人手不足はDXによる省力化が有効である。5年に1度の橋の定期点検で、早期または緊急に措置を講ずべき状態の判定区分Ⅲ、Ⅳが全体の9%を占めている。その中で橋のメンテナンスは、タイミングによって社会や経済、環境に与える影響が違ってくる（**資料8-1**）。

そこで重要になるのが、比較的安価な計測システムで構成される橋のモニタリングだと考える。モニタリングは集中管理によるリモートで実施し、広範囲にわたる判定区分Ⅲ以上のデータを最小限のマンパワーでリアルタイムに把握する。具体的には、Ⅲの判定になった時に橋全体の変状を把握する加速度計を設置する。設置箇所はAI（人工知能）が損傷を判定できる最小限（1〜3カ所）にとどめる。また、損傷部位が床版であれば、光ファイバーを床版下に設置して実交通荷重を24時間365日計測し、そのデータをシミュレーションモデルに入力し床版の余寿命を予測する。この予測データは、橋の管理者が補修補強するタイミングを判断する材料になる。

次に「財源」と「CO$_2$排出量削減」の解決であるが、これは一緒に考える必要がある。なぜ

資料8-1● 橋のメンテナンスのタイミングと社会、経済、環境への影響の概念

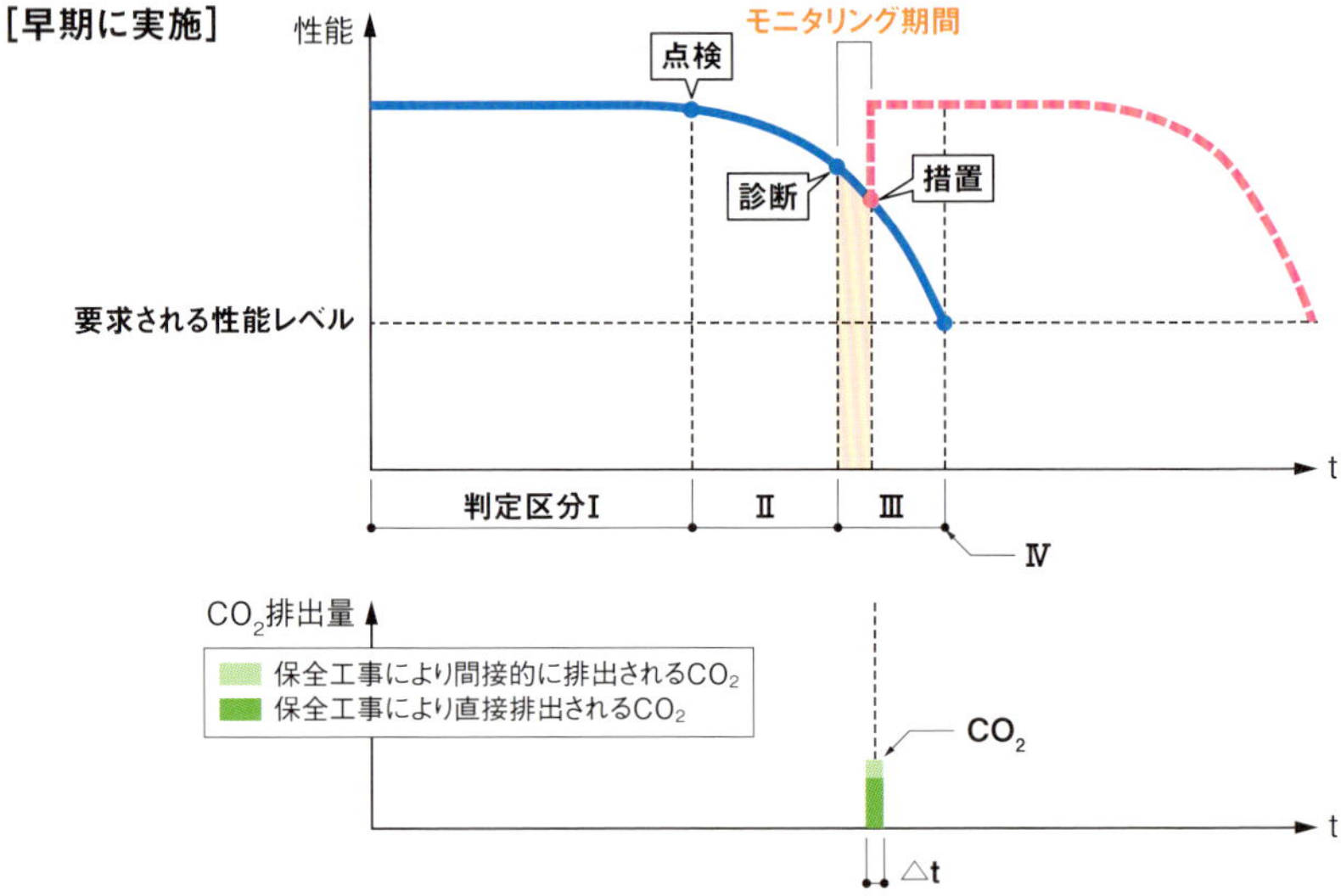


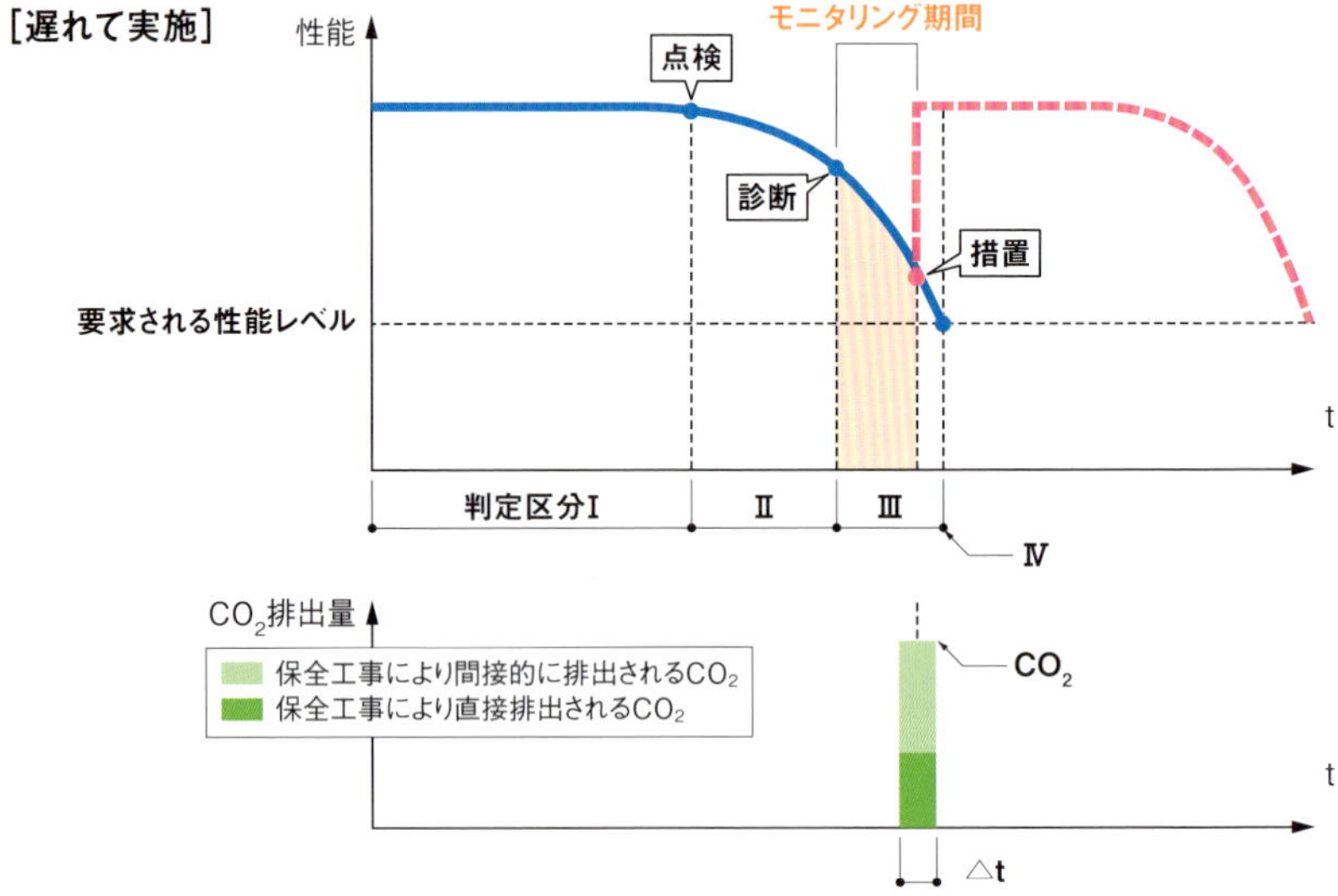


（出所:春日 昭夫）

ならば、３つの難題の克服を目指すために本スキームでは橋のメンテナンスに民間資金を投入することを目指しているからである。つまりＰＰＰ（官民連携）の採用だ。「メンテナンスにＰＰＰ？」と思われるかもしれないが、適切なメンテナンスは供用中の$CO_2$排出量を最小化し、金融機関が求めているＥＳＧ（環境・社会・企業統治）に則したインパクト投資を作り上げることができる[2]。再生可能エネルギーのように直接$CO_2$排出量を削減する「緩和（Mitigation）」策ではなく、気候変動による災害などを抑えて結果的に$CO_2$排出量を削減する「適応（Adaptation）」策である。問題は、料金収入のない橋のメンテナンス事業にＰＰＰを採用して、リターンの原資をどのようにつくり出すかという点だ。適応策の対象は公共性の高いものが多く、投資へのリターンを生むのが難しいので、世界でもまだ未着手の領域である。

経済産業省は、災害に対するレジリエンス社会実現のための市場創出と国際展開支援を目的として、適応分野での解決策をビジネスとして推進する方向性を示した[3]。そしてこれに呼応するように企業と大学が共同で、防災により削減された$CO_2$排出量の金融商品化を目的にコンソーシアムを立ち上げた[4]。経産省はこの未着手の領域を日本発の新ビジネスに仕立てようとしている。橋の強靱化は管理者の課題だ。ぜひ国土交通省も一緒にこの領域を開拓してもらいたい。

さて、メンテナンスへの投資のリターンのからくりを説明しよう。災害に対する防災へのソーシャル・インパクト・ボンド（ＳＩＢ）の既往の研究で、投資する民間企業とリターンを返す政府の間で両者ともにメリットのある成果連動報酬率が存在すると分かっている[5、6]。判定区分Ⅲ以上の橋は放置していると機能を果たせなくなり、閉鎖して再構築するか、もしくは大掛かりな補強を実施しなければならない。橋が使えなくなった時の地域経済の損失と再構築時の$CO_2$排出量をシミュレーションし、事前に対処した時の工事費との差が大きいほど、回避した経済損失と$CO_2$排出量のクレジットの一部がリターンの原資となる。そして、余寿命期間で財源の手当てが難しい場合に民間資金をメンテナンス限定のインパクト投資として調達するのである。

しかし、リターンの原資は当然管理者の収入である税金で賄われる。問題は誰がそれを負担するのかだ。地域には国や県、市などの様々な機関が管理する橋が混在する。そして、橋の利便性を享受するのは、地域の住民や法人、自治体である。橋が通行不能になれば、これらのステークホルダーは社会や経済、環境面で様々な不利益を被る。自治体は住民や法人、そして地方議会に対して十分な説明が必要で、根拠のあるシミュレーションが重要な材料となる。そのためには、エビデンスに基づいた政策決定（Evidence Based Policy Making、以下ＥＢＰＭ）が必要だ。$CO_2$排出量削減は民間資金を呼び込み、財源確保につながる。ＳＸ（サステナビリティトランスフォーメーション）を意図した新しいスキームを次に述べる。

## 新しいスキーム「橋梁群マネＰＰＰ」

先に述べた民間資金活用は、管理者ごとではなくある規模の地域でまとまって実施する方が効率的だ。それが「橋梁群マネＰＰＰ」である。群マネとは「地域インフラ群再生戦略マネジメント」の略だ。地方整備局管内の判定区分Ⅲ以上のすべての橋梁を対象にし、エビデンスによる政

資料8-2 ● 橋梁群マネPPPのスキームとその流れ

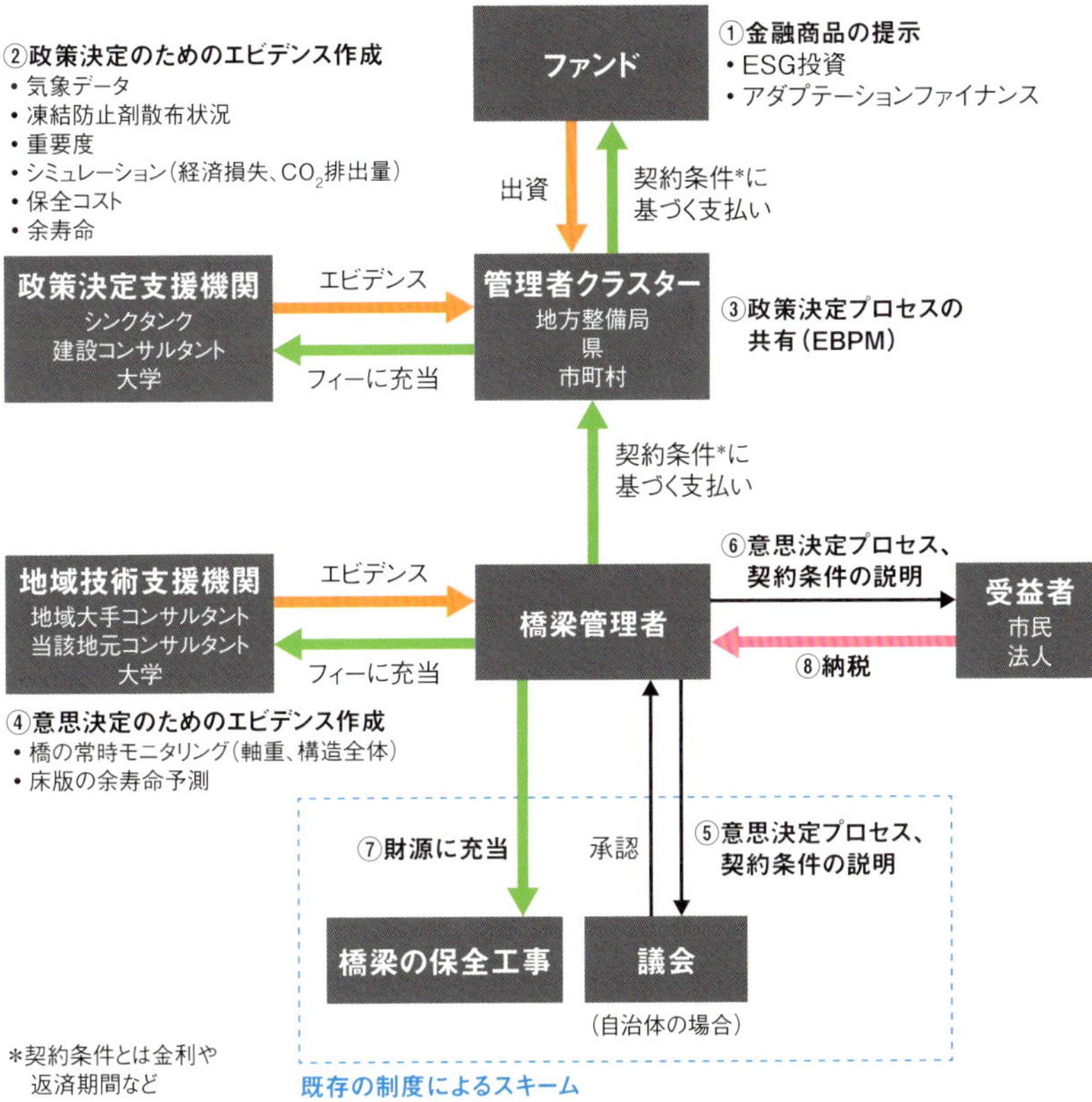


*契約条件とは金利や返済期間など

(出所:春日 昭夫)

策決定と民間資金を活用するスキームを目指している。**資料8-2**は東北地方を例にしており、国交省東北地方整備局や県、市町村が管理する橋梁を地域全体（クラスター）で考え、社会や経済、環境というサステナビリティの3つの側面から最適化を実施して、保全すべき橋梁にプライオリティーを付ける。ただし、このプロセスは管理者クラスターで共有することが重要で、政策決定に当たっては、外部の専門家から成る政策決定支援機関が出す科学的根拠に基づくエビデンスを尊重することが大前提になる。

スキームの一連の大まかな流れをまとめると以下のようになる（**資料8-3**）。①ファンドと管理者クラスターの合意②政策決定支援機関によるエビデンス作成と管理者クラスターへの提言③管理者クラスターによる政策決定とそのプロセスの共有、ファンドとの契約④橋梁のある地域の技術支援機関による常時モニタリングと余寿命予測⑤管理者による保全工事の意思決定と地方議会に対する説明、地方議会の承認⑥管理者による受益者への意思決定プロセスと契約条件の説明⑦管理者による橋梁保全工事の発注（設計、施工）⑧橋梁の受益者の納税によるファンドへの長期返済――。

エビデンスの算出においては、気象条件や重要度、機能が果たせなくなった時の経済損失と$CO_2$排出量のシミュレーションや保全コスト、余寿命などのパラメーターによる多目的関数の最適化問題を解くことになる。ファンドは、関係者を調節するアレンジャーによって金融機関や投資家から集めた資金を投資する際に、群マネの管理者と対象となる橋梁ごとに出資額や金利、返済期間などの条件を決定する。

資料8-3● 各ステークホルダーの役割

| | | ファンド | 政策決定支援機関 | 管理者クラスター | 地域技術支援機関 | 橋梁管理者 | 地方議会 | 設計者・施工者 | 受益者 |
|---|---|---|---|---|---|---|---|---|---|
| クラスター | ①契約と出資 | ◎ | | ◎ | | | | | |
| | ②政策決定のためのエビデンス作成と最適化 | | ◎ | ○ | | | | | |
| | ③橋梁群マネの政策決定 | | | ◎ | | | | | |
| ローカル | ④当該橋梁の常時モニタリング(全体構造変状、軸重) | | | | ◎ | ○ | | | |
| | ④判定区分の再評価と床版の余寿命予測 | | | | ◎ | ○ | | | |
| | ④保全工事の意思決定のためのエビデンス作成 | | | | ◎ | ○ | | | |
| | ⑤保全工事の意思決定 | | | | | ◎ | | | |
| | ⑤保全工事の意思決定プロセスの地方議会説明と承認 | | | | | ◎ | ◎ | | |
| | ⑥保全工事の受益者説明 | | | | | ◎ | | | ◎ |
| | ⑦保全工事の発注(設計、施工) | | | | | ◎ | | ◎ | |
| | ⑧受益者の納税によるファンドへの長期返済 | (○) | | (○) | | ○ | | | ◎ |

(出所:春日 昭夫)

従来の予防保全は判定区分Ⅱの時点で取り組むものだが、現状はそれさえも十分な予算の手当てができていない。一方、３つの難題の克服を目指す本スキームは、判定区分Ⅲ以上を対象にしたものである。特に橋梁は、荷重を直接受ける床版が損傷すると車線を閉鎖して長時間の補修や補強が必要になる。そのため、政策決定時も床版の損傷具合により重きを置いて判定しなければならない。

政策決定で対象になった橋梁は、建設コンサルタント会社など地域の技術支援組織によって常時モニタリングした上で、床版の余寿命予測と構造全体の変

**資料8-4●橋梁群マネの本質**

①国や自治体で個々に実施してきた橋の保全を、地方整備局の管轄地域ですべてをまとめて橋梁群マネとして実施する

②客観的なエビデンスによる橋梁群マネの政策決定（最適化）を行うことで、管理者は説明責任を果たすことができる

③橋梁群マネの財源は民間資金を活用したPPPとし、管理者、納税者（受益者）、投資家それぞれに利があるインパクト投資を設計する

④管理者の利は、保全費用に民間資金を活用することでファンドへの返済を薄く長期に計上でき、予算上の負担が減る

⑤納税者の利は、意思決定プロセスと税の使い道が明確になり、ファンドへの返済の原資となる税が薄く長期にわたるので負担が減る

⑥投資家の利は、ローリスク・ローリターン、$CO_2$排出量削減のインパクト投資になる

⑦投資へのリターンは、橋梁の通行が不可となった時の経済損失と$CO_2$排出量（＝カーボンクレジット）を基準に算出する

⑧橋の保全に打ち出の小槌はなく原資は結局「税」しかない。その徴収をいかに薄く長期化するかが鍵

⑨財源不足をコストダウンだけでカバーしようとすると、保全の質の低下を招くことは過去の事例で明白

⑩原資の「予算＝税金」を受益者から薄く長く徴収するために、脱炭素・低炭素につながるアダプテーション（適応）ファイナンスを利用する

⑪橋の保全による受益者を明確にすることで、納税に対するコンセンサスが得られやすい

（出所：春日 昭夫）

状把握を実施する。そして、保全工事が必要と判断されたならば、該当する橋梁の管理者へ提言する。この時も意思決定に至ったエビデンスを提示する。保全工事の受益者はファンドへのリターンを負担しなければならない。そして各受益者の負担割合は、橋梁によって変わってくるであろう。これは群マネ管理者間のコンセンサスを得る必要がある。

橋梁群マネＰＰＰの本質を**資料8-4**にまとめたので参考にしてほしい。

## 社会実装のために必要なツール

これまで述べてきたスキームを社会実装するためには、２つのツールが求められる。１つは遠隔モニタリングシステムで、もう１つが経済損失と$CO_2$排出量のシミュレーターである。

このうち、モニタリグシステムは、大きく２つに分かれる（**資料8-5**）。橋の機能を果たす最も重要な構成部材が床版である。床版が劣化で陥没すると長期の通行規制、通行止めを余儀なくされる。従って、点検で床版の損傷が判定区分Ⅲ以上になると、光ファイバーを下面に張って軸重を常時計測。そしてそのデータを解析ソフト（ＣＯＭ３）にインプットして余寿命を予測する。構造全体の変状は、できるだけ少ない箇所に加速度計を設置して、微妙な変化を捉えＡＩ（人工知能）で損傷を診断する。そして変状ありと診断されたら、詳細な点検でその部位を特定する。先に提示した「橋梁群マネ」では、数百橋レベルのリアルタイムのデータを集中的にモニタリングすることで、的確なタイミングで意思決定のためのエビデンスを提供できる。

もう1つの経済損失とCO$_2$排出量のシミュレーターは、大規模災害に対応した日本全体のシミュレーションが可能なツールである（**資料8-6**）[7、8]。群マネの場合は、閉鎖する橋梁のデータを入力することで、周辺地域の経済圏の損失と物流の迂回や渋滞、橋梁の再構築によるCO$_2$排出量の算出が可能になる。

## 社会実装のために解決すべき課題

提示した橋梁群マネPPPを社会実装する時に、解決すべき課題は2つある。1つは民間資金によって賄われた保全工事のリターンを、どうやって負担するかということである。それはまず、個々の橋梁において事前に管理者が地域のコンセンサスを得る必要がある。保全工事を実施しないとどれくらいの経済的、

**資料8-5●橋のモニタリングの省力化の概念**

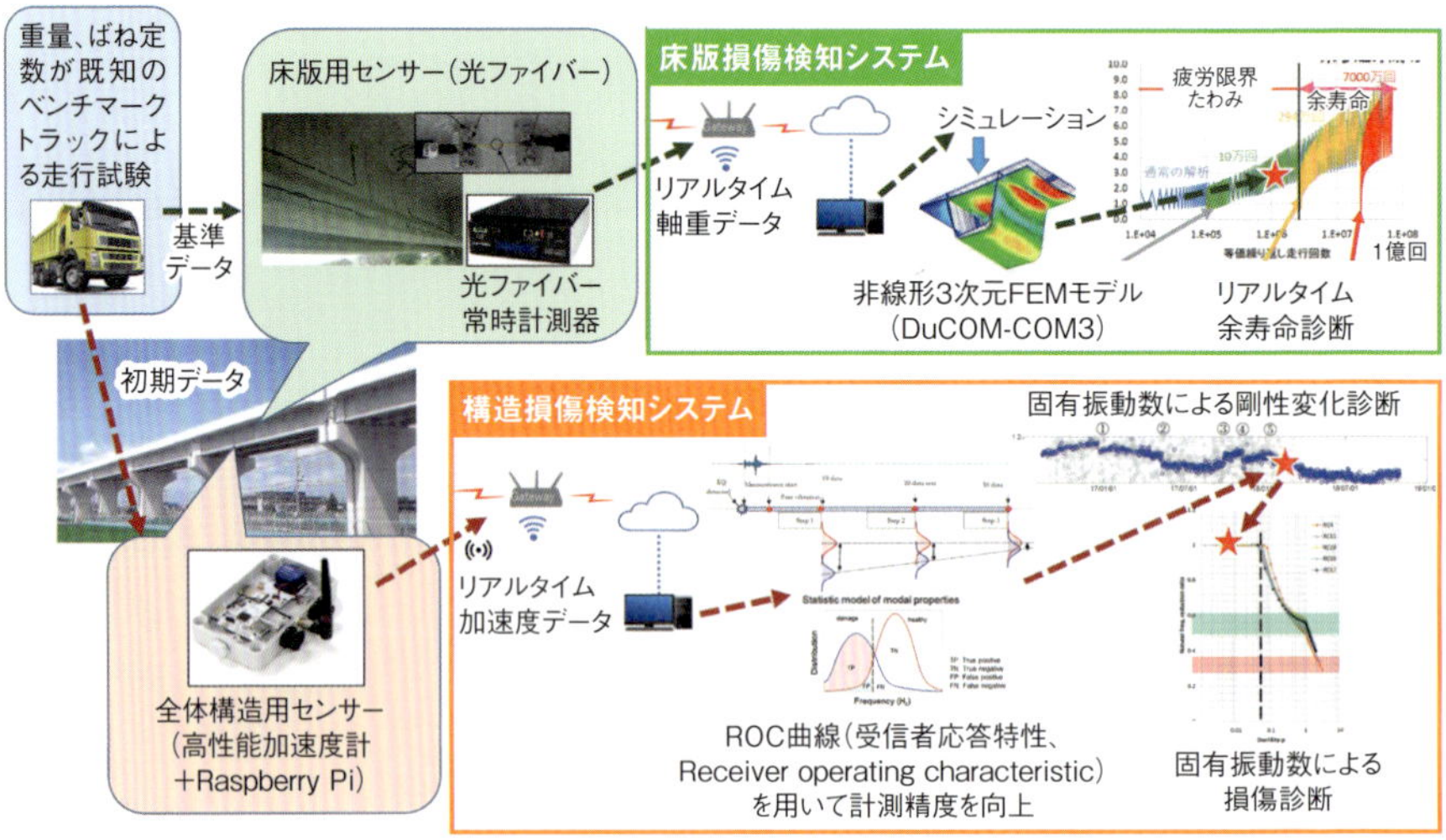


（出所:春日 昭夫）

資料8-6 ● マクロ経済シミュレーターのモデル

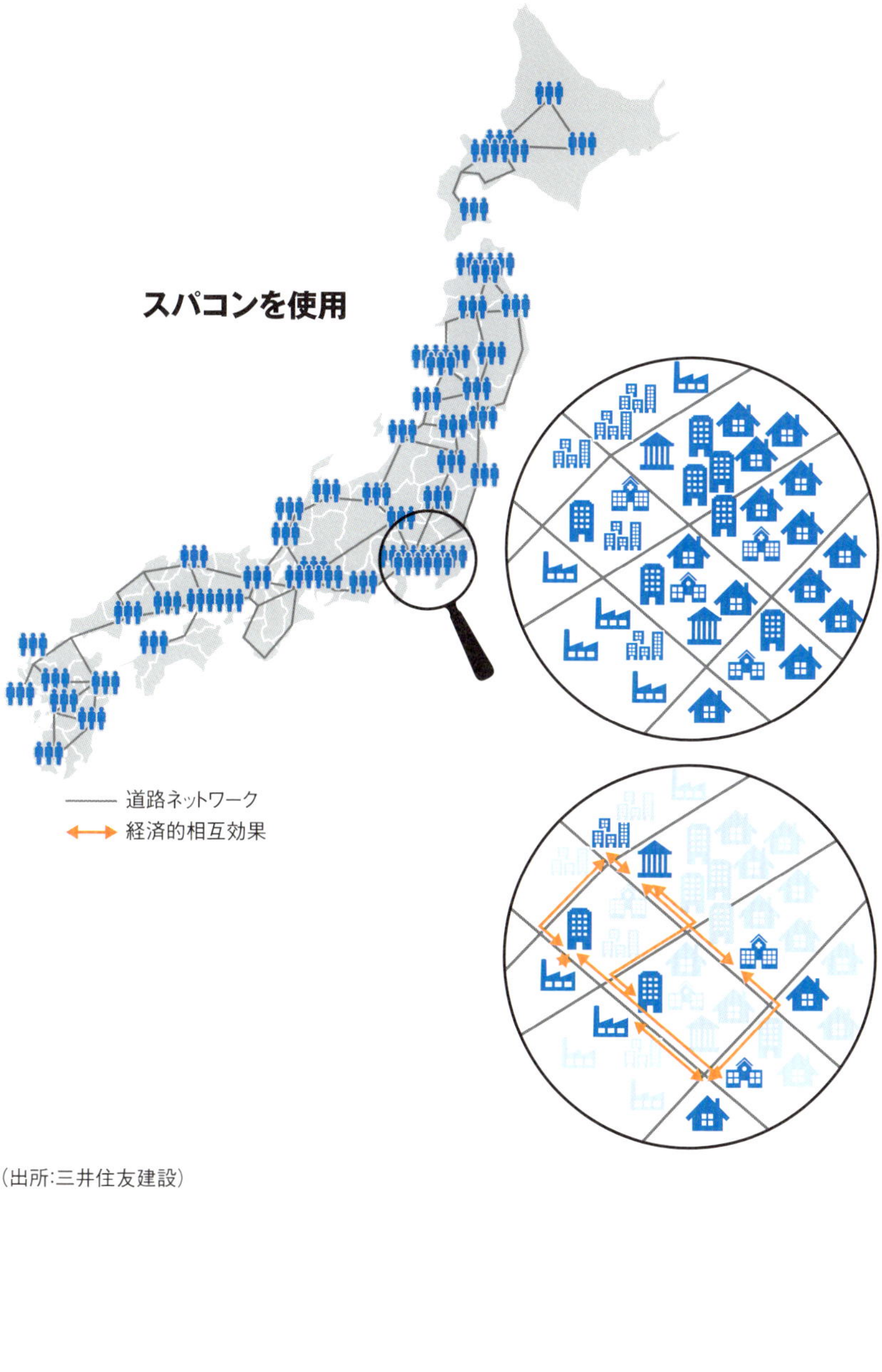


（出所：三井住友建設）

社会的損失と環境負荷が生じるのか、そしてそれはいつ発生すると予測されるのか。また、保全工事によってどれくらいのメリットが地域にもたらされるのかなどのデータを示して、住民や法人、議会に説明する。最終的には、資金を提供してくれる投資家へのリターンの原資としてどの程度の税負担を何年お願いするのかということが鍵になる。このスキームは結果的に「三方よし」となる最小コストで最大の成果を上げることができる。

保全工事の受益者は、地域の住民や法人、自治体、そして国である。それぞれがどのような分担率で負担するのかは個々の橋で異なる。使途が明確なインパクト投資は環境・社会・ガバナンスにおける課題解決に資するＥＳＧ投資に則したものとなり、ファンドにとっても彼らの非財務情報の開示に一役買うことになる。そして、このような投資はアダプテーションファイナンスと呼ばれ、欧州連合（ＥＵ）が環境面で持続可能な事業を定める「ＥＵタクソミー」に認定されていない。民間投資家が投資したいと思う金融商品をどうやって設計するのか。これには金融機関とインフラ技術者の協業が欠かせない。

もう１つの課題が、政策決定手法である。昨今カーボンニュートラルが注目を浴びているが、本来サステナビリティは社会や経済、環境の３つの側面を同時に実現するものである。生物多様性や気候変動、人権などといった、全く性質の異なる「変数」を合わせて最適化していかなければならない。これは技術者にとって今までにない大きな挑戦である。橋が持つポテンシャルを可能な限り考慮して、多目的関数の最適化を実現する手法が求められる。そして、これはいま世界で最先端の研究である。最近まで社会や経済、環境は同レベルで重要と考えられていた。しかし、人類の社会と経済は、環境という大きなケーキの上に乗っているもので、環境こそが最重要なサステナビリティの側面であるという考え方（ウェディングケーキモデル）が出てきている（**資料8-7**）[9]。そして、インフラは環境に与えるリスクが大きなセクターであると認識されている[10]。このような世界の動向を見ながら、社会が納得できるエビデンスに基づいたEBPMの手法を開発していかなければならない。

以上に述べたスキームの検討は内閣府の戦力的イノベーション創造プログラム（SIP）で実施している。そのためには金融機関との協業が不可欠である。また、法的な課題の洗い出しも必要だ。この試みが機能すれば、全国の地方整備局などを中心にした複数の

**資料8-7●経済、社会、環境のウェディングケーキ**

（出所：ストックホルムレジリエンスセンターの資料を基に春日昭夫が作成）

群マネに拡大できる。そして、エビデンスのデータがそろってくると、最適解をＡＩで求めることも可能だろう。料金収入がない自治体の橋のメンテナンスに民間資金を投入するという世界に類を見ないスキームは、脱炭素や低炭素の世界的潮流があるからこそ成り立つ。インフラに携わる技術者や研究者は、これに応える技術革新を起こす責任があることを認識しなければならない。

# インフラメンテナンス技術の社会実装

CHAPTER
8-2

## 「最後の警告」から11年

２０１４年4月に国土交通省の社会資本整備審議会道路分科会の家田仁会長が、太田昭宏国土交通大臣に手交した「道路の老朽化対策の本格実施に関する提言10」は、「最後の警告」から始まる。

日本における道路などの社会資本の老朽化（高齢化）は、かねて指摘されてきた。**資料８－８**は人の高齢化の国際動向と日本の道路橋の高齢化比率を重ねたものである。日本人の高齢化が各国よりも急速に進むことは社会的に認識され、それに対応すべく社会制度などが変わっている。一方で、道路橋の高齢化率はその比でないほど急激であると感じてもらえるのではないか。

約20年前、三重県内を通る国道23号の木曽川大橋でのトラス橋の斜材破断や、米国ミネソタ州でのトラス橋の落橋を受け、国交省所管の土木研究所に、道路橋のメンテナンスの調査研究や技術支援を実施する構造物メンテナンス研究センター（ＣＡＥＳＡＲ）が設立。当時筆者はコンクリート構造物と非破壊検査技術の研究開発を担当しており、**資料８－８**はそれらの技術開発の必要性を理解してもらうために作成した。

さて、「最後の警告」に話を戻す。この提言は２０１２年12月の中央自動車道の笹子トンネルの天井板崩落事故を受けて取りまとめられた。「静かに危機は進行している」「すでに警鐘は鳴らされている」「行動を起こす最後の機会は今」とした上で、「いつの時代も軌道修正は簡単ではない。しかし、科学的知見に基づくこの提言の真意が、この国をリードする政治、マスコミ、経済界に届かず『危機感を共有』できなければ、国民の利益は確実に失われる。その責はすべての関係者が負わなければならない」とまとめている。檄文（げきぶん）だ。この提言を機に道路法を改正し、法に基づく定期点検が始まった。

それから11年がたった２０２５年現在、橋梁などの定期点検は３巡目に入っている。点検結果は毎年、国交省が「道路メンテナ

**資料8-8 ● 高齢化の国際動向と道路橋の高齢化率**

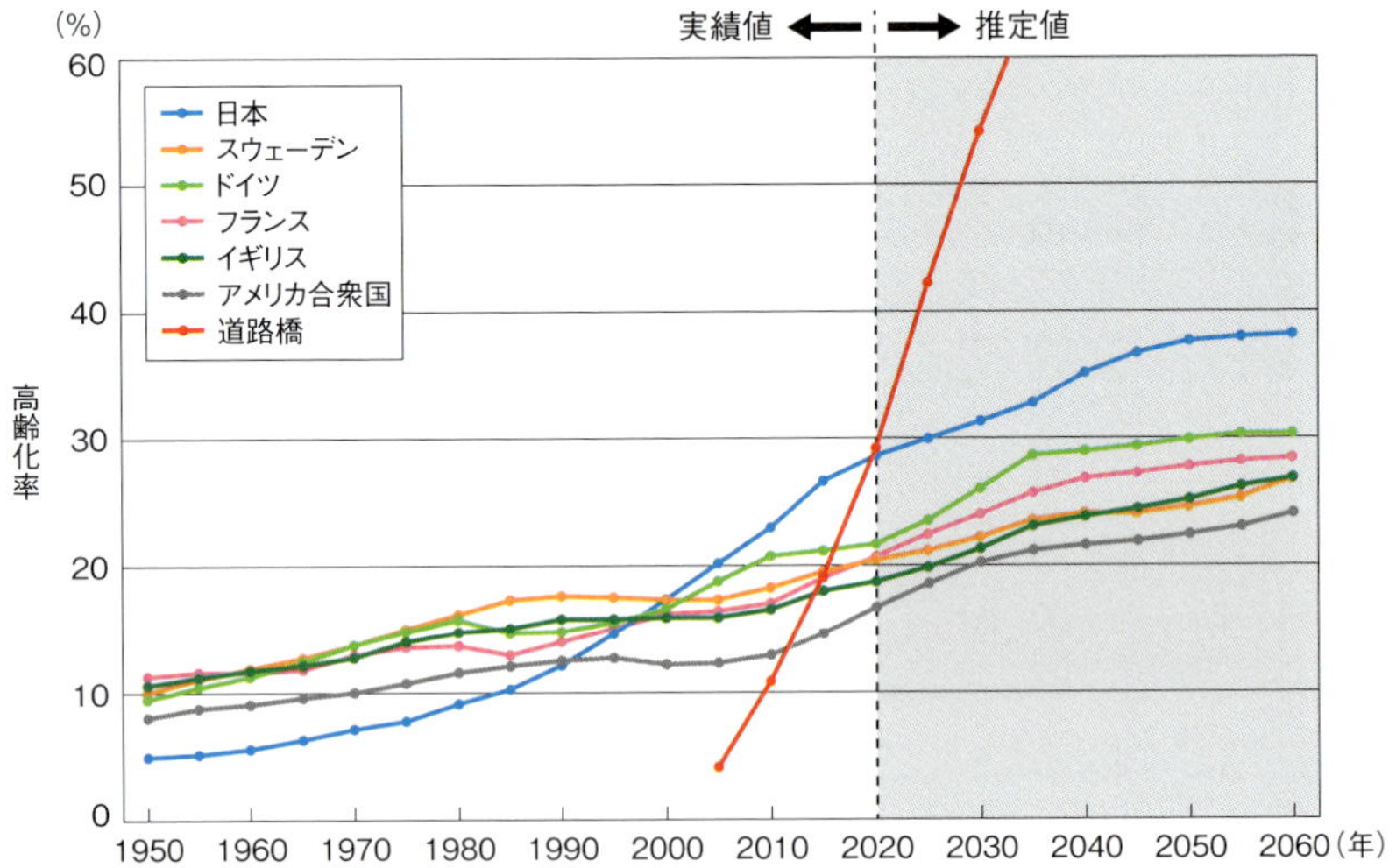


（出所:内閣府の資料11を基に木村嘉富が作成）

ンス年報」で公開している。2024年8月公開の同年報12では2巡目の点検結果について、1巡目と比較すると、建設後50年以上経過した橋梁の数が増加する一方で、早期に修繕などの措置が必要な橋梁は着実に減少していると総括する。しかしながら、自治体では修繕などが必要な約4万橋の措置が未完了で、これまでの予算水準では予防保全段階の移行までに約20年かかるとしている。点検作業の効率化に加え、適切な措置を実施できる技術が求められている。

同年報では新技術の活用状況についてもまとめている。1巡目の定期点検では近接目視を基本としていたが、2019年の2巡目からは点検の効率化に向け、近接目視と同等の情報が得られると判断した場合には新技術を用いることができるように、国交省は道路の定期点検要領を改正した。さらに、現場での活用促進に向け、国交省が管理する橋梁の定期点検では新技術の活用検討を義務づけている。国交省の道路メンテナンス事業補助制度でも、自治体による新技術活用を優先的に支援している。同年報によると、2023年度の橋梁の定期点検で新技術の活用を検討した自治体は86%、そのうち実際に活用した団体は36%。新技術を活用しなかった理由としては、費用面や効率面で従来技術の方が有利だと判断したことを挙げている。新技術に対するニーズは高いものの、現在の業務の進め方では必ずしもメリットが感じられない状況である。

## 技術開発の視点

本書籍で紹介している内閣府の戦略的イノベーション創造プログラム（SIP）第3期で採択

された「スマートインフラマネジメントシステムの構築」において、研究・開発が進むインフラメンテナンス技術をいくつかの視点で概観する（**資料8-9**）。同テーマでは、現在の課題を解決するためのフォアキャストと、目指す未来の実現に向けたバックキャストの両面から開発技術が設定されている。現在の課題としては第1章で紹介したように、インフラが急速に高齢化していることに加え、特にそれを支える地方での若い技術者不足の深刻化が挙げられる。実現すべき未来としては、デジタル技術で社会課題を解決するスマート社会「Society5.0」である。

こうした課題の解決と実現すべき未来の実現に向け、SIP第3期ではサイバー空間とフィジカル空間を高度に融合させたシステムの導入によって、経済発展と社会的課題の解決を両立できる人間中心の社会を目指している。そして、最終的にはデジタル技術によるインフラメンテナンスの3C（創造的：Creative、カッコよい：Cool、挑戦的：Challenging）への変革を目標に掲げる。この目標達成のあかつきには、フォアキャストの若手技術者不足の解決と、バックキャストのSociety5.0の実現が一挙に進む可能性を秘める。

技術開発の視点としては、ニーズ重視、もしくはシーズ先行がある。インフラはその管理者が

**資料8-9●技術開発の視点**

（出所：木村 嘉富）

メンテナンス業務を実施しており、開発した技術を実業務で用いる際にかかる費用は、当然ながら管理者が負担する。そのため、新技術を活用するには、現在の業務や事業が一層効率化するという説明が必要となる。面白そうな技術だからという理由で活用を決めるのは個人としては良いが、公共調達では理由が不十分だ。自治体では公金を使う以上、メンテナンス業務の担当者は新技術の活用によってコスト縮減やサービス水準の向上につながることを、上司や納税者に説明して納得してもらうことが欠かせない。

開発した新技術の社会実装に向けては、まずはインフラ管理者に実際の業務で使ってもらうことが大前提となる。そのため、管理者が直面する課題の解決につながるという、いわば管理者のニーズに合致した技術であることが強く求められる。そこで、SIP第3期では「5大ニーズ」に象徴されるように、具体的な利用場面を設定した上で、技術開発に取り組んでいる。

このように開発技術の社会実装のためにニーズ重視は必須とはいえ、シーズが起点となって広く使われている事例も多い。例えば、スマートフォンでいえば、パソコンがポケットに入るほど小型化して仕事をしたいというニーズがあったとは思えない。スマホは発売以降に様々な使い道が生み出され、爆発的に普及している。実際に使ってみると面白かったりこんな使い方があったりといった評価が広がり、どんどん新たなアプリも開発されている。SIP第3期で開発中の技術についても、実証現場の「箱庭」を通じて様々な方々に使ってもらい、面白さを感じてほしい。

ニーズに沿った技術開発をしようとする場合、現在の制度や仕事の仕方を前提として、それを効率化できる技術が実業務に比較的導入されやすい。しかし、直面する課題を解決して望ましい社会を実現するためには、いまの制度や仕事の仕方を根本から変えることが求められている。そのため、SIP第3期では箱庭を設け、新技術活用によって従来の仕事の仕方をリセットすることに加え、新しい技術に応じた制度の構築にも挑んでいる。つまり、現在の制度に技術を「適用」させるのではなく、新しい技術を用いるために制度自体を「適応」させていくのである。さらに、構築する新制度は、メンテナンスサイクルの各過程で用いる新技術を組み合わせた形で、インフラ管理者に提供する。自治体の担当者は、メンテナンスサイクル全体にかかる費用縮減やサービス向上の効果を、上司や住民に示せるようになることが期待できる。

さて、技術開発には研究、開発、事業化、産業化という4つのステージがあり、社会で活用されるためにはこのステージを踏んでいく必要がある。その各ステージを乗り越えるための深い溝として、魔の川と死の谷、ダーウィンの海が知られている（**資料8-10**）[13]。具体的には、魔の川と死の谷を乗り越えて市場に出された技術は、他の技術との競争や顧客という荒波にもまれ、弱肉強食という市場競争の中での自然淘

**資料8-10●技術開発ステージと深い溝**

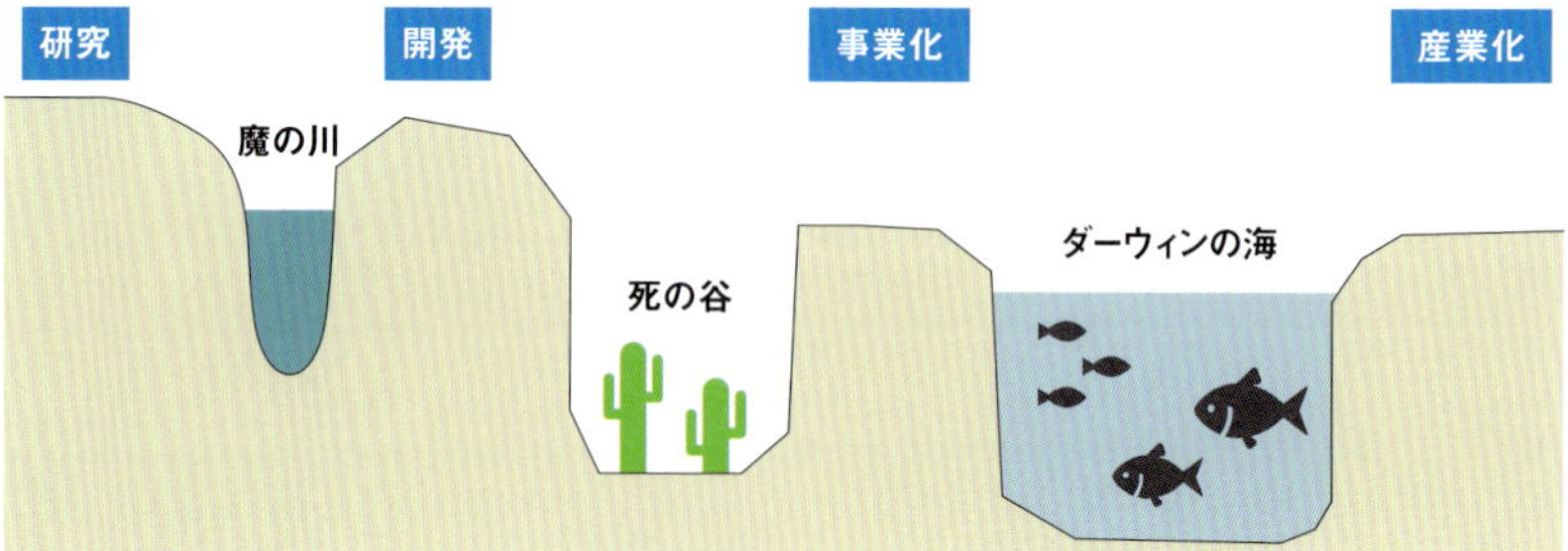


（出所:木村 嘉富）

汰（とうた）が起こる。この淘汰こそが「ダーウィンの海」と呼ばれる。つまり、新技術が社会で活用されるためには、変化する自然環境に適合し、生存競争を生き残っていかなければならないのである。

このダーウィンの海では、どの分野で生き残っていくか、どの領域で商売にしていくかといった生存戦略が必要となる。そのため、生存戦略には現在のニーズのみならず、将来の環境の変化を先行して織り込むことが求められる。例えば、先述した現在の業務の効率化は、ダーウィンの海で生き残っていく方法の一つである。一方で、変革は、ダーウィンの海で生き残っていくというよりも、そこを飛び出して陸上や空で生き残っていくという考えだ。新しい世界が待っていると言えるのである。

## 褒めて起こそうイノベーション

SIP第3期で目指すSociety 5.0の実現のためには、技術開発だけでなく、管理者が費用を計上して新技術を実務に活用することを指す社会実装が不可欠である。そのため、SIPでは技術開発とともに、事業や制度、社会的受容性、人材についても関係府省の協力の下で、社会実装の取り組みが進んでいる（**資料8-11**）。

約10年前に秋田市で開催された日本機械学会の年次大会で、豊田中央研究所（愛知県長久手市）の菊池昇所長による特別講演「イノベーション：風が吹けば桶屋が儲かる」が非常に印象深かっ

資料8-11 ● 5つの視点に基づく取り組み

| 視点 | SIPでの取り組み | 府省庁・産業界等の取り組み |
| --- | --- | --- |
| 技術 | ・汎用性の高い自動施工技術の開発(ロボット施工技術など)<br>・デジタル技術を活用した診断・評価・予測技術<br>・自治体におけるインフラマネジメントの効率化技術<br>・インフラにおけるデジタルツイン構築のための技術開発<br>・魅力的・強靱な国土・都市・地域づくりを評価するグリーンインフラ省庁連携基盤<br>・インフラEBPMによる地域インフラ群マネジメント構築に関する技術 | |
| 事業 | ・デジタルツインの構築・運営にかかる収益ビジネスモデルの開発(ユースケース) | **府省庁・産業界の取り組み**<br>・新技術によって得られるメリットとイニシャル／ランニングコストの整理をした上で、先行導入者への支援策の検討<br>・インフラ管理者のニーズ・課題の集約・提示と市場規模などの見える化<br>・スタートアップによるイノベーションを加速する事業環境整備<br>・異分野・異業種とインフラ分野の事業連携 |
| 制度 | ・新技術の活用に関する政策提言など<br>・インフラの管理・運営・利用に関するデータのオープンデータ化の検討 | **府省庁の取り組み**<br>・新技術に関する技術基準・ガイドラインなどの整備、見直し<br>・リカレント・リスキリングの制度整備<br>・データの連携促進、サイバーセキュリティー確保のための法制度整備 |
| 社会的受容性 | ・新技術の有用性の国民・利用者へのアウトリーチ<br>・サイバー空間のデータ利用にかかるユースケースの創出・発信 | **府省庁・産業界の取り組み**<br>・人とデジタル技術が共存・役割分担したインフラメンテナンスシステムの浸透<br>・専門人材育成のための職能別・ジョブ型人事制度の浸透<br>・スマートインフラの機能・役割に基づくインフラの価値への社会的合意 |
| 人材 | ・大学・高専などの教育機関と連携した高度人材の育成 | **大学など・産業界の取り組み**<br>・データの取得・蓄積・利活用・更新・流通などに関する知見を持つ人材の育成<br>**自治体・大学など・産業界の取り組み**<br>・異分野・異業種におけるインフラ領域・分野の人材育成 |

(出所:内閣府**14**)

たので紹介したい。

菊池所長によると、米国人は字が下手で手書きだと読めず、タイプライターを使う。一方で、昔の日本人は寺子屋で字がきれいに書けるように練習させる。洗濯についても、米国はもともと水が少なく、限られた水資源でも洗濯できるようにするため洗濯機を開発した。しかし、日本は水が豊富で家の近くに小川があったりするので、川で洗濯する。私は1962年に島根県の田舎に生まれ、母親が家の横の小川で洗濯していたのを覚えている。

このように米国では不可能なことが多くて困っているので、新技術の活用によって少しでもできるようになることが増えると喜ぶという。だから、不完全ながらも新しい技術をどんどん使用して褒めていくことで、市場形成につながり儲かっていくという正のスパイラルが回っているそうだ。一方で日本では、不可能なことでも訓練してできるようにしてしまうので、新しい技術で市場形成まで至ることのハードルが高くなっている。新しい技術を使おうとすると、先輩から怠けたり楽をしたりしようとしているといった否定的な捉え方をされかねない。新しい技術や面白そうな技術は少しでも使い道を考えて実際に使用し、褒めて伸ばすことによって、結果としてイノベーションを起こせれば良いと感じた。

SIP第3期で取り組んでいる「箱庭」でも、改善点の指摘だけでなく、面白かったという声をもらえれば、実証に携わる研究者にとっての励みになる。それにより、インフラメンテナンスを創造的でカッコよく挑戦的な業務にしていきたいと考えている。

# インフラメンテにおけるマネジメントの課題

CHAPTER 8-3

## 仕組みが問題だ

インフラメンテナンスにおいて、現状と同じ技術を今まで通り用いるだけでは、恐らく来たるべき「大規模更新時代」を乗り越えられない。次々と顕在化する課題の解決に貢献し得る新たな技術が開発されており、適切な新技術の活用が重要であることは論を待たない。社会的ニーズと技術的シーズのマッチングについても以前よりはるかに進展しており、国土交通省のＮＥＴＩＳ（新技術情報提供システム）をはじめとする情報資源を活用することで、公物管理者や公共発注者、設計者、施工者いずれの主体にとっても、維持管理や修繕、更新のための最新の技術的選択肢を知ることは難しくなくなりつつある。にもかかわらず、インフラメンテナンスにおいて新技術の活用が速やかに進まないのはなぜか。この疑問に対する一つの答えは、そのための仕組みが十分に整備されていないからというものである。

例えば寒冷地のアスファルト舗装工事において融雪期に亀甲ひび割れなどの早期劣化が生じ、毎年のように打ち替えなくてはならない状況があるとする。新たな材料や配合などの、予防保全的な技術を導入したいが、標準仕様ではないため採択には様々な障壁がある。ライフサイクル全体で考えれば十分に経済合理性があっても、発注者から初期費用の増加が認められず断念せざるを得ないといった例を聞くことがある。あるいは、橋梁点検において法令上近接目視が義務づけられたため、より合理的と考えられたドローンなどの無人航空機（ＵＡＶ）の測量・点検への導入には多くの制度改定や新たな技術基準が必要となり、普及に長時間を要したといった例もある。

老朽化が進み、構造物に変状や損傷が生じつつあるインフラ施設を健全な状態に保つため、どのような機能・性能を引き続きその施設に期待するのか。また、どのような仕様や設計、工法が適切で、調査・設計・工事の品質をどう確保するのか。リスクはどこにあってリスク要因にどう対処するのか、受発注者間でリスクをどのように分担すればよいのかといった問題も考えられる。

そもそもこれらの問題を誰が、何に基づいて、どうやって決めていけば良いのだろうか。今までと違うやり方が必要だと多くが感じていたとしても、果たして現状を変えられるのだろうか――。これらの問題は一般にマネジメントに関わる課題とされてきた。いずれも容易に答えが出せる問題ではないが、それでも継続的な努力によって経験や知見が蓄積されつつある取り組みもある。

## アスファルト工事の長期保証制度

その一例がアスファルト舗装工事における長期保証制度だ。本制度は直轄工事などで導入例が増えており、国交省による長期保証制度を適用した新設アスファルト工事の件数は２００９年度から2022年度までで861件に上る。このうち保証期間が満了した工事は、2014年度以降で計462件である[15]。本制度の基本的な考え方は、工事から引き渡し後一定の保証期間（3〜5年）を経た時点で、あらかじめ合意された性能規定値（わだち掘れ量、ひび割れ率など）を超えて舗装が劣化していた場合、施工者による負担で性能回復措置や補償を求めるものである。この際、発注時の仕様は長期保証制度によって変えるものではないため、同一の工事であれば予定価格は長期保証の有無によらず同じとなるはずである。

仕組みの性質上、長期保証制度の下で行われる入札の競争参加者（施工者）は、事後的な補償やそれに伴う企業評価の低下などを避けるために、より丁寧な施工を行うであろうと期待できる。しかしながら、より丁寧な施工を行うためには追加的な努力、追加的な作業時間、段取りなどが必要となり、これらは費用の増加につながり得る。契約金額は入札によって決定されるので、仮に応札価格が工事費用に伴い増加するならば、また全ての応札者がそう考えるならば、落札者の契約金額は上昇することが予想される。すると上述のように予定価格は長期保証制度の適否に影響されないため、落札率（落札価格／予定価格）が上昇するはずである。

発注者あるいは納税者の視点から見れば、この契約価格の増分は長期性能の保証によって得られる安心に対する対価、すなわち「プレミアム」と解釈できる。これが、再施工などの手間や費用に比して納得できる水準であれば、長期保証制度を用いることが正当化される。

現実はどうか。まず、長期保証制度によって実際に施工品質が向上したのかどうかを見てみたい。**資料8-12**は、本制度の導入初期に国交省東北地方整備局が公表した保証期間後の性能値である[16]。対象区間の測定値は、いずれも全ての指標が規定内に収まっていることが分かる。元より発注者は補償金を得ることが目的ではないので、適切な品質確保を実施していれば無理なく満たすことのできる水準に規定値が設定されていたとしても自然だ。それでは長期保証制度は長期性能に影響を及ぼさなかったのであろうか。

　現在では同制度導入のサンプルが蓄積しているため、より統計的な分析が可能になっている。**資料8-13**は国交省の「２０２４年度発注者責任を果たすための今後の建設生産・管理システムのあり方に関する懇談会・第１回維持管理部会」で公表した資料である[17]。これによると、５年間の保証期間満了時に、わだち掘れ量の平均値は制度導入前の８・87mmから導入後の６・75mmへと２・12mm減少、標準偏差も４・43mmから２・46mmへと１・97mm減少している。ひび割れ率についても、平均値は１・06%から０・55%へと０・51%減少。標準偏差も２・98%から１・85%へと１・13%減少している。いずれも制度導入前後で舗装の性能が向上しており、品質の均一

**資料8-12●日本海沿岸東北自動車道鶴岡地区舗装・維持補修工事の長期保証制度試行結果**

| 性能規定値 | | | 工事完了後の測定値 | | |
|---|---|---|---|---|---|
| | | | 最大値 | 最小値 | 平均値 |
| わだち掘れ量 | 3年後 | 8mm以下 | 8mm | 3mm | 5.5mm |
| ひび割れ率 | 3年後 | 20%未満 | 2.4% | 0% | 0.10% |
| 浸透水量 | 施工直後 | 1,000ml/15秒以上 | 1,382ml/15秒 | 1,158ml/15秒 | 1,271ml/15秒 |
| | 1年後 | 900ml/15秒以上 | 1,367ml/15秒 | 1,190ml/15秒 | 1,265ml/15秒 |
| | 2年後 | 800ml/15秒以上 | 1,220ml/15秒 | 1,066ml/15秒 | 1,171ml/15秒 |
| | 3年後 | 700ml/15秒以上 | 1,263ml/15秒 | 822ml/15秒 | 1,116ml/15秒 |

（出所：国土交通省東北地方整備局）

### 資料8-13 ● 長期保証制度導入前後のアスファルト舗装品質

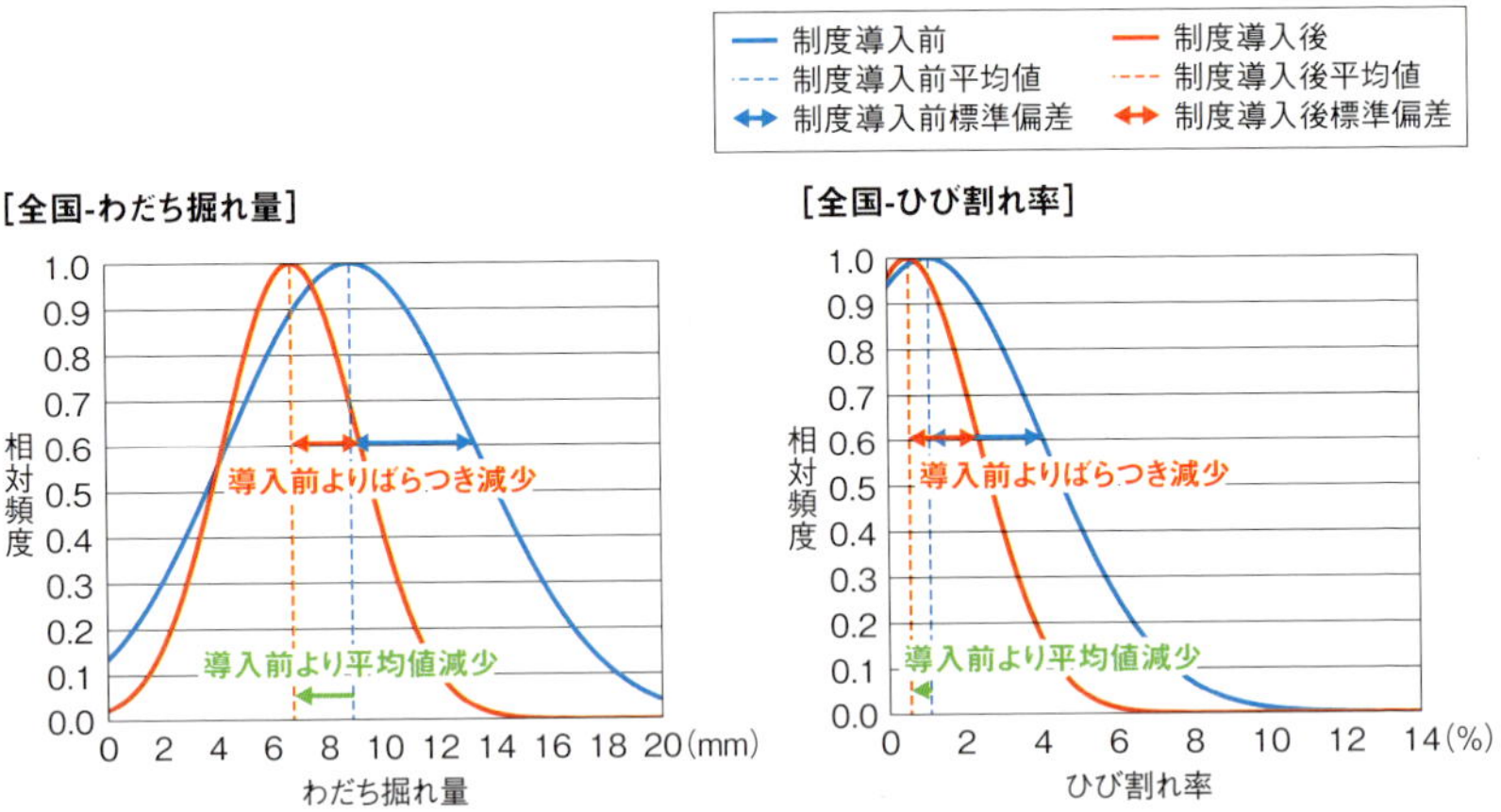


| | 制度導入前 | 制度導入後 | 差 |
|---|---|---|---|
| データ数 | 5595 | 2万3748 | 1万8153 |
| 平均値(mm) | 8.87 | 6.75 | -2.12 |
| 標準偏差(mm) | 4.43 | 2.46 | -1.97 |

**保証期間満了時のわだち掘れ量の平均値は、2.12mm減少**

| | 制度導入前 | 制度導入後 | 差 |
|---|---|---|---|
| データ数 | 5595 | 2万3731 | 1万8136 |
| 平均値(%) | 1.06 | 0.55 | -0.51 |
| 標準偏差(%) | 2.98 | 1.85 | -1.13 |

**保証期間満了時のひび割れ率の平均値は、0.51%減少**

(出所:国土交通省)

化にも効果が見られる。国交省は現在この結果を受け、長期保証優良施工者を認定し、その認定後一定期間は入札時に総合評価で加点されるというインセンティブを付与している。

このように、インフラメンテナンスにおける契約や調達制度を変えることによって、受発注者それぞれの誘因や、選択する技術・取り組みが変わり、結果として構造物の品質が変わることがあり得る。

## 適切な維持管理方式へ

長期保証制度に限らず、供用・維持管理段階に最も適した技術が選択されるように、受発注者間に適切な誘因を与えようとする契約方式・事業執行方式は数多く存在する。直轄工事においては、施工者の知見を設計に活用するＥＣＩ（技術提案・交渉方式）、地域の建設企業の共同を促す地域維持型建設共同企業体（ＪＶ）、同種工事を一括して発注するフレームワーク方式など、多様な入札方式・契約方式を組み合わせることによって、各地域の維持管理・修繕に関する固有の課題を解決しようという検討を実施している（**資料8－14**）。

自治体においても、多数の施設を「インフラ群」として包括的に管理し、点検の方法や修繕の工法の検討なども含めた形で単一の事業者に委託する方式である包括民間委託を、達成すべき性能だけを示して仕様は民間に任せる性能発注方式と組み合わせるやり方がある。これは、発注単位を大きくして発注事務を軽減するのにとどまらず、様々な施設の状況を系統的に分析し、エビ

**資料8-14●維持管理に関連する各入札・契約方式の目的と効果**

| 方式 | 目的 | これまでの試行による効果 |
|---|---|---|
| ①長期性能保証 | ・施設の長寿命化によるライフサイクルコストの低減<br>・施設の供用性・安全性向上・受注者技術力の向上 | ・**品質保証期間の設定**により、ライフサイクルコストの低減や安全性の向上につながり、将来にわたる**品質確保に寄与** |
| ②性能規定方式 | ・ノウハウや工夫を活かした、的確で効率的な執行(サービス水準を確保していれば省力化も可)<br>・指示・協議などの書類作成や打合せに要する、労力・時間の低減<br>・**複数年度契約による計画的な執行(経営の安定化)**<br>・請負者の自主管理による工事監督の効率化(削減)、処理や対応の指示漏れリスクの低減(発注者) | ・**路面のサービス水準を確保**する作業(ポットホールの穴埋めなど)は、受注者が自主判断でき、**迅速**で**タイムリーな補修**などの実施が可能となった。同様に、自主判断によるため、**作業指示書、打合せ簿などの提出書類が半減**した<br>・要求する性能(機能、水準)を中心とする内容の性能規定に改めることにより、従来仕様(形、材質)にとらわれない**新しい技術の開発や多様な構造物の設計**が可能となり、結果的に同一機能の構造物の**品質向上やコスト縮減**をもたらすことが期待 |
| ③ECI(技術提案・交渉方式) | ・仕様や前提条件を確定できない維持修繕工事において、追加調査や協議により、リスクに対処の上、合理的な施工を目的とする | ・施工性の高い設計による**手戻り防止**や契約金額の改善を通した**不調不落対策**として一定の効果が見られる |
| ④設計工事連携型 | ・施工性の高い設計と手戻りの防止<br>・施工実態にあった設計(変更)の実施 | ・施工会社が設計に関与することで**手戻りの防止**や契約金額の改善を通した**不調不落対策**として一定の効果が見られる<br>・**迅速な施工**に寄与 |
| ⑤地域維持型JV | ・地域の複数の建設企業の協同を促すことにより、**施工の効率化と必要な施工体制の安定的な確保**を図り、地域の維持管理が持続的に行われるよう、地域維持事業の実施を目的とする | ・路線ごとなど特性に応じて役割分担でき、**作業効率が向上**<br>・得意な作業分野を担当することで効率的な作業分担が可能<br>・人員確保が必要な場合、相互にフォローすることが可能 |
| ⑥事業協同組合 | ・協同して事業を行うことにより、中小事業者の経営の合理化と取引条件を改善する | ・路線ごとなど特性に応じて役割分担でき、**作業効率向上**<br>・複数各社の人員や機械を確保できるため、効率的な作業が可能となる |
| ⑦参加者確認型契約 | ・特殊な技術が必要となる工事(除雪作業・路面清掃作業など)における、入札不調の回避 | ・受発注者相互の**入札手続きに係る作業負担軽減**<br>・受注者は**中長期的な受注**を見込むことができるため、あらたな投資(若手採用、資機材保有、新技術活用など)を誘発 |
| ⑧フレームワーク方式 | ・不調不落の回避、発注負担軽減・手続き期間の縮減 | ・不調不落になる可能性が高い工事においても受注者を確保できるなど、**不調不落対策**として一定の効果あり<br>・**直轄実績の少ない企業も参加**が比較的容易<br>・受発注者の**事務負担が軽減** |

(出所:国土交通省)

デンスに基づいて最適なメンテナンス手法を検討することを想定する点において、仕組み自体に民間事業者の創意工夫を促す働きが組み込まれているともいえる。

データとエビデンスに基づいた合理的診断と、地域や施設固有の社会的状況への配慮が両輪となるインフラメンテナンスの在り方を目指して、新たなインフラ群を再生するための取り組みが各地で始まっている。国交省は２０２４年度に11の「群マネモデル地域」を指定し、複数自治体の広域連携や、道路と河川を合わせた他分野連携など、インフラ群マネジメントの実装に向けた支援を行っている[17]。従来の標準設計・標準工法に固執せず、課題の多様性に十分配慮した技術の選択をもたらすマネジメントの仕組みが広がりつつある。

# ちょうどいい道具、ちょうどいいインフラ

CHAPTER 8-4

## 社会実装の難しさ

研究者や技術者にとって、自らの創意工夫から生み出した技術が社会実装につながることは、大きな喜びである。しかし、社会実装に至る技術はほんの一握りである。技術を社会の役に立てることは工学の本質だが、実際に利用されるためには、課題の明確化や利用ルールの整備、関係者間の納得感の形成など、多くの条件を満たす必要がある。

私は情報通信分野で多くの研究・開発プロジェクトに参加してきたが、やはり社会実装まで至ったものはごく一握りにすぎない。その中から2つの事例を取り上げ、そこから得られた知見を共有したい。

### ①インクジェットプリンターで電子回路を印刷する技術

私は2013年に、インクジェットプリンターで電子回路を印刷する技術を開発した（**資料8-15、8-16**）18。この技術は電気を通す回路やフレキシブルなセンサーを家庭用のプリンターで低コストに印刷できる可能性を秘めており、その新規性から注目を集めた。現在ではこの技術を用いたプリント基板の量産に成功するなど、スタートアップのエレファンテック19が存在感を示

している。

当初、この技術は教育市場をターゲットにしていた。家庭用プリンターや手書きのペンで簡単に回路を作れるので、教育現場での活用が期待されていた。しかし、市場規模が限定的だったため、途中からより大きな市場を目指した転換を図った。しかし、これには多くの課題があった。電子機器において回路基板は、最終製品の性能や耐久性に大きな影響を与える。既存の回路基板の製造技術は既に「枯れた技術」として成熟していたので、新規参入者としてメーカーからの非常に高い要求基準に応える必要があった。このため、エレファンテックは印刷とメッキを組み合わせる新たな技術を独自に開発し、量産できる体制を世界で初めて整えた。新方式は、従来主流だった薬液などによる腐食作用で表面を加工するエッチング方式に比べ、環境への負荷を大幅に減らせるため、現在では環境への配慮が求められる市場から高い評価を得ている。

### ②新型コロナ禍でのモカシステム

新型コロナウイルスの感染拡大に伴い、密閉と密集、密接の「3つの密」を避けることが社会全体の大きな課題となった。

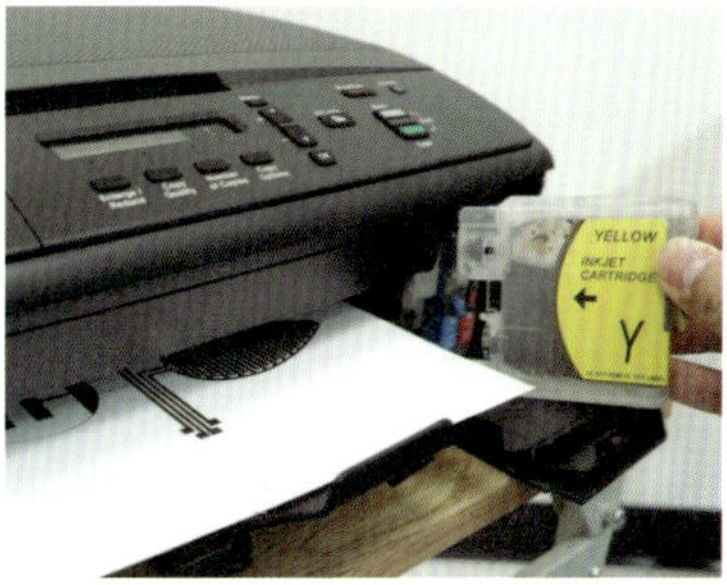


資料8-15 ● 銀ナノインクを装填したインクジェットプリンター（写真:川原 圭博）

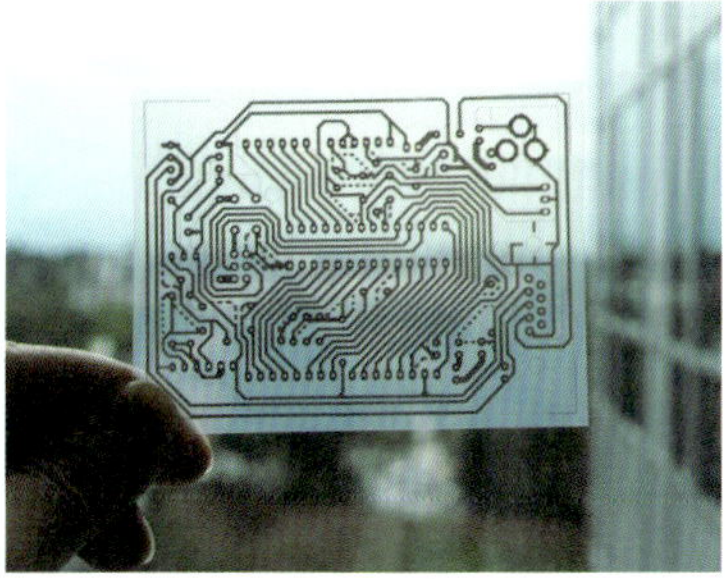

資料8-16 ● インクジェットプリンターで作成した透明回路基板（写真:川原 圭博）

大学も例外ではなく、安全性を確保しながら学びの場を維持する必要があった。東京大学工学部ではこの課題解決に向け、講義室や食堂などの混雑度を可視化し、入室人数を制限するための予約機能を持つＭＯＣＨＡ（モカ）[20]というスマートフォンアプリを開発した（**資料8-17**）。

モカは、大学の講義室や廊下に設置されたBluetooth（ブルートゥース）ビーコンを受信することで、各部屋の混雑状況をリアルタイムに把握できるアプリである。ただし、大学では自治が重視されるので、学生などにアプリの利用を強制することは難しかった。また、個人の行動を監視するようなシステムはプライバシーの観点からも適切ではない。そこで、利用者がデータの共有範囲をニーズに応じて選択できる仕組みを構築した。

このシステムの開発に当たっては、学生に積極的な参加を呼びかけた。情報系の学生はアプリやウェブ開発で貢献し、法学部の学生は利用規約の作成に尽力した。その他にも、ブルートゥースビーコンの設置や利用者のサポート、広報活動に学生が積極的に関わった（**資料8-18**）。特に、入学直後にコロナ禍での緊急事態宣言による登校制限を経験した新入生たちは、キャンパスライフの開始に貢献できるという理由から、喜んで引き受けてくれた。結果として、工学部や教養学部を中心に約７２００人が利用するシステムに成長した。工学部長や学科長による利用呼びかけが、ユーザー数の増加を後押ししたことも一因だ。

このプロジェクトでは、利用者にも開発や運営に協力をお願いするなどして、顔の見える関係を築き、透明性を保ちながら導入を進めた。不具合が発生しても、利用者からのフィードバックはアプリやビーコンが正しく動作するための問題解決に向けた建設的なものであり、苦情と感じ

資料8-17 ● モカの仕組み

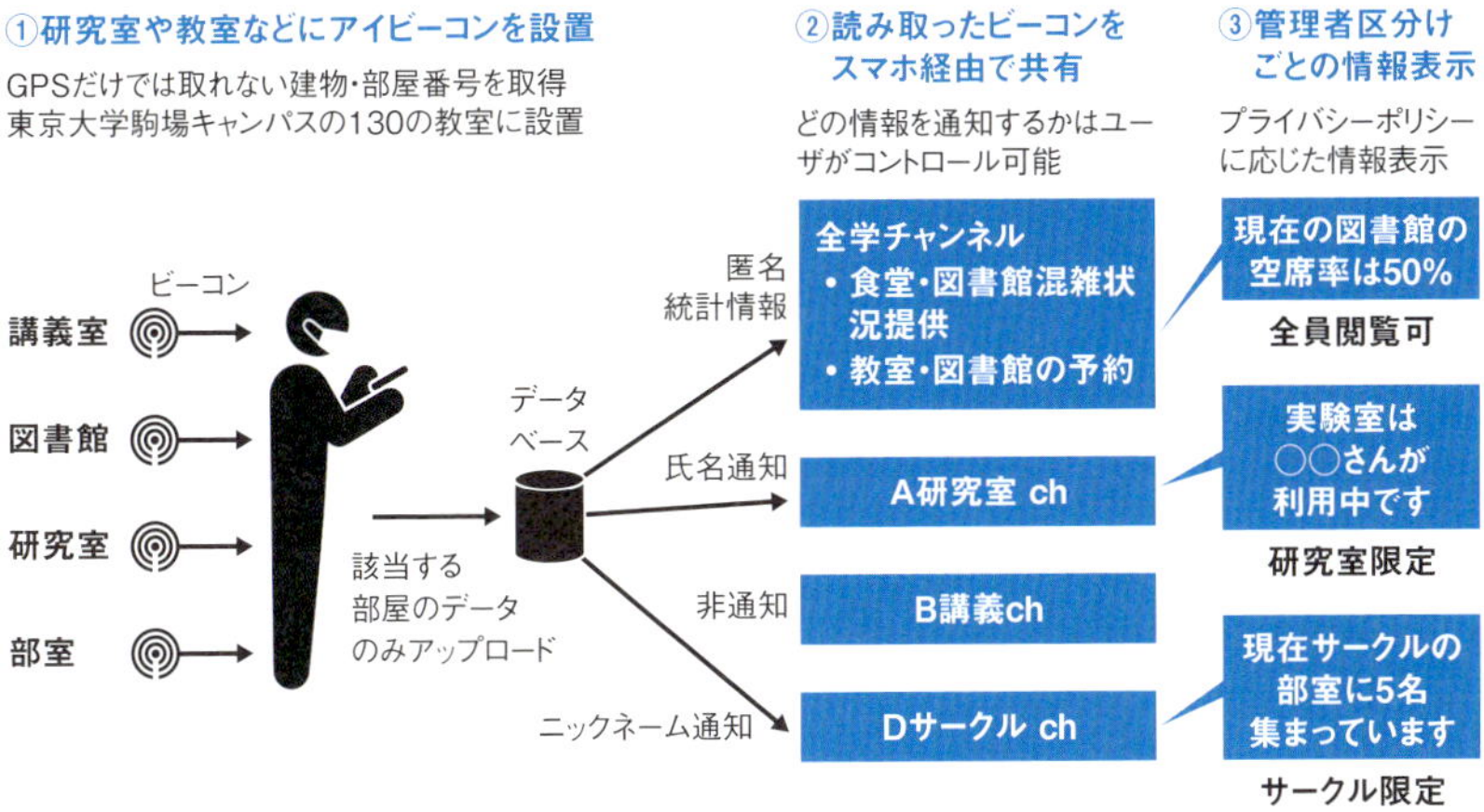
①研究室や教室などにアイビーコンを設置
GPSだけでは取れない建物・部屋番号を取得
東京大学駒場キャンパスの130の教室に設置
②読み取ったビーコンを
スマホ経由で共有
どの情報を通知するかはユーザがコントロール可能
③管理者区分け
ごとの情報表示
プライバシーポリシーに応じた情報表示
ビーコン
講義室
図書館
研究室
部室
データベース
該当する
部屋のデータ
のみアップロード
匿名
統計情報
氏名通知
非通知
ニックネーム通知
全学チャンネル
・食堂・図書館混雑状況提供
・教室・図書館の予約
A研究室 ch
B講義ch
Dサークル ch
現在の図書館の空席率は50%
全員閲覧可
実験室は
○○さんが
利用中です
研究室限定
現在サークルの
部室に5名
集まっています
サークル限定

（出所:川原 圭博）

資料8-18 ● 学生とビーコンを設置する様子（出所:川原 圭博）

るものは皆無だったことは印象的である。

## 社会実装に共通する成功の条件

「未来を実装する――テクノロジーで社会を変革する4つの原則[21]」（馬田 隆明著）では、社会実装の成功に必要な1つの重要な前提と、それを支える4つの原則が示されている。本稿でこれまで紹介した事例から、社会実装の成功には以下の条件が共通していることが分かる。

**〈前提：明確なデマンド〉**　「解決すべき課題が何か」が明確であることが重要だ。インクジェットプリンターで印刷する技術では環境負荷の高いエッチング技術の代替が、モカシステムでは安全な対面授業の再開が、それぞれのデマンド（需要）だった。具体的で切実な課題の存在が、ステークホルダーを動かすインセンティブ（動機づけ）となる。

**〈原則1：技術のインパクト〉**　技術導入によって解決する課題のスケールや、社会的価値が明確であること。つまり、社会実装によって世の中が良くなるイメージを、実現への道筋とともに示すことが求められる。インクジェット技術は環境負荷削減という選択肢を提示したことが、モカは大学構成員にリアルタイムの混雑情報を提供したことがそれぞれ価値になり技術導入の推進力となった。

**〈原則2：リスクとメリットの明確化〉**　技術導入に伴うリスクとメリットを明確にすることが、関係者の信頼を得る鍵である。モカでは、データの共有範囲を利用者自身が選べる仕組みを採用し、監視ツールではなく、安全を支えるサポートとして受け入れられた。また、インクジェット技術では、廃液の削減効果という大きなメリットを提示しながらも、メッキによる後工程で導電性能も改善し、環境規制の厳しい業界において高い評価を得た。業界ではちょうど環境負荷の低い代替手段を探していたところだった。

**〈原則3：ガバナンスの整備〉** 導入する技術を適切に使えるようにするためには、ルールや条件を整備することが必要だ。インクジェット技術は国際認証規格であるISO9001（品質マネジメントシステム）、ISO14001（環境マネジメントシステム）を取得した。モカは、利用者が情報公開する範囲を明確に認識できるように、「情報取得とプライバシー保護」という個人ごとに異なる判断基準を尊重することに加え、学部長や学科長からの呼びかけが功を奏した。

**〈原則4：センスメイキング〉** 関係者全員が技術の価値や目的を共有し、共通のビジョンを持つプロセスが不可欠である。モカではインストールすることで、大学全体の混雑状況の可視化に貢献できるという実感が得られること、インクジェット技術では環境配慮という新たな価値への共通認識が、それぞれのプロジェクトを前進させた。

## 「ちょうどいい道具」という視点

インフラ技術のステークホルダーはかなり幅広い。日本のインフラ整備は、発注者である国や地方自治体が計画を主導し、建設会社などが受注して実行することが多いだろう。完成後の維持管理は主に自治体が担うものの、近年は民間委託などの導入も進む。利用者である市民や企業はインフラの利便性や安全性を享受しながら、その変化の影響を最も直接的に受ける存在である。建設から維持管理までの時間軸は何十年、時には何百年にも及ぶかもしれない。その時点で、最初に意思決定をした人々は恐らく既にいないし、人口は変わり、経済状況も予測がつかない。さらに、社会を構成する人々も、時代が進むにつれて価値観やニーズが大きく変わるだろう。このような変化をすべて見越した上で意思決定して、実行することの難しさは分かるはずだ。

「ちょうどいい道具」という言葉がある。自転車はその代表例だ。自転車は、人間が主体性を持ちながら移動を効率化できる道具である。自転車が勝手にどこかへ連れて行くわけではなく、行き先を決めるのは常に人間だ。また、練習しなければ自転車には乗れず、利用者自身が「自転車に乗れる体」になる必要がある。つまり、自転車は単に人間が使うだけの道具ではなく、道具と人間が協調する関係性を持つ、それが「ちょうどいい道具」と言われる所以（ゆえん）だ。

インフラも自転車と同じではないだろうか。人々の生活や経済活動を支え、安心と安全を提供するのがインフラの本質的な役割である。この役割は、人が人である限り変わらない。しかし、インフラがもたらす影響で人々の生活は変化する。例えば、自動運転車のような新しいツールが登場して、生活様式そのものが変われば、インフラへの要求も自然と変化するだろう。「インフラは増え続けるもの」「100年変わらないもの」というこれまでの固定観念にとらわれるのではなく、時代に適応し続ける「ちょうどいいインフラ」を考えてみることが、これからの時代の鍵になるのではなかろうか。

第9章

# 若手座談会

インフラ業界が次世代に選ばれる業界へ成長するためには、若者の新しい視点やアイデアを取り入れていくことも必要である。本書執筆者の一部も参画する形で、地場の建設会社や建設コンサル、研究者など、組織横断で業界の課題を解決することを目指す若者の活動が始動した。その名も「In.F（インフ）」。補章として本章では、In.Fのメンバーに、若者の視点から見たインフラ業界への思いやあるべき姿、今後進めていきたい活動について語ってもらう。

# 建設・インフラメンテナンスの仕事を次世代に

CHAPTER
9-1

年齢や所属の垣根を越えた多様なメンバーが集い、建設・インフラメンテナンス業界が抱える課題の解決や、価値観の変容を目指して活動する団体「In.F（インフ）」。２０２４年10月４日、メンバー６人で座談会を開催し、業界の課題や魅力などについて、本音で語り合った（資料９－１）。参加者はアイ・エス・エスの門馬真帆氏、同社の浅野和香奈氏、日本大学の石橋奈都実氏、東京大学大学院の栗原遼大氏、三菱総合研究所の柏貴裕氏、新庄砕石工業所の柿﨑赳氏。司会をアイ・エス・エス・アールズの松﨑奈々恵氏が務めた。ここでは、座談会の内容を集約して掲載する。（以下、本文は敬称略。プロフィルは座談会２０２４年10月時点）

**資料9-1**●アイ・エス・エス本社で実施した座談会の様子
（写真:274ページまで日経クロステック）

## 自己紹介

**松﨑**：まずは自己紹介から始めます。私は浅野さんと門馬さんが所属する会社のグループ会社で代表取締役として働いています。若手の頃は官公庁の土木現場で監理業務を経験しており、皆さんの活動には大変強い親和性を感じています。

**門馬**：In.F のリーダーを務めています。新卒でインフラの維持管理や施工に携わった後、今の職場に転職しました。現在はコンサルティング事業部にて橋梁のアセットマネジメントに携わっています。

**柿﨑**：建設業の魅力を率直に伝える「石男くんの建設チャンネル」というユーチューブチャンネルを運営し、登録者数は2万人近くに上ります。普段は、地方の建設会社の跡取りとして経営に携わっており、豊富な現場経験があります。

**石橋**：2024年4月に大学の研究員に就きました。以前から興味のあった小規模自治体でのインフラメンテナンスや、コンクリート橋などの研究に携わっています。

**柏**：インフラマネジメントについては大学時代に研究していたこ

**松﨑 奈々恵**
**（まつざき ななえ）**

アイ・エス・エス・アールズ
代表取締役

官公庁の土木分野で現場監理を経験。その後アイ・エス・エスグループに入社して2020年より現職。人生100年社会デザイン財団の事務局長も務める

**門馬 真帆**
**（もんま まほ）**

アイ・エス・エス
コンサルティング事業部

インフラメンテナンスの施工管理を経験後、2020年7月にアイ・エス・エス（東京・港）に入社。現在はコンサルティング事業部で、橋梁のアセットマネジメントに携わる

ともあり、長年強い関心を抱いてきました。現在はシンクタンクで調査・コンサルティングなどを手掛けています。

**栗原**：数値解析を活用したコンクリート構造物の性能評価について研究しています。新材料活用の研究にもチャレンジしています。

**浅野**：福島県平田村を中心に住民による橋梁のセルフメンテナンスを支援するなど、市民のインフラメンテナンスへの関わり方について長年研究してきました。

## インフラ業界を農場に例える

**松﨑**：**In.Fを立ち上げた経緯や、現在の活動について教えてください。**

**門馬**：この業界の仕事は、人々の生活を支えるという重要な役割を果たせるので、大変やりがいがあります。一方で、業界では「一般の方とのギャップ」や「新しい変化への慎重な姿勢」など、次世代の働き手が乗り越えなければならない壁にも直面しています。何か自分たちにできることはないかと悶々（もんもん）としていた時に、２０２３年の秋、大学時代の恩師に当たる日本大学土木

**石橋 奈都実**
**（いしばし なつみ）**

日本大学工学部
土木工学科 研究員

2024年4月から日本大学工学部研究員。小規模自治体におけるメンテナンスサイクルの高度化、工学と他の学問分野の連携による地域づくり手法の提案などの研究を手掛ける

**柿﨑 赳**
**（かきざき たけし）**

新庄砕石工業所
管理部長

建設インフルエンサーで総フォロワー約4万人。「昨日よりも面白く」をモットーに建設業を分かりやすく伝える。「感動・感謝・貢献」の新3Kを提唱し、建設業の主張で国土交通大臣賞を受賞

工学科の岩城一郎教授から「若者の視点で、これからの建設・インフラメンテナンス業界を考えてほしい」と声をかけてもらいました。創設当初のメンバーは3人でしたが、熱意あるメンバーが続々と増えています。こちらから声をかけることもあれば、興味を持った方から接触があり何か一緒にできないかと話が持ち上がることもあります。

**栗原**：異なるバックグラウンドを持つ若手が業界をより良くしたいと行動を起こしたこと自体に心を動かされて加入を決めました。私は大学で研究に取り組み、社会に近い分野であるという意識がある一方で、現場を知らない状態であることに課題感を持っていて、同年代の皆さんがどのような経験を積み、業界をどう見ているのかを知ることができる環境に引かれたこともあります。

**門馬**：何度も顔を合わせるうちに、考え方の衝突などがありつつも、「業界をより良くしたい」という共通の大きな目的に向けて、メンバー間で強く協力ができています。

**松﨑**：**面白い取り組みですね。In.Fという名称は、どのような意味を込めて付けたのですか。**

**石橋**：「インフラ・ファーマーズ」に由来します。インフラ業界

**栗原 遼大**
（くりはら りょうた）

東京大学
大学院工学系研究科
社会基盤学専攻
助教

2022年3月から現職。シミュレーションによる構造物の診断・将来予測、新材料の活用などの研究を手掛ける

**柏 貴裕**
（かしわ たかひろ）

三菱総合研究所
社会インフラ事業本部
研究員

2019年4月より現職。中央官庁・民間企業の建設・インフラ維持管理に関する政策・戦略・データ活用・ビジネス検討などにかかる調査・コンサルティング業務に従事

を農場に例え、技術を植物の種、技術を受け入れる環境や業界の雰囲気を土壌と見なしています（**資料9-2**）。In.Fは良い種を大きく育てるための土壌を耕したり、整備したりするような役割を担うという思いを込めています。

**松﨑**：**農場に例えて土壌を含めた環境を整えるというイメージは、まさにぴったりですね。現在ではどういった活動に力を入れて取り組んでいるのでしょうか。**

**門馬**：In.Fは、内閣府の戦略的イノベーション創造プログラム（SIP）第3期の課題「スマートインフラマネジメントシステムの構築」の支援も受けて活動しています。課題全体の責任者（プログラムディレクター）である東北大学大学院の久田真教授に対し、In.Fの活動の重要性について熱意をもってプレゼンし、SIPからの支援が認められました。SIPとしての活動はまず2024年秋に、インフラの建設やメンテナンスに携わる関係者にアンケートを実施、1万人以上の方から回答を得られました。今後しっかりと結果を分析して提言などの具体的なアクションにつなげていきます。

**柏**：SIPでは様々な研究開発を推進しています。In.Fにはこうした研究開発の横のつながりを強化することで、新しい技術が社会で活用されるにはどうすべきかを考え、共通するような課題を打破していく役割も期待されていると感じています。

**浅野和香奈**
**（あさの わかな）**

アイ・エス・エス
経営企画部

日本大学工学部客員研究員。市民協働と人材育成を両輪に、橋のセルフメンテナンスモデルの展開を図る

## In.Fコミュニティーで柔軟な業界へ

**松﨑：In.Fの大きなテーマの一つは「建設・インフラメンテナンス業界が次世代に選ばれるようにする」です。現在どのような課題があるのでしょうか。**

柿﨑：残酷な真実として建設業界はすでに「選ばれない業界」の烙印を押されています。業界を志望する若者は減り、工業高校はなくなり、国土交通省でさえも採用人数を充足できていない。そして人手不足が原因での倒産は過去10年で激増。これまで政官財で休日や給料を増やしてきましたが、シンプルにまだ足りないのです。社会的な評価も低い。さらに国民のインフラへの関心も薄い。欧州では、技能者の給料が非常に高く、しかも職人たちが尊敬を集めているそうです。そろそろ日本の建設業界も、失われた賃金と信頼を回復させ「選ばれる業界」にしないとインフラが維持できなく

資料9-2 ●インフの活動イメージ

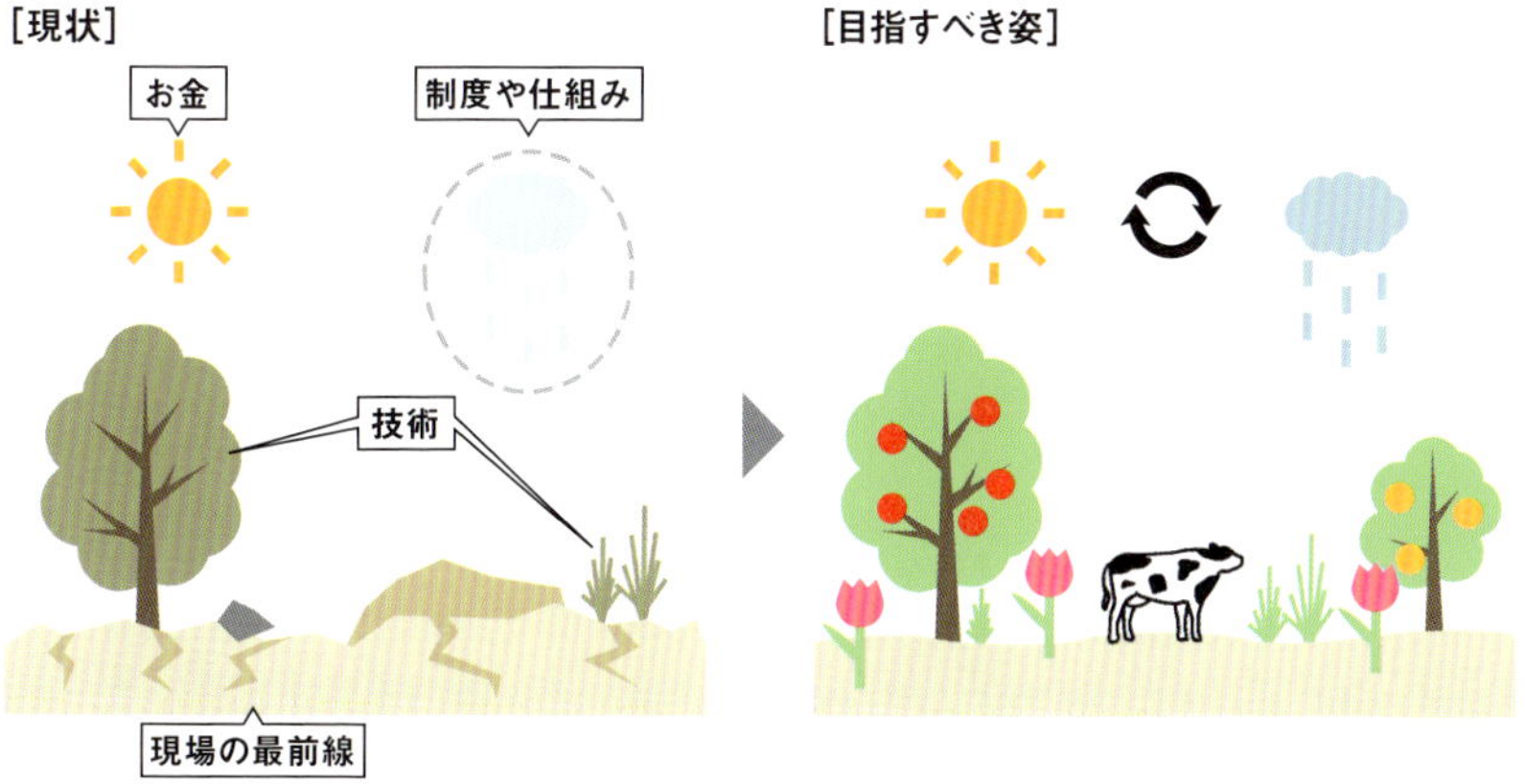


（出所：In.F）

なりますよ。

**松崎**：**仕事を選ぶとなった時に、まずは給与といった生活に直結する部分の満足が無ければ、選択肢に上がらないですよね。その上で、仕事の意義ややりがいを打ち出していく必要があるかもしれません。**

**門馬**：待遇面も大きな課題ですが、多様な働き方が認められるような業界になる必要があると思います。私自身はバリバリ働いて自分のやったことの成果を評価されたいですが、仕事は仕事と割り切ってプライベートを充実させたい人も当然います。

**柿崎**：私の会社は土日休みにしたら労働争議が起こりました。給与をベースアップしたにもかかわらず。理由はシンプルでした。ベースアップした給料で土日働いたらもっと稼げるのではないかと言われたので、さらなるベースアップを実施し納得してもらいました。まずは休日・給与を納得感のある数字まで持っていく。その上でもっと成果を出したい人は自分で頑張れるような枠組みが必要ですね。事情は会社によって異なっているので、一つのやり方が必ず正しいとはいえず、個人の考え方も色々です。

**石橋**：働き方関連では、性別の視点もいまだに課題がありますね。もともと女性が少ない業界の中で、近年は女性の進出が進んでいると思います。でも、いまだに女性を過剰に特別扱いしたり、女性の参画割合を指標として測る必要があったりして、次世代の人がそんな状態の業界を選ぶのかなと疑問を覚えます。

**柿崎**：抵抗のないようにと女性にはピンク色のヘルメットや作業着を提供する会社も多いですよ

ね。過度な女性推進に関しては、当事者の女性社員から「気持ち悪い、なめているのか」と言われたこともあります。配慮が色々とズレているかもしれません。

**石橋**：実際の感覚とのすり合わせが難しいところはありますよね。

**松﨑**：**まだまだ女性が少ない時代に、施工監理を手掛けた経験があります。そこでは性別の違いに関する配慮が必要な場面もありつつも、女性だからといって特別扱いはされず、積極的に色々な仕事にチャレンジできました。一方で、女性という理由で特別扱いされることが、とても嫌だった記憶もあります。性別の問題に限らないかもしれませんが、自分はこう感じる、こうしたらよいのではないかということをもっとフラットに言えて、そこから改善された環境を発信することも重要ですよね。**

**門馬**：In.Fの活動が、言いたい事がなかなか言えない、言える先がないといった、そんなモヤモヤを解消する一助となれば良いと考えています。

**石橋**：就職してからは特にこの業界の縦割り構造を強く感じていて、課題だと考えていました。In.Fで幅広いコミュニティーを作ることで、その解消に向けた取り組みを進めています。所属や業種など様々なバックグラウンドの人々が集まって、愚痴や雑談もありつつ、ちょっとした課題が解決したり新しいアイデアが生まれたりする場を作りたいという思いがあります。ただ居るだけではなくて、自分にとってのメリットや、やりたいと感じられることも重視しています。それぞれの専門性を尊重しつつも、「業界を良くしたい」「業界に貢献したい」という共通の目的を持って業界を盛り上げることを目指したいです。

## 業界外との関係見直しが必要

**松﨑**：**皆さんの業界をよくしたいという気持ちを強く感じます。一方で、業界の外の人からどう見えているのかというところも重要な点ですがいかがでしょうか。**

**浅野**：大きな話として、インフラやメンテナンスに対する国民理解の深化が重要だと思います。インフラは行政が管理するもので、自分たちにはあまり関係ないという感覚が一般的だと感じます。しかし、本来インフラはより良い社会を作るための土台であって、身近な存在のはずです。市民がインフラやそのメンテナンスを自分ごととして考え、積極的に関われるような社会になれば良いと思っています。

**柿﨑**：インフラの理解が深まれば建設業界の評価が上がる。建設業界の評価が上がれば日本の価値も上がります。米国も韓国も同じく成り手がいないそうです。ここで日本が建設業界を変革できれば、世界からまた注目されること間違いなしです！

**松﨑**：**現在は、人と土木に距離があるのかもしれないですね。みんなで関わって悩むべきもので、インフラを支えることは魅力のある仕事だけれども、離れているとその重要さや楽しさも伝えにくい。分野の内外を巻き込んで、どう身近にしていくかということは大事な視点ですね。**

**栗原**：社会やインフラがある程度成熟したがゆえに、インフラは当然のようにそこにあるという感覚は理解できます。ではここからどうしたら良いのかということは悩ましいですが、インフラの存在や整備が一体どんな価値を生むのかを改めて考えたいです。社会的な課題も多様化するいま、当然これまでの建設業界の中での常識ではうまくいかなくなり、業界外との関係の見直しにも必要性を感じます。

**柏**：土木業界の現場ではなく、少し離れた政策・ビジネスに関わる立場から見ると、もっと積極的に業界外の力が働くことが重要だと思います。インフラの課題の重要性を認識してもらい、業界外のテクノロジーやプレイヤーの力がうまく働いてビジネスチャンスにつながると良いと考えます。業界内部としても、外の力を少し借りるだけで実は簡単に課題を解決できたといったこともあるかもしれません。世の中全体でインフラに関連する複雑な問題に対峙することが理想です。

## 理想の業界の在り方

**松﨑：現状は業界が閉じていて、閉塞感があるのかもしれませんね。次は、理想の業界の在り方について聞いてみたいと思います。**

**柏**：資本主義での持続性の根源は、ビジネスだと思っています。インフラメンテナンスが適切な投資対象としての認識を受け、その下でビジネスが回る結果、インフラが適切にメンテナンスされているといった流れが理想です。そのためには、インフラメンテナンスの分野で、業界内外の民間企業がビジネスモデルを確立していく必要があると考えています。それに関連する制度は改善されてきています。例えば、入札制度の改革で、技術提案を含む総合評価落札方式の導入が広がりました。単純な価格競争ではなく、技術で勝負するインセンティブが生まれ、民間企業の技術開発への意欲が高まったのではないでしょうか。

**柿崎**：制度改革が変化を後押しすることは、各民間企業の内部事情にも通じるところがあります。例えば2024年4月からの残業上限規制適用によって、DX（デジタルトランスフォーメーション）で業務を効率化する必要性は増しましたよね。一方で、まだまだ改善すべき点が残されているようにも感じます。近年、他業界のスタートアップが、新しい技術やアイデアを基に建設業界への参入を目指すようになってきています。これは業界が市場として魅力的であるということです。ただ、公共事業であり産業政策でもあるからか、新しいことが実際に発注サイドに認められるまでがそう簡単ではないです。ある地方では問題なく導入されているものだったとしても、別の地方の現場の担当者の判断で「ノー」が出たら、採用できないのもまた現状です。

制度に限らず、官民できちんと協力して、新技術が導入されやすくなる環境を整える必要があります。国家公務員の技術職でさえ受験者数が採用見込み数を下回る「定員割れ」を起こしており、公務員が不足している現状がまずは深刻な問題ですね。公務員制度改革の必要性を感じます。

**柏**：行政側では、既存の制度や前例の縛りが強く、新技術導入など変化に消極的な例も見られます。安全なインフラを維持しなければならないという使命自体は当然重要ですが、その強さが時には手段の柔軟性を阻害していることもあるように思います。インフラを良い状態にするという目的にかなうように、時代に合わない制度は改善していくという心構えを持つなど、行政側のマインドを含めた改革が欠かせないと考えます。

**浅野**：研究や学会を通じてインフラメンテナンスに携わる自治体職員に会って、現状を教えてもらいました。その中で、自治体の組織自体が時代の急激な変化についていっていないという言葉が印象に残っています。しかし、組織体制や制度が転換を妨げてしまっている自治体もあるようなのです。ただ、私も含め、産の立場の人は企業人として一つの仕事を長く従事することができますが、自治体職員ではそうはいきません。人事異動もあるし、苦情対応や災害対応も含めて様々な業務をこなしながら、インフラメンテナンスを兼務している場合も多く、本当に大変な状況です。

しかし、ある自治体職員は「自分たちで仕組みを作ってスタートに立てる機会でもあり、これはチャンスだ」と言っていました。先進的な取り組みをして、コスト縮減や措置率の向上といった、定量的な実績を上げている自治体もあり、そういったところの職員の努力は私たちの想像より何倍も悩み、考えて行動しているということも肌で感じています。

**栗原**：社会が急速に変化する中で、インフラは何十年以上のスパンで計画・管理しなければならず、根本的に無理が生じる構造ですよね。包括的なマネジメントを担う行政機関にそのしわ寄せが来るのかもしれません。先進的な管理者の好例が広がると良いと思いますし、そもそもの公務員の立ち位置や行政の在り方についても改めて考えなければなりません。インフラマネジメントを単純に行政機関に任せるという状態は、どうしても持続的には感じられません。産官学連携が重要と言われて久しいですが、全てのステークホルダーがどのように貢献すればインフラにとって一番良いのかという議論が改めて求められていますね。難しいことだとは思いますが、ここには面白さや魅力が潜んでいるのではないかと思います。

## 結果を出すことが重要

**松崎**：**最後に、本書籍の読者に届けたいメッセージをお伝えください。**

**栗原**：多様なメンバーが活躍していてタコツボ化しないというのが、In.F の強みです。モヤモヤした気持ちや理想をうまく言語化できていないことでも、それを突き合せて解像度高く議論できます。みんなの得意なことを少しずつ集めて大きな壁を打破できるはずです。

**石橋**：まずは多くの方に、In.F に加わってもらえたらうれしいです。個人でやってきたことや考えてきたことをチームとして動かせば、可能性が広がるはずです。選ばれる業界になるような一歩を踏み出せればと思います。

**柏**：私自身はこの活動を通じて、普段得ることのできないネットワークや情報、さらにはこの分野で活動していくモチベーションを得ています。まさに理想を実現するために、In.F のメンバーとの関わりを今後も大切にしていきたいです。

**柿崎**：In.F の活動で業界や制度が良い方向に変わったという結果を出すことが重要です。単に我々の理想論を語るだけで終わったら、集まった意味がありません。結果を出してもまた違う課題が出てくるだろうし、さらに多くの人を巻き込んで大きな結果を出す。そして建設業界を「選ばれる業界」にして「ジャパン・アズ・ナンバーワン・アゲイン」を目指しましょう！

**門馬**：まずは2024年秋に実施したアンケートの結果を丁寧に分析し、みんなが抱えている業界へのモヤモヤ感をひも解き、言語化します（**資料 9-3**）。私たちはチャレンジに臆することなく、業界全体を巻き込みながら「選ばれる業界」を目指していきます！

**資料9-3● アンケートの内容**

**あなたの意見がインフラの建設・メンテナンスに関わる業界を動かす**
**～みんなのリアルを「国に届ける」アンケート実施中！～**

インフラの建設・メンテナンスに関わる業界では、老朽化や労働力不足、高齢化といった深刻な課題に直面しています。本アンケートは、この業界で働く「すべての方」に焦点を当て、皆様が感じている「こうだったらいいのに」「こうなったらいいな」という想いを集め、SIP*「スマートインフラマネジメントシステムの構築」を通じて、In.F（インフ）が皆様の声を「国」に届け、この業界をより良い方向へ導くための提言を行います。

SIP*:戦略的イノベーション創造プログラム

■アンケート調査の概要■

**1.実施期間**

令和6年10月1日(火)～令和6年10月21日(月)

**2.アンケートの目的**

インフラの建設・メンテナンスに関わる業界を次世代に選ばれる業界とするためのデータ収集および、国や行政機関への改善提案

**3.アンケート対象**

インフラの建設・メンテナンスに関わる業界で働くすべての方（職種や経験年数を問いません）

**4.アンケートの内容**

①業務遂行にあたり、業界の慣習等が障壁となり困難を感じた事例

②業界の魅力についての意見

アンケートの回答は、個人が特定されないよう適切に処理し、報告書等で公開予定です。
皆様からの具体的なご意見が、提言をより説得力のあるものにしますので、ぜひご協力いただけますようお願い申し上げます。

<実施団体>
本アンケートは、SIP「スマートインフラマネジメントシステムの構築」の一環として、In.Fが実施しています。SIP「スマートインフラマネジメントシステムの構築」およびIn.Fの詳細につきましては、下記のリンクよりご覧いただけます。

SIP「スマートインフラマネジメントシステムの構築」とはリンク／In.Fとはリンク

In.F
門馬真帆、栗原遼大、石橋奈都実、柿崎超(石男くん)、並松沙樹、浅野和香奈、柏貴裕

（出所:In.F）

CATALOG

# 技術カタログ

## マルチスケール解析による構造物のハイサイクルシミュレーション技術の開発

| | |
|---|---|
| **対象インフラ** | 道路、鉄道、港湾、電力 |
| **対象構造物** | コンクリート橋、特に床版（その後、コンクリート構造物一般へ展開） |

### 技術開発の目的

道路、鉄道、港湾、電力などの構造物を対象として、マルチスケール解析システムを用いたハイサイクルシミュレーション技術の開発を行い、メンテナンスサイクルの高度化・実装につなげる。現状定量的な性能把握が難しい床版の疲労損傷・土砂化進展の定量予測を行うことが可能なFEM解析の入出力整理や解析実施を自動化しながら、多くのケースの性能予測、補修補強効果の提示が可能なシステムを構築して、維持管理施策立案に生かす。

### 技術のセールスポイント　※性能・精度、汎用性、効率化など

構造物の諸元情報を管理者が保有する図面などから（半自動）取得し、性能評価解析まで自動で実施することが可能となる。これまで1橋当たり熟練者が数カ月かけていた検討を、特殊なスキルなしにおおむね1週間以内に結果を得ることが可能となる。点検結果からは、補修・補強の優先度や必要な補修コストの提示・判断が難しいが、この技術により、補修・補強の優先度、各工法の効果などを物理的な根拠に基づいて提示できる。

### 現場ニーズ・利用者・利用場面

国・自治体管理橋梁について、維持管理にかけられる予算が限られる中で、補修・補強・更新する橋梁の優先度判断、ならびに必要な予算の根拠を示す際に、物理的機構に基づいて異なるケース・シナリオの解析結果として利用する。利用者は管理者自身や建設コンサルなどを想定している。

### 想定する具体的な実証フィールド（箱庭）

愛知道路コンセッション（猿投グリーンロード）、東北地方整備局国道46号など

図1　マルチスケール解析DuCOM-COM3
（出所:東京大学コンクリート研究室）

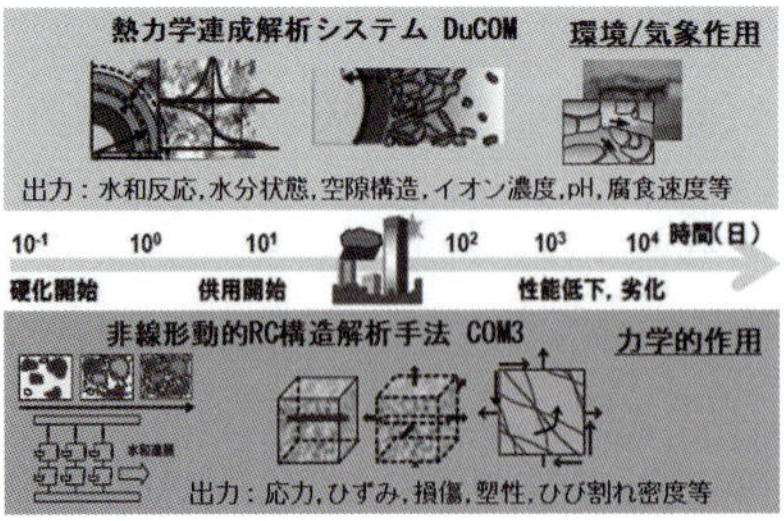


図2　ハイサイクルシミュレーション
（出所:高橋 佑弥）

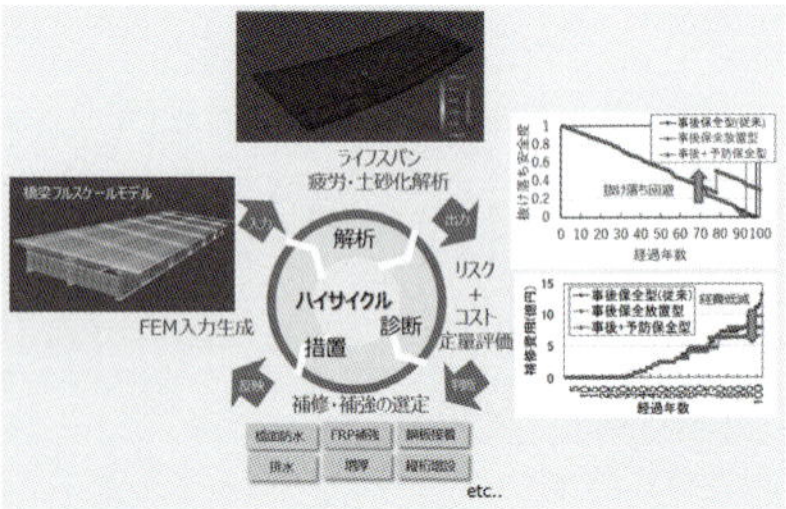


| | |
|---|---|
| **研究機関** | 東京大学／前田建設工業／山梨大学／埼玉大学／東京科学大学 |
| **問合せ先** | 東京大学大学院　工学系研究科　社会基盤学専攻　コンクリート研究室　高橋佑弥　takahashi@concrete.t.u-tokyo.ac.jp, 03-5841-6104 |

## マンション外装仕上材の劣化度評価のためのAI画像診断支援ツール

| | |
|---|---|
| **対象インフラ** | 建築 |
| **対象構造物** | 鉄筋コンクリート造建築物（マンションなど） |

**技術開発の目的**

マンションなどの建物ストックは、築40～50年を超えるものが増加しているのに対し、建物をメンテナンスする技術者の労働人口は減少傾向にある。専門技術者のみに頼ったメンテナンスでは、将来的に管理不全に陥る建物の増加が懸念される。そこで、外装材の劣化度に関するAI画像診断支援ツールを開発することで、専門技術者のみならず、ユーザー自らが建物のメンテナンスに携わる仕組みを提供し建物ストックの維持管理の効率化を図る。

**技術のセールスポイント**　※性能・精度、汎用性、効率化など

専門技術者の目視検査に依存した外装材の劣化度診断をAIに置き換えることで定量的な評価が可能となる。また、スマートフォン用の診断アプリを提供することで、建物の所有者自らがメンテンナンスに関わることを促し、補修の要否のスクリーニングを行うことでコストの削減も期待できる。診断の頻度があがれば、建物の長寿命化に関する実効的な維持管理につながり、将来的にBIMなどと連携したメンテナンスの高度化につながる。

**現場ニーズ・利用者・利用場面**

外装材の劣化度診断は、建物の老朽化において典型的な現象といえるが、専門技術者の不足により十分な診断が行われないことで、必要な補修が行き届かないなどの問題が生じ得る。本技術の利用者として、マンション居住者などの一般ユーザーを想定し、スマートフォン用の診断アプリとして無償提供することで、日常管理や定期点検、改修前調査ための支援ツールとして利用される。

**想定する具体的な実証フィールド（箱庭）**

国土交通省、自治体、民間事業者がメンテナンスを行う集合住宅など

図1　老朽化した集合住宅の外装材
（写真：根本 かおり）

図2　AI画像診断アプリのイメージ（出所：根本 かおり）

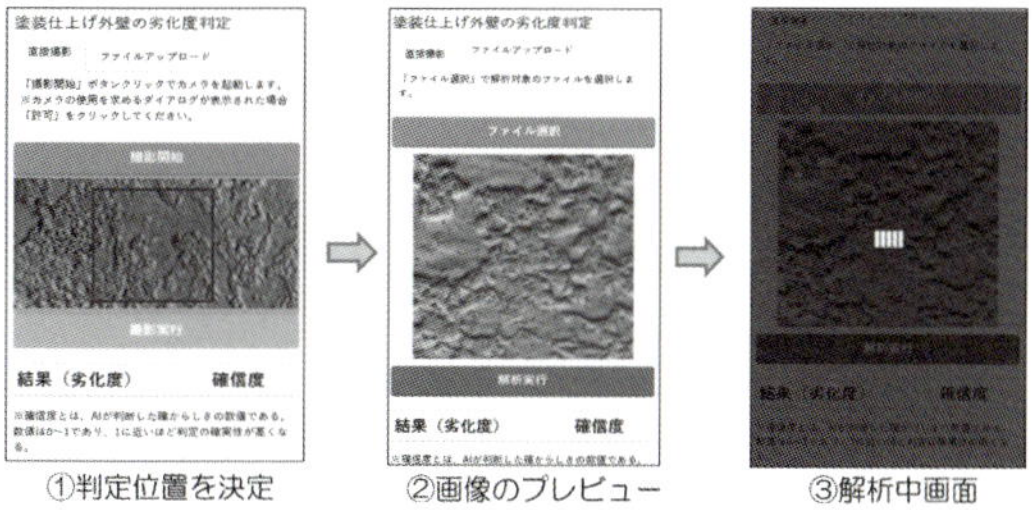


①判定位置を決定　②画像のプレビュー　③解析中画面

| | |
|---|---|
| **研究機関** | 国立研究開発法人 建築研究所 |
| **問合せ先** | 国立研究開発法人 建築研究所 材料研究グループ<br>Tel:029-864-2151（代表） |

## 港湾構造物のメンテナンスのハイサイクル化に関する研究

| | |
|---|---|
| **対象インフラ** | 港湾 |
| **対象構造物** | 桟橋 |

**技術開発の目的**

海水由来の塩分が多量に供給され、鉄筋腐食の進行が激しい海洋・港湾構造物に関して、「劣化したRC部材の耐荷力特性を考慮した解析モデルの高度化」を目指す。実部材の調査結果を基に、DuCOM-COM3や港湾設計で用いられているフレーム解析といった数値解析、簡易モデル（AI）の適用性の検証および劣化部材（梁、床版など）の点検診断への利活用を行う。

**技術のセールスポイント**　※性能・精度、汎用性、効率化など

港湾管理者などが桟橋の残存性能を評価することで、合理的な維持管理計画を立案できる。地震などで被災した施設の利用可否判定を行う場合にも、各種の数値解析を専門技術者がより容易に行える基盤機能を提供できる。解析モデルの自動生成が可能になることで、「DuCOM-COM3」は約5割、「フレーム解析」は約7割の作業時間をそれぞれ削減できる見込みである。「簡易モデル」では作業時間やコストを約8～9割削減できる見込みである。

**現場ニーズ・利用者・利用場面**

港湾管理者などが、常時の接岸・牽引力作用時や地震時における桟橋の残存性能を評価し、補修補強を含めた合理的な維持管理計画を立案する。また、地震などで被災した桟橋の利用可否判定をより迅速に行えるように、被災後の性能や損傷状況について、DuCOM-COM3やフレーム解析といった3次元数値解析を事前に実施しておく。必要に応じて、被災後にも実施する。

**想定する具体的な実証フィールド（箱庭）**

川崎港（港湾管理者は川崎市港湾局）において、開発した技術の試行を行いつつ、社会実装に向けた検討を行う。

図　検討対象としている解析手法の例（出所:左は千々和 伸浩、右は宇野 州彦）

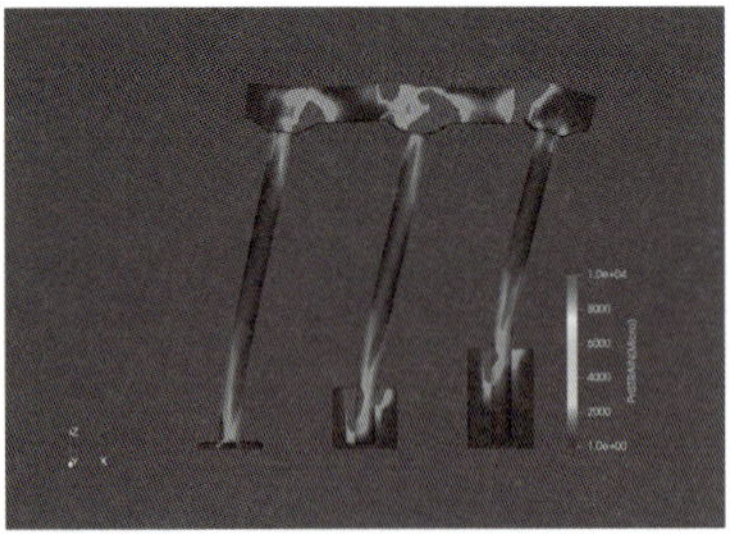

DuCOM-COM3

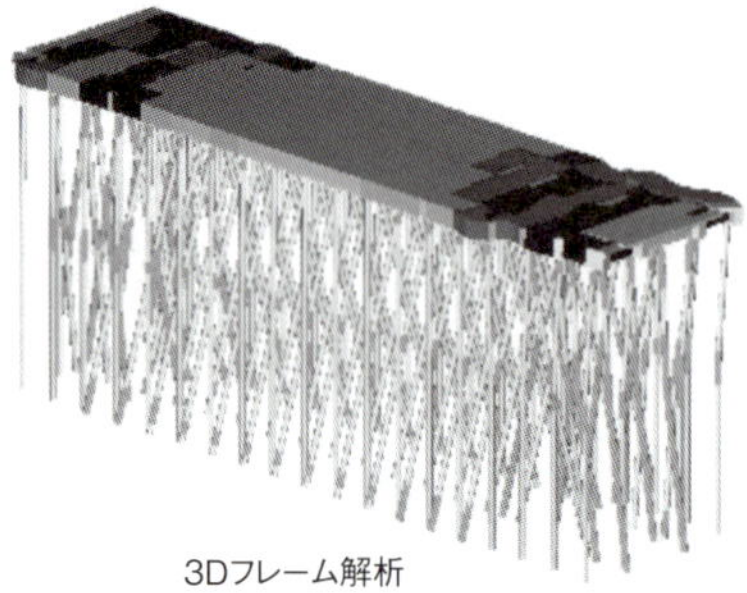

3Dフレーム解析

| | |
|---|---|
| **研究機関** | 港湾空港技術研究所／五洋建設 |
| **問合せ先** | 五洋建設　宇野 州彦<br>（0287-39-2109　kunihiko.uno@mail.penta-ocean.co.jp） |

## 小規模自治体における橋梁メンテナンスサイクルの高度化

| | |
|---|---|
| **対象インフラ** | 道路 |
| **対象構造物** | 橋梁 |

**技術開発の目的**

定期点検を補完する形で、普段橋を利用する市民により日常的に橋の状態を把握する「橋ログ」。橋梁の状態をより分かりやすく記録し、前回の点検時との比較などが容易に行うことができる「橋梁三次元可視化システム」。これらの情報を定期点検結果や橋梁台帳などと併せて共通基盤へ蓄積し、維持管理を効率化することでメンテナンスサイクルの高度化を目指す。

**技術のセールスポイント**　※性能・精度、汎用性、効率化など

日常点検まで手が回らない小規模自治体向けに、市民との協働により5年に1度の定期点検の間を補完することを目的とした、橋面上の簡易な点検ができるアプリケーション「橋ログ」を開発。サブ課題Dと連携を行っており、「橋梁三次元可視化システム」は360度カメラで撮影した箇所を移動しながら、損傷に飛んで詳細を確認することができ、点検調書などの資料ともひも付けることができる。福島県平田村での実証実験の成果を基に他の自治体に展開する。

**現場ニーズ・利用者・利用場面**

人口10万人未満のいわゆる小規模自治体の割合は8割を超える。小規模自治体は道路管理に携わる技術者が不足しており、非常に限られた財源の中で維持管理しなければならない状態である。このような自治体で点検、診断、措置、記録の一連の流れをハイサイクル化するためには、ユーザーである市民との協働やデジタル化を進めることが重要である。

**想定する具体的な実証フィールド（箱庭）**

福島県平田村、南会津町、宮城県大和町など

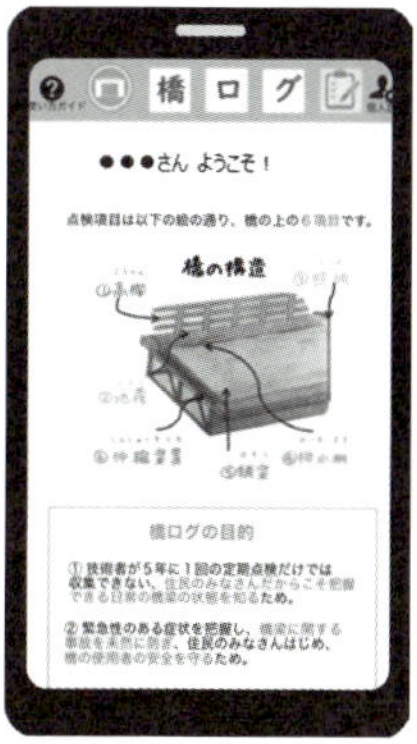


図1　橋ログ（出所:日本大学、長岡工業高等専門学校）

図2　橋梁三次元可視化システム（出所:東京大学）

| | |
|---|---|
| **研究機関** | 日本大学／長岡工業高等専門学校／東京大学 |
| **問合せ先** | 日本大学工学部　客員研究員　浅野和香奈　asano.wakana@nihon-u.ac.jp |

## 車載型地中レーダー・LiDARによる道路インフラ内部の三次元可視化

| | |
|---|---|
| **対象インフラ** | 道路 |
| **対象構造物** | 橋梁、土工 |

**技術開発の目的**

長距離高速計測データを同期し、ボリュームイメージ処理及び教師ありなし学習型AIにより統合解析して、サイバー空間上に世界初の高解像度の表層から内部までの異常や構造の可視化情報を構築する。道路インフラの予防保全に必要な一次データの確立を目指す。

**技術のセールスポイント**　※性能・精度、汎用性、効率化など

LiDAR・レーダーを搭載した調査車両により高速・非破壊で調査し、道路表面の定量化と内部構造を三次元的に透視する技術である。道路の土工部では内部の劣化や埋設物検出、橋梁においては主にRC床版の劣化状況について可視化する。交通規制なしで調査できることに加え、解析を極力自動化していることが特徴である。これにより得られる情報量が格段に増大し、調査期間の短縮とコストの低減効果を見込める。

**現場ニーズ・利用者・利用場面**

インフラの予防保全型メンテナンスを推進するために、不可視部分の可視化技術が求められている。橋梁については急激に進行する床版の抜け落ちについて、現行の目視中心の点検では情報が不足している。道路土工部は総延長が橋梁より大きく定量的な状態把握が困難なため、高速自動調査による道路の三次元可視化は、維持管理のための重要な情報源となる。インフラ管理者及び現場で実務を担当する民間企業が本技術の対象である。

**想定する具体的な実証フィールド（箱庭）**

長野県および長野県千曲市ほか

図1　橋梁内部の高精度可視化の例
（出所：東京大学生産技術研究所水谷司研究室）

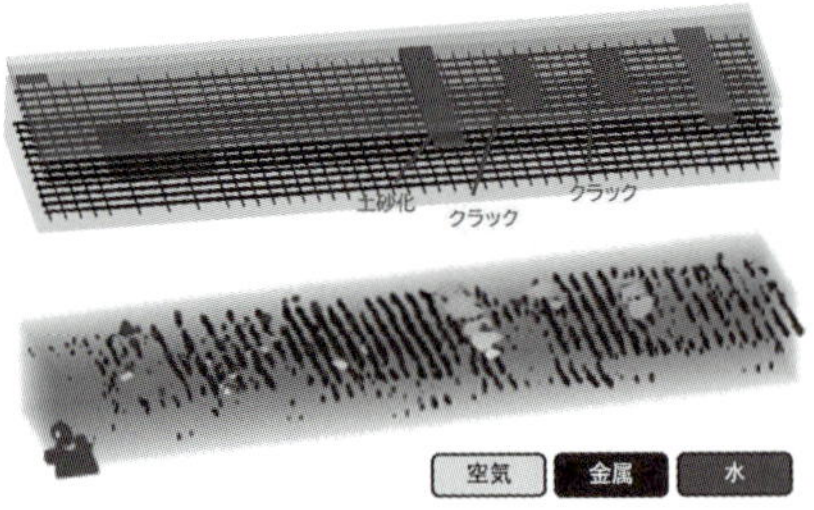


図2　レーダー・LiDAR調査イメージ
（出所：土木管理総合試験所）

| | |
|---|---|
| **研究機関** | 東京大学生産技術研究所 |
| **問合せ先** | 東京大学　生産技術研究所　水谷司研究室<br>（https://mizutanilab.iis.u-tokyo.ac.jp/） |

## リモートセンシングによるインフラのモニタリング技術

| | |
|---|---|
| **対象インフラ** | 道路 |
| **対象構造物** | 道路斜面、道路擁壁 |

**技術開発の目的**

インフラなどの健全度を診断し、未然に事故を防ぐべく、計測の均一性・広域性を持つリモートセンシングで危険度の高い場所をあぶり出し、従来の測量に加えて最先端の近接計測機器を用いたセンシング技術と融合させ、インフラなどの変状・予兆の検知に寄与する技術の確立を目指す。

**技術のセールスポイント**　※性能・精度、汎用性、効率化など

・データ要素解析機能、可視化プロトタイプ、地盤工学的解釈の３点を同時に成立させる点で技術的な優位性がある。
・植生の影響を大きく受ける日本の風土特性を考慮し、異なる時間・波長分解能を持つＣバンドとＬバンドとを補完的に組み合わせることで同様の条件であるアジア地域への展開が可能である。
・ソフトウエアやデータ入手コストが利用と流通性を阻んでいる側面があり、本プロジェクトで開発する一群のソフトウエアパッケージをオープン化して活用することでインフラヘルスモニタリングが衛星マーケットにおけるキラーコンテンツ化への一助となる。

**現場ニーズ・利用者・利用場面**

・道路の被災箇所、被災前後の道路変状の経時変化履歴をリモートセンシングから計測する技術を開発するとともに、タブレットやスマートフォンなどから現場で可視化できるダッシュボードツールの作成が求められている。
・現行の技術では、事前検知に応用範囲が限られているため、事前予知の知見を得るためには、道路変状の経時変化履歴を時空間的にシームレスにデータベース化することが求められている。

**想定する具体的な実証フィールド（箱庭）**

長野県長野市（斜面）、長野県千曲市（道路）、静岡県伊東市（擁壁）

図1　衛星干渉SAR（InSAR）技術を用いた道路面沈下量の計測と評価（出所:東京大学、基礎地盤コンサルタンツ）

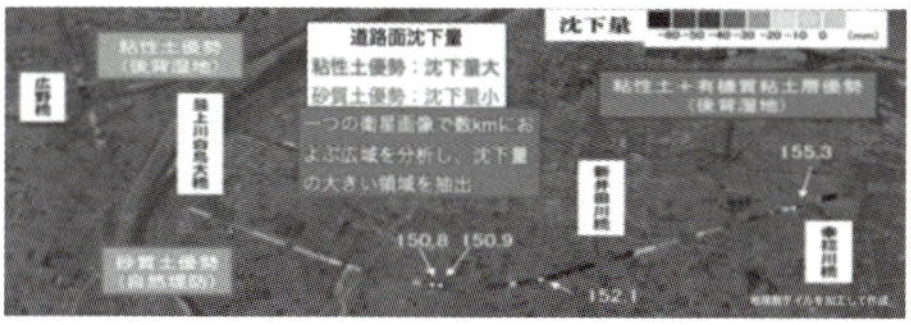


図2　変状分布の可視化と信号処理による時系列変化をモニタリングするWEBシステムダッシュボード（出所:竹内 渉）

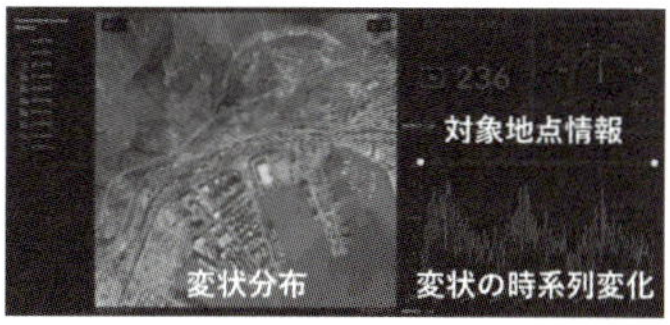


| | |
|---|---|
| **研究機関** | 東京大学生産技術研究所 |
| **問合せ先** | 東京大学生産技術研究所 人間・社会系部門 竹内渉研究室<br>(yosimoto@iis.u-tokyo.ac.jp) |

## 電磁的手法による吊材ボルトの劣化損傷検出手法の開発

| | |
|---|---|
| **対象インフラ** | 道路、鉄道、河川、農業水利施設など |
| **対象構造物** | コンクリート構造物、鋼構造物 |

**技術開発の目的**

橋梁などの構造物全体の健全度評価に向け、高精度・高速のボルトの劣化診断を行うシステムを開発する。具体的には、軸力によるボルト内部の応力変化を磁束密度の変化率で捉えるための①ヨーク形状の最適化、②校正曲線が不要なロバストなセンシング方法の構築である。

**技術のセールスポイント**　※性能・精度、汎用性、効率化など

高精度・高速のボルトの非破壊劣化診断を行う際の目標性能は、不可視部における腐食などによる軸力低下（初期の50%以下）のボルトを80%以上の高精度で検出することと、診断時間を1ボルト当たり5分以内、1カ所当たり1時間以内で実施することである。また、これまで目視や打音に頼っていた定性的評価から、数値データに元づく定量的評価を可能とする。

**現場ニーズ・利用者・利用場面**

橋梁部材の一つである吊り材を接合する高力ボルトや各種アンカーボルトは、腐食による軸力低下や遅れ破壊により突然破壊する可能性があり、その調査は十分になされていない。自治体や国土交通省などの橋梁管理者が委託した橋梁の点検調査業務においては、従来の打音や目視検査に比べて、定量的かつ簡便に計測できる装置が求められている。本装置は、実際の橋梁部材の点検調査に活用することを目的としている。

**想定する具体的な実証フィールド（箱庭）**

京都府、長野県、富山県などの地方自治体が管理しており、劣化が見られる橋梁を箱庭として選定する。

図1　ボルト頭部磁界シミュレーション結果
（出所:白井 僚）

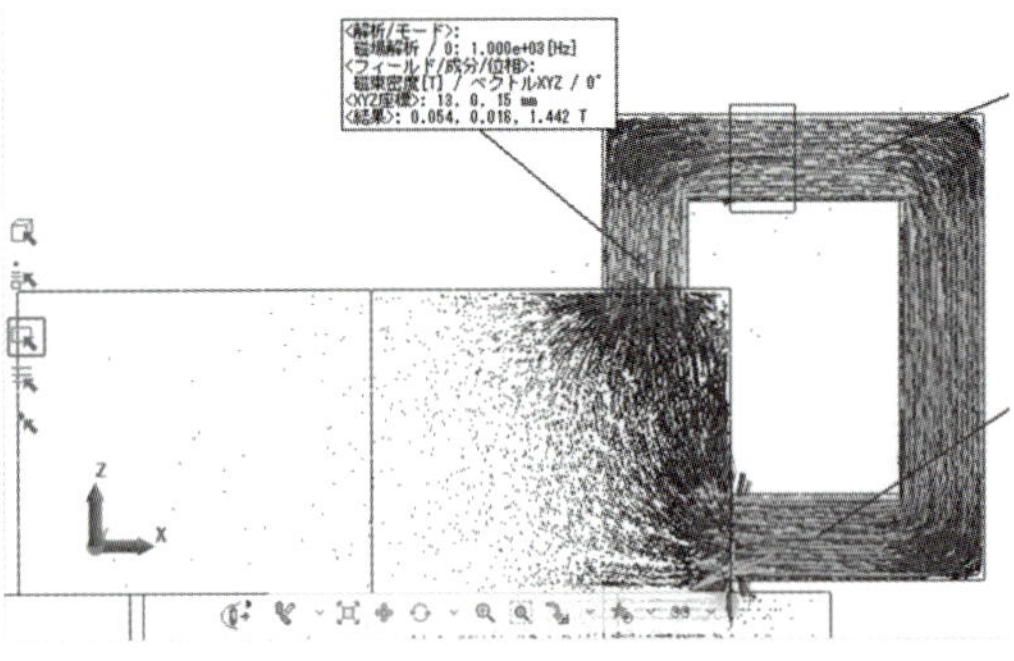


図2　磁界計測装置の試作品
（写真:白井 僚）

| | |
|---|---|
| **研究機関** | 京都大学 |
| **問合せ先** | 京都大学　成長戦略本部　インフラ先端技術産学共同研究部門 |

## 高出力X線を用いたコンクリート構造物内部の透視技術の開発

| | |
|---|---|
| **対象インフラ** | 道路、鉄道、港湾などの建築 |
| **対象構造物** | コンクリート構造物 |

**技術開発の目的**

通常透視が不可能な分厚いコンクリート構造物の診断・評価・予測に資するために、内部の状況をX線透過撮像及びシミュレーション結果を統合化することで高精度・効率的な評価を可能とする。また、従来の透過型画像では得られない深さ方向の情報について、照射方法を工夫することで3次元情報取得の可能性を検討する。

**技術のセールスポイント**　※性能・精度、汎用性、効率化など

可搬型電子線加速器X線源を用いた高出力・高エネルギーX線が発生可能になり、これまで透視が不可能であった分厚いコンクリート内部構造物のクリアな撮像が可能である。特に橋梁検査に対しては、4MeVのX線源の利用が可能であることから、50cm以上のコンクリート内部の鋼棒などの構造部の計測や状態把握が可能となり、非破壊での橋梁定期点検などで活用できる点検支援技術である。

**現場ニーズ・利用者・利用場面**

道路橋の予防保全型メンテナンスを推進するため、橋梁定期点検にX線透視技術を活用し、内部構造の異常や予兆を早期発見する点検支援技術が求められている。利用者として、橋梁管理者（NEXCO各社、自治体など）、建設会社、非破壊検査技術者、研究機関などを想定している。橋梁の定期点検、補修前の状態確認、震災後の緊急安全評価などに活用でき、内部劣化の可視化を通じて予防保全と効率的な維持管理に資する。

**想定する具体的な実証フィールド（箱庭）**

NEXCO各社　高速道路、橋梁

図1　箱桁内における橋梁計測例
（写真:東京大学）

図2　60cm厚コンクリート内部の可視化例
（出所:東京大学）

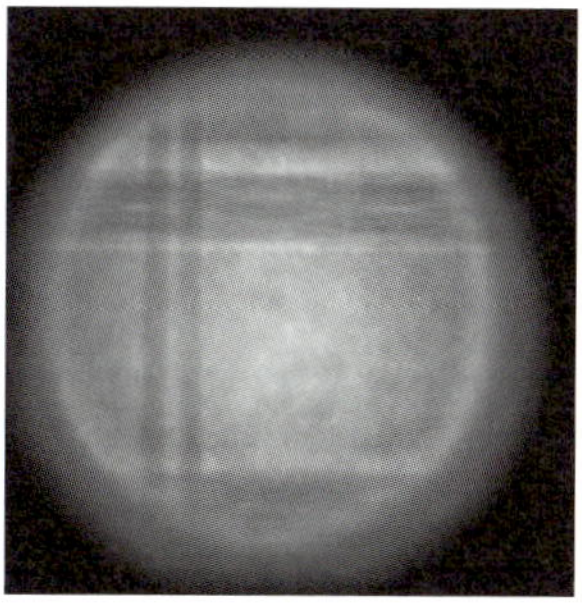

| | |
|---|---|
| **研究機関** | 東京大学 |
| **問合せ先** | 大学院工学系研究科　原子力専攻　長谷川秀一研究室 |

## 建設用3Dプリンティング技術によるコンクリート構造物の構築

| | |
|---|---|
| **対象インフラ** | 道路、鉄道、港湾、建築、河川、農業水利施設など |
| **対象構造物** | コンクリート構造物 |

**技術開発の目的**

インフラ構造物の迅速かつ効果的な構築・補修・補強を実現するため、3Dコンクリートプリンティング(3DCP)技術の開発および社会実装を行う。本技術により劇的な施工省人化を図るとともに、従来工法以上の性能(耐震性能、耐久性など)を有する構造物の実現を目指す。また、3DCPに用いる3次元モデル、出来形計測データ、センサーなどによるモニタリングデータ及び数値解析などを統合し、構造物の設計・施工・維持管理プロセスを革新する。

**技術のセールスポイント** ※性能・精度、汎用性、効率化など

開発されている要素技術は、海外と比べてもトップクラスにある。例として、①高強度・高靭性・高耐久性を併せ持つ3DCP用コンクリート、②障害物(既設構造物やあらかじめ組んだ鉄筋などを想定)を回避しながら構造物を構築可能な移動式3DCP技術、③3DCP構造物の性能を評価可能な数値解析手法が挙げられる。また、これらの要素技術を融合(パッケージ化)する取り組みも進められており、世界を突き放す技術開発となっている。

**現場ニーズ・利用者・利用場面**

インフラ構造物の老朽化と建設業従事者の減少という社会的背景から、既設構造物の補修・補強・更新の省人化及び工期短縮に対するニーズが高い。実際、国内における3DCPの社会実装が近年、急速に進んでいる。利用者の例として、各種構造物の管理者(自治体など)、施工者、コンクリート二次製品会社などが挙げられる。利用場面としては、作業員の確保が難しい状況や、従来工法では工期の制約が厳しい現場で特に効果的と考えられる。

**想定する具体的な実証フィールド(箱庭)**

国土交通省四国地方整備局土佐国道事務所(高知県安芸市)、各地方整備局ほか

図1　モバイル型3DCP技術による現場施工の例。日本製鉄瀬戸内製鉄所阪神地区(写真:清水建設)

図2　3DCP技術の社会実装の例。豊洲MiCHiの駅の構造柱の埋設型枠へ適用(写真:清水建設)

| | |
|---|---|
| **研究機関** | 東京大学、Polyuse、大成建設、清水建設 |
| **問合せ先** | 東京大学　工学部　社会基盤学科　コンクリート研究室 |

## Additive Manufacturing（3DP）の品質評価手法開発

| | |
|---|---|
| **対象インフラ** | 橋梁、道路、港湾、建築、河川、農業水利施設など |
| **対象構造物** | コンクリート構造物 |

**技術開発の目的**

3DP構造物の完成品を現地において評価できる合理的な手法として、対象物に①超音波振動を加えることで内部の微細ひび割れ界面より生じる応答を時間領域で解析する手法と、②弾性波手法により構造物の異方性や材料の隔たりを広範囲かつ簡易に検出できる手法を開発する。

**技術のセールスポイント**　※性能・精度、汎用性、効率化など

3DP構造物はコンクリート構造物と比べて、材料特性や異方性の存在などが異なるため、既存技術の適用が困難である。この3DP構造物の健全性評価を高精度（80%以上の検知率）かつ高効率（1時間/1カ所）で可能とする非破壊調査技術である。3DP構造物完成品に適用することが可能であり、現地において劣化損傷を可視化できる。

**現場ニーズ・利用者・利用場面**

3DP構造物は製造過程において多様な材料・機械・手法などが用いられるため、従来のような要素試験の積み重ねでは完成品の品質を確保できない。そのため3DP構造物の完成品を現地で評価できる本手法にニーズがある。利用者は官庁や民間の3DP構造物発注者であり、3DP構造物の製作企業や委託されたコンサルが考えられる。利用場面は3DP構造物完成時だけでなく、維持管理における点検調査時の使用も想定される。

**想定する具体的な実証フィールド（箱庭）**

国土交通省四国地方整備局土佐国道事務所（高知県安芸市）、京都府

図1　3DP構造物の非破壊検査
（写真:麻植 久史）

図2　3DPパネル内部の可視化
（出所:塩谷 智基）

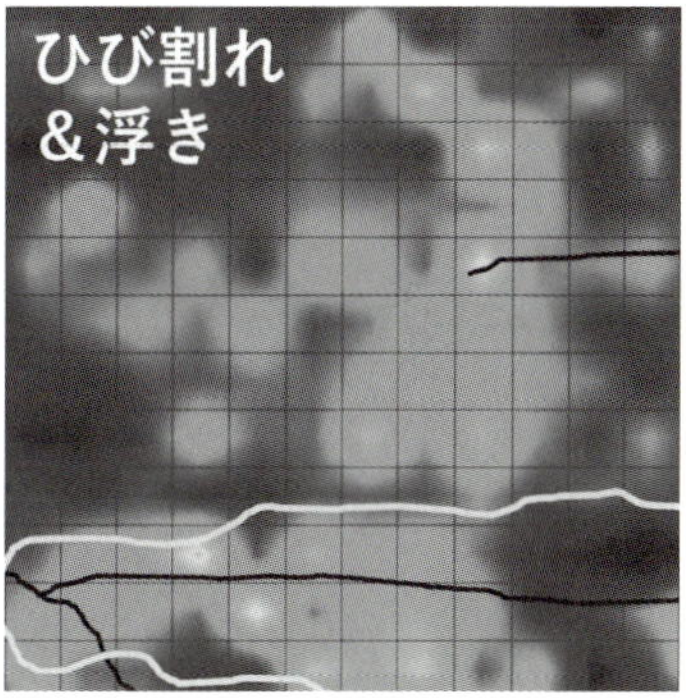


| | |
|---|---|
| **研究機関** | 京都大学 |
| **問合せ先** | 京都大学　成長戦略本部　インフラ先端技術 産学共同研究部門 |

## 建設用3Dプリンタ印刷物の貯水施設付帯構造物への利用

| 対象インフラ | 貯水施設 |
|---|---|
| 対象構造物 | コンクリート構造物、水理構造物 |

**技術開発の目的**

省人化や工期短縮などの効果が期待される3Dコンクリートプリンティング（3DCP）技術を、水理制御を行う構造物に展開するために必要な技術開発に取り組む。特に貯水施設における付帯構造物、あるいは周辺の水理的利用が行われる構造物に注目している。例として、底樋管（貯水施設から給水を行うための管路）から周辺水路に水流を制御しながら分水するための水理構造物を試作し、3DCPの適用可能性を検証する。

**技術のセールスポイント**　※性能・精度、汎用性、効率化など

貯水施設付帯構造物は主にコンクリート構造物として建設されるが、周辺の地形条件や水路などとの接続条件、利水などの観点からの分配条件など、多くの要件を満たす必要がある。従って、水路におけるU字溝のようにプレキャスト製品として一般化することが難しく、多くの場合、現場で型枠を組んでコンクリートを流し込む現場打ちによる建設が行われる。これを3DCPに置き換えることで施工省人化や工期短縮が期待できる。

**現場ニーズ・利用者・利用場面**

小規模な貯水施設からの利水のために設置される底樋という構造物に注目した。底樋の主要部である管路部分については様々な材料で規格化（プレキャスト化）が行われている一方で、その入り口と出口に設置される土砂吐き及び出口升とよばれる構造物は規格化が難しい。3DCP技術の導入によって、現場ごとに異なる周辺地形や分水条件、また要求性能などにあわせた設計を可能にすることを想定している。

**想定する具体的な実証フィールド（箱庭）**

農業・食品産業技術総合研究機構敷地内の試験貯水池

図1　試作した3DCPによるため池出口升
（出所:金森 拓也）

図2　試験貯水池に設置した出口升
（写真:黒田 清一郎）

| 研究機関 | 農業・食品産業技術総合研究機構 |
|---|---|
| 問合せ先 | 農業・食品産業技術総合研究機構　農村工学研究部門 |

## 高流動コンクリートの普及推進によるメンテナンスの負担軽減に資する研究開発

| | |
|---|---|
| **対象インフラ** | 道路、鉄道、港湾、電力など |
| **対象構造物** | コンクリート構造物 |

**技術開発の目的**

既設構造物の更新（新設含む）におけるコンクリート施工の省人化、品質・性能確保、環境負荷低減、メンテナンスの省力化を実現するため、センサーやAI・IoTを活用した高流動コンクリートの製造・施工システムの構築と実装を目指す。

**技術のセールスポイント**　※性能・精度、汎用性、効率化など

本技術により、高流動コンクリートの自己充填性を自動かつ全量で評価・判定することで、従来の締め固め作業、品質管理や検査に関わる人員が不要となり、劇的な省人化が期待できる。また、産業副産物を大量に使用した場合でも、品質変動を抑制し安定供給が可能となり、大幅なLCC向上が期待される。将来的には、コンクリート工の全プロセスの施工や品質データを自動で取得し、構造物の設計・施工・維持管理プロセスへの活用を図る。

**現場ニーズ・利用者・利用場面**

自己充填性を有する高流動コンクリートは、安定的な製造・供給のために高度な専門技術が必要となり、品質管理の手間が課題となる。そのため、本技術による品質管理の自動化に対するニーズが高い。利用者としては、各種構造物の所有者（発注者）・施工者・生コンクリート製造者を想定している。また、3DP技術により構築した埋設型枠（外殻）内の充填コンクリートに対して適用することで、デジタルツインの相乗効果が期待できる。

**想定する具体的な実証フィールド（箱庭）**

国土交通省東北地方整備局、福島県、高速道路会社などを対象に実証。

図1　製造・施工システムの模式図（出所:鹿島）

図2　AI・IoT技術による高流動コンクリートの性状判定状況の一例（出所:鹿島）

| | |
|---|---|
| **研究機関** | 日本大学／鹿島建設（協力機関） |
| **問合せ先** | 日本大学工学部工学研究所　鹿島建設 技術研究所 |

## 機能性セラミックスによる鋼材用防食材料の開発

| 対象インフラ | 道路 |
|---|---|
| 対象構造物 | 鋼橋及び道路付属物 |

**技術開発の目的**

橋梁などの鋼部材を腐食から守るために塗装が行われているが、従来の塗装材料は、それ自体が紫外線や水などの作用により経年劣化し防食機能が失われてしまうため、短いスパンでの塗り替えを余儀なくされてきた。そこで本研究では、紫外線による劣化が無く、超長期の耐久性が期待される"セラミックコーティング"に着目し、鋼橋の防食材料としての適用性評価や、大型部材に対する塗装技術、補修技術などの開発に取り組んでいる。

**技術のセールスポイント**　※性能・精度、汎用性、効率化など

開発中のコーティング材料は常温施工できるセラミックスであり、合成樹脂から成る従来の塗料とは異なり、紫外線による劣化が無いため長期の耐久性が期待できる。また、コーティング自体に視認性向上などの付加的な機能を付与することも容易である。耐久性や機能性の高いコーティング材料を鋼橋や道路付属物などに適用することにより、維持補修に伴うコストや$CO_2$排出量などの大幅な削減、安全・安心な社会の構築に寄与することができる。

**現場ニーズ・利用者・利用場面**

鋼橋や道路付属物などの鋼部材は、塗装などによる防食が不可欠である。従来の塗装材料は紫外線などにより経年で劣化し防食機能が失われるため、短いスパンでの塗り替えを余儀なくされている。維持補修に伴うコストや$CO_2$排出量削減のために、超長期の耐久性を有する防食材料の開発が求められている。本技術の利用者としては、構造物の管理者（国や自治体、高速道路会社など）や、管理者から委託を受ける補修業者、塗装業者などが想定される。

**想定する具体的な実証フィールド（箱庭）**

国、自治体、高速道路会社などが管理する鋼橋及び道路付属物

図　セラミックスコーティングの防食材料としての活用（出所:産業技術総合研究所）

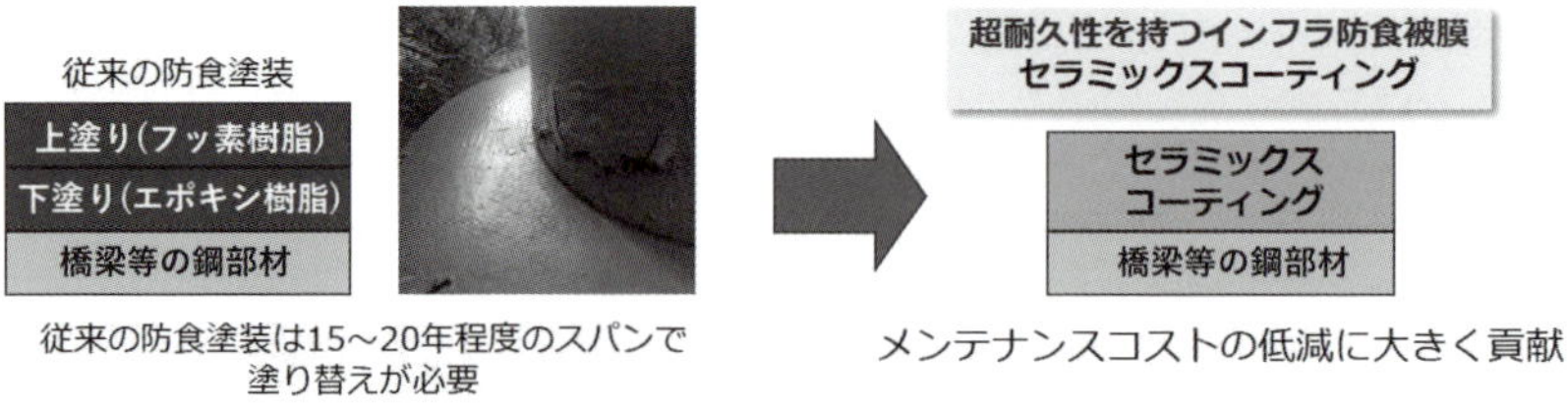


| 研究機関 | 土木研究所／産業技術総合研究所 |
|---|---|
| 問合せ先 | ・土木研究所先端材料資源研究センター材料資源研究グループ<br>・産業技術総合研究所製造技術研究部門 |

## 安価でエコ、施工も容易な超耐食鉄筋

| | |
|---|---|
| **対象インフラ** | 特に塩害の厳しい沿岸部や寒冷地のコンクリート構造物 |
| **対象構造物** | 道路上部工高欄、擁壁 |

**技術開発の目的**

飛来海塩や融雪剤により腐食（塩害）の厳しい沿岸部や寒冷地においてはコンクリート構造物内部に埋設する鉄筋に高耐食性が求められる。従来の耐食鉄筋と比較してより安価で環境にやさしく、現場における施工の負担を軽減する耐食鉄筋を供給するため、コンクリート環境に特化した低合金鋼からなる「超」耐食鉄筋の開発を進める。

**技術のセールスポイント**　※性能・精度、汎用性、効率化など

スクラップ鉄から製造可能なリサイクル鉄筋であるため、製造時の$CO_2$排出量を抑制し安価に提供可能。腐食開始前はコンクリート環境で形成される不働態皮膜により高耐食性を発揮、腐食開始後は初期に形成する保護性さびによりそれ以上の腐食を抑制する。単一組成の鉄筋を熱処理により様々な規格（力学特性）に適合する鉄筋として加工可能。溶接性に優れるため既存の普通鉄筋にも接続できる。

**現場ニーズ・利用者・利用場面**

新規構造物の建設及び既存建築物の保守・保全・修復のため、コンクリート構造物の腐食を抑制する新たな耐食鉄筋の開発が求められている。利用者として、設計・施工を担当する建設会社、建築物の管理者（自治体や道路公団など）を想定。まずは共同研究先の企業敷地内において擁壁に採用し使用実績を積むと同時に、超耐食鉄筋の供給体制を整える。

**想定する具体的な実証フィールド（箱庭）**

北海道むかわ町海岸（共同研究先敷地内）、宮城県石巻市海岸（共同研究先敷地内）

図1　沖縄県宮古島の海岸付近に曝露した鋼材埋設コンクリート試験体。炭素鋼:激しく腐食、耐食鋼:ほとんど腐食なし（出所:物質・材料研究機構）

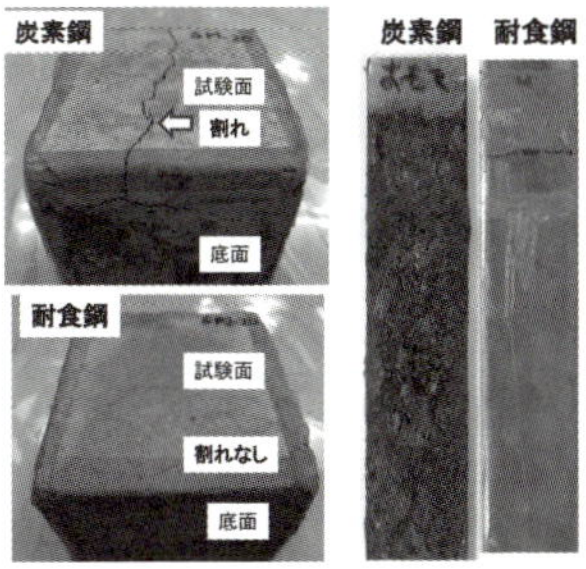


図2　形成したさびの断面解析。さび中にCr, Siが濃化→保護性を発揮（出所:物質・材料研究機構）

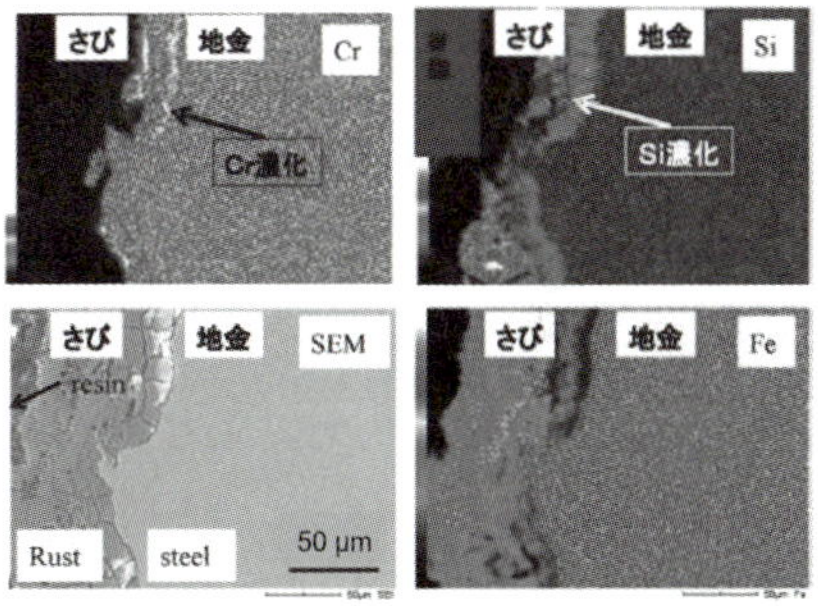


| | |
|---|---|
| **研究機関** | 物質・材料研究機構 |
| **問合せ先** | 物質・材料研究機構 構造材料研究センター 耐食材料グループ<br>土井康太郎（DOI.Kotaro@nims.go.jp） |

## 電磁波非破壊評価デバイスの開発と製品化

| **対象インフラ** | 道路 |
|---|---|
| **対象構造物** | 斜張橋、コンクリート橋 |

**技術開発の目的**

スマートなインフラ維持管理システムの構築を目的にRC構造体内部の鉄筋や橋梁などの鋼線の腐食を、構造体を破壊することなく簡単かつ迅速に判別できる電磁波非破壊評価デバイスを開発し、製品化する。

**技術のセールスポイント**　※性能・精度、汎用性、効率化など

鉄筋の腐食を評価するために、X線、超音波、サーモグラフィー、電磁気法が使用されているが、ポータブルでユーザーフレンドリーなシステムはない。本研究では多周波数電磁波を用いることでスキャンを不要にし、ノートPCも不要な鉄筋腐食検出用ハンドヘルド型デバイスを開発する。

**現場ニーズ・利用者・利用場面**

斜張橋やエクストラドーズド橋のケーブル長期間の供用により、腐食が生じる可能性がある。大規模な損傷を防ぐために、非破壊点検で変状の位置を感知したい。利用者として、橋梁の管理者（地方自治体など）を想定。コンクリート構造物に関して、塩害などによる鉄筋の腐食程度を非破壊検査で簡便に判別できれば効率的な補修が可能になる。また高所などにでも用いることのできる小型で可搬性と、操作性に優れた装置が必要である。

**想定する具体的な実証フィールド（箱庭）**

橋梁ケーブル：広島県尾道市多々羅大橋などを想定している。
コンクリート構造物：適切な実証フィールドを探索中である。

図1　開発した軽量小型単一周波数非破壊検査システム
（出所:本四高速道路ブリッジエンジ）

図2　本研究開発される多周波非破壊検査システム
（出所:物質・材料研究機構）

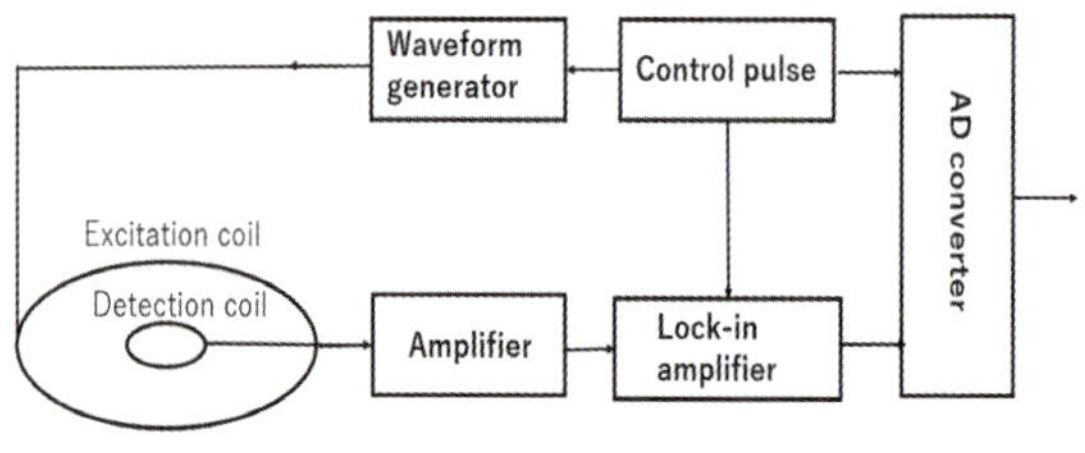


| **研究機関** | 物質・材料研究機構 |
|---|---|
| **問合せ先** | 物質・材料研究機構、構造材料研究センター、積層材料グループ<br>He.dongfeng@nims.go.jp　Tel: 029-859-2533 |

## 構造物内部や不可視部分などの変状・予兆の検知技術

| | |
|---|---|
| **対象インフラ** | 橋梁、トンネル |
| **対象構造物** | コンクリート構造物 |

### 技術開発の目的

コンクリート構造物の表層近傍の物理的及び化学的劣化のデジタルデータ化及び劣化予測の実現を目的とし、「劣化の時間発展情報を有するコンクリート供試体」を用いて、コンクリート表面の「振動を遠隔で計測するレーザー打音検査装置」と「化学組成を遠隔で計測するレーザー誘起ブレークダウン分光（LIBS）システム」を適用することで、物理的及び化学的な劣化状態の時間発展をデジタル化し、劣化機構に基づく劣化予測AI技術を開発。

### 技術のセールスポイント　※性能・精度、汎用性、効率化など

コンクリート中に埋め込んだ金属パイプに静的破砕剤を充填し、金属パイプの一部を切り取ることで任意の領域と方向に大きな膨張力を与え、様々な損傷形態の内部欠陥を短時間で再現する新たな供試体作成手法を開発した。また、その方法で再現した損傷度の異なる複数の供試体実験により、レーザー打音検査装置から入力された弾性波の損傷レベルの違いにより生じる波形エネルギー積算値の時間変化を用いた損傷レベル評価指標を開発した。

### 現場ニーズ・利用者・利用場面

供試体作成方法は、レベル1から3までの損傷を短時間で作成可能であり、多様な浮き、剥離を対象としたAI評価で必要となる機械学習での教師データ取得のための供試体を容易に作成できる。波形エネルギー積算値の時間変化を正規化波形エネルギー積算値曲線に囲まれた面積の大きさで表す減衰グラフ評価法は、深さが30mm程度のコンクリート内部欠陥について、レベル2とレベル3に分類することができ、従来点検と同等以上の検知精度である。

### 想定する具体的な実証フィールド（箱庭）

橋梁は、国土交通省中部地方整備局の静岡国道事務所管内の蒲原高架橋（上部工、下部工）や放水路橋（ボックス）を箱庭に選定。

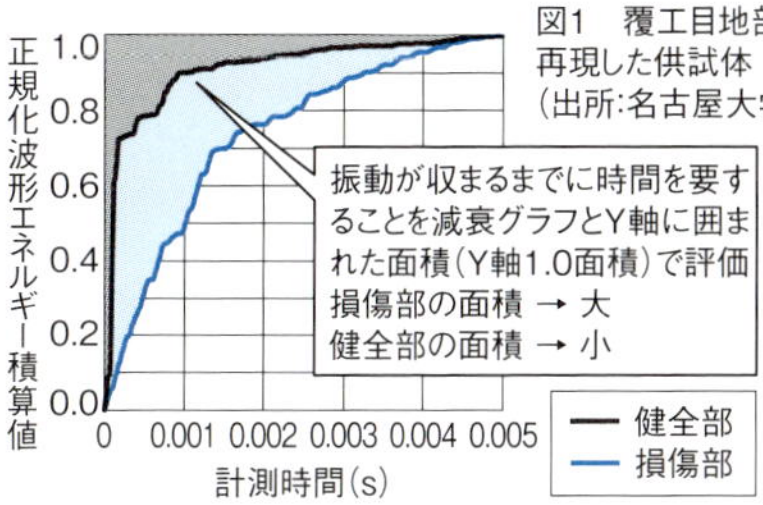


図1　覆工目地部を再現した供試体（出所:名古屋大学）

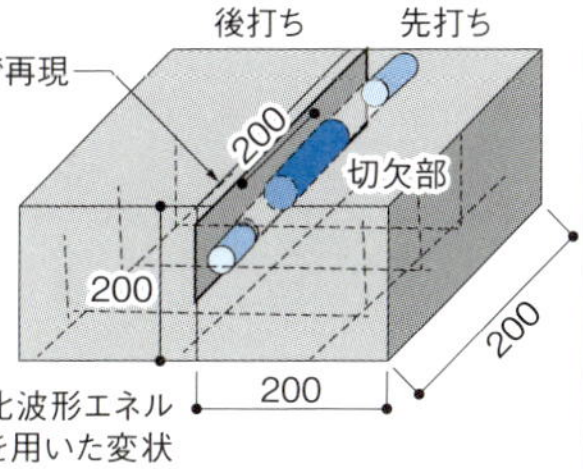


図2　正規化波形エネルギー積算値を用いた変状評価（出所:名古屋大学）

| | |
|---|---|
| **研究機関** | 名古屋大学、建設技術研究所、国立量子科学技術研究開発機構、公益財団法人 レーザー技術総合研究所 |
| **問合せ先** | ・中村 光、名古屋大学 大学院工学研究科土木工学専攻 教授<br>・戸本 悟史、建設技術研究所 |

## コンクリート構造物の物理的・化学的変状の検知技術

| | |
|---|---|
| **対象インフラ** | 橋梁、トンネル |
| **対象構造物** | コンクリート構造物 |

**技術開発の目的**

第3者被害につながる可能性があるコンクリート表層近傍の物理的・化学的な劣化を、レーザーを用いて遠隔・非接触で検知/デジタル化する技術である。「レーザー打音検査装置」及び「レーザー誘起ブレークダウン分光（LIBS）装置」から得られるデータは劣化状態の診断を可能にするとともに、別途開発した「劣化の時間発展情報を有するコンクリート供試体」と組み合わせて劣化予測（スマートインフラマネジメント）にも活用できる。

**技術のセールスポイント**　※性能・精度、汎用性、効率化など

検査対象から最大10m程度離れた検査が可能であり、その場で検査結果を表示できる。レーザー打音検査の適用により、検査員の高所作業量を減らすスクリーニング効果が得られるとともに、LIBSの適用により、コア抜きを必要としない組成検査及び迅速な補修計画の立案が可能となる。現在は、高所作業車にも搭載可能な小型レーザー打音検査装置、塩害の元となる塩素などの直接計測が可能なLIBS装置の開発を行っている。

**現場ニーズ・利用者・利用場面**

検査員による打音検査の前にレーザー打音検査を適用し、異常が検知された箇所のみを打音検査が必要な箇所として絞り込むことで、高所作業の工数を低減できる。また、LIBSでは複数の元素を指標としたリアルタイムな組成検査が可能であるため、検査頻度・箇所を増やすことで検査精度の向上が期待できる。さらに本装置の運用には土木の専門知識を必要としないため、検査員の間口を広げる効果も期待できる。

**想定する具体的な実証フィールド（箱庭）**

橋梁は、国土交通省中部地方整備局の静岡国道事務所管内の蒲原高架橋（上部工、下部工）や放水路橋（ボックス）を箱庭に選定。

(a)レーザー打音検査装置

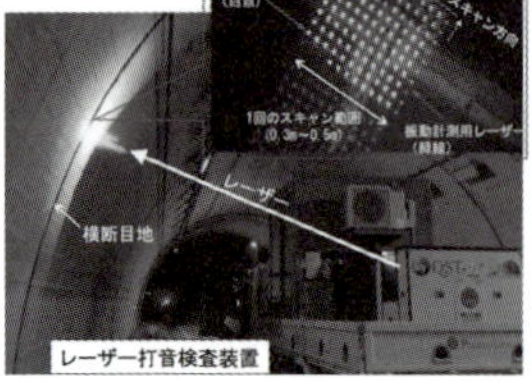


(b)LIBS装置

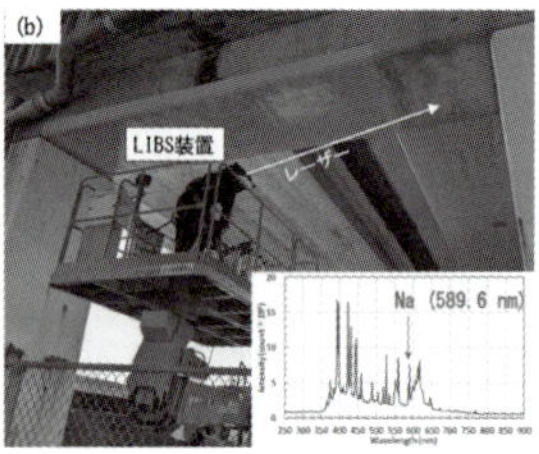


(出所:量子科学技術研究開発機構、レーザー技術総合研究所)

| | |
|---|---|
| **研究機関** | 名古屋大学、建設技術研究所、量子科学技術研究開発機構、レーザー技術総合研究所 |
| **問合せ先** | ・レーザー打音検査装置：長谷川 登、量子科学技術研究開発機構<br>・LIBS装置：染川 智弘、レーザー技術総合研究所 |

## 非破壊地下探査技術開発と水道管路管理システム導入に向けた社会実験

| | |
|---|---|
| **対象インフラ** | 上水道・工業用水 |
| **対象構造物** | 管路 |

**技術開発の目的**

非破壊電気探査技術および非破壊土質推定手法の開発と水道管路マネジメント技術を融合させることにより、水道管路の劣化状況や更新優先度を科学的に評価し、現在十分に普及しているとはいえない水道管路の予防保全管理を実現する技術を開発する。

**技術のセールスポイント**　※性能・精度、汎用性、効率化など

従来は地下を掘削して水道管を露出させ腐食を把握していたが、非破壊電気探査と土質推定技術により、掘削せずに土壌特性を捉え、管路埋設環境を評価できる。測定効率は従来の30倍に向上し、今後SIPの新技術でさらに数倍の効率化が見込まれ、大量データを活用したリスク評価により更新コストの大幅削減が可能となる。こうした成果を水道管路マネジメントシステムに活用し、腐食評価基準に基づいた効率的な管路更新が促進される。

**現場ニーズ・利用者・利用場面**

主に地中に埋設される水道管路は、地上からの点検が難しく直接的な老朽化判定が難しい。本技術は、水道管周囲の土壌の埋設環境を地表から調べることで、埋設環境から水道管の劣化を予測して、リスク評価による予防保全管理を行う。利用者は、上水道及び工業用水を管理している地方自治体の水道局や広域監理団体、また自治体から委託を受けて水道管理を行うことが予想される水道管理企業を想定。

**想定する具体的な実証フィールド（箱庭）**

福岡市・神戸市・シンガポールPUBなど

図1　非破壊電気探査の様子
（出所:産業技術総合研究所）

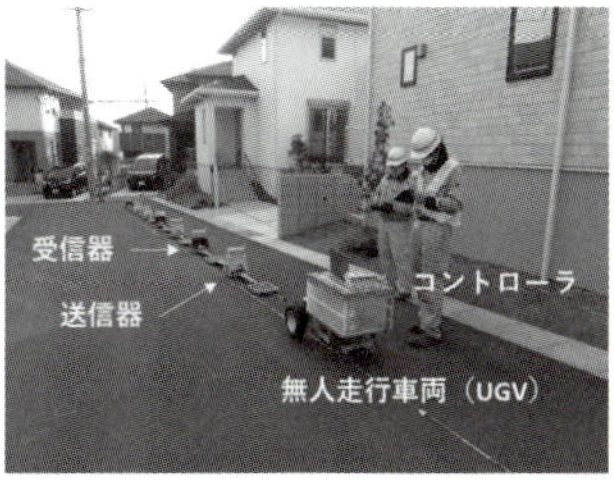


図2　高精度老朽度マップによる劣化リスク管理
（出所:産業技術総合研究所）

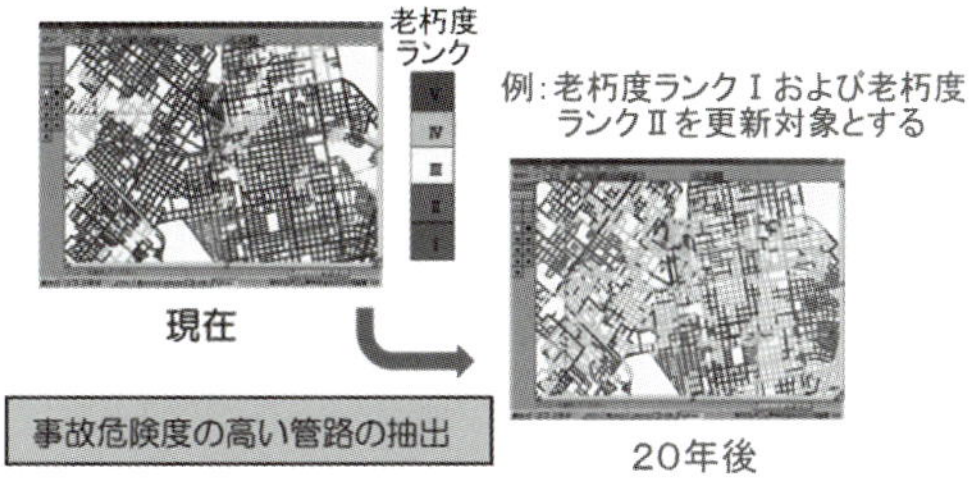


| | |
|---|---|
| **研究機関** | 産業技術総合研究所／クボタ／管総研 |
| **問合せ先** | 産業技術総合研究所　地圏資源環境研究部門　物理探査研究グループ |

# おわりに

本書をお読みいただき、どんな感想をお持ちになっただろうか？

読者の皆さんは、2025年1月に起こった埼玉県八潮市での道路陥没事故を引き合いに出すまでもなく、忍び寄るインフラの危機を感じ、本書を手に取ったことと拝察される。読破した感想は人それぞれと思うが、少なくとも我々は決して諦めることはしない。願わくは読者をはじめとする市民の理解と共感を得て、この難局に立ち向かおうとしている。そのために、インフラメンテナンスに関する既存の概念や方法論をリセットし、大きな変革を起こす覚悟で、技術の研究開発と社会実装を進めようとしている。本書にはそのエッセンスが詰まっている。

今、我々が第一に考えなければいけないことは、インフラの劣化による重大な損傷を未然に防ぎ、国民の命と財産を守ることにある。今後、人が減り予算が減る中で、後世に過度な負担をかけずにインフラを引き継ぐことも重要なミッションである。さらに、この業界が魅力的なものとなり、この仕事に誇りと情熱を持って飛び込もうとする若者を受け入れる基盤を整備することも重要である。2012年の笹子トンネルの天井板崩落事故や八潮での道路陥没事故においても、重大な事故が起こってては他の場所で同様の問題が発生しないか一斉に点検し、問題をつぶすことに終始しており、後手を踏んでいる印象は否めない。我々はこの大きな課題に取り組もうとしている。

一つはっきりしていることは、インフラの老朽化は今後ますます加速するということである。これに打ち勝つには新技術の研究開発や社会実装のスピードを今まで以上に上げなければならない。立ち止まると、一気にインフラ老朽化の波に飲み込まれることになる。あちこちで重大損傷が頻発し、人命が危険にさらされる。地方では廃橋をはじめとするインフラの供用停止が相次ぎ、住み慣れた土地を離れざるを得なくなる。インフラは社会のまさに足腰であり、これが衰えてはその上に成り立つ健全な経済活動など成り立つはずもない。まして、地方創生など夢のまた夢である。

本書はこうしたインフラの現状と将来像を、国民と我々研究者・技術者が共有し、健全で持続可能なインフラの実現に取り組むものである。その先には誰一人取り残さない社会の実現がある。本書をお読みになった方はぜひインフラの老朽化について、自分ごととして何ができるのか考える好機としてほしい。インフラに対する市民の無関心を関心に変え、国民の関心事となってはじめて産学官民の総力戦によるインフラメンテナンスが実現すると確信している。

SIP第3期「スマートインフラマネジメントシステムの構築」
サブ課題B　社会実装責任者
日本大学工学部　教授　岩城一郎

# 参考文献

## ▼第1章


1 社会資本の老朽化対策情報ポータルサイト、国土交通省、https://www.mlit.go.jp/sogoseisaku/maintenance/index.html　(閲覧日：２０２４年９月22日)

2 戦略的イノベーション創造プログラム（ＳＩＰ）、スマートインフラマネジメントシステムの構築、https://www.pwri.go.jp/jpn/research/sip/index.html（閲覧日：２０２４年９月22日）

3 日本建設業連合会　建設業の現状　４．建設労働　建設業就業者の高齢化の進行、https://www.nikkenren.com/publication/handbook/chart6-4/index.html（閲覧日：２０２３年11月11日）

4 T. Mizutani, T. Yamaguchi, K. Yamamoto, T. Ishida, Y. Nagata, H. Kawamura, T. Tokuno, K. Suzuki, and Y. Yamaguchi, "Automatic Detection of Delamination on Tunnel Lining Surfaces from Laser 3D Point Cloud Data by 3D Features and Support Vector Machine," Journal of Civil Structural Health Monitoring（Springer）, 2023.（DOI: doi.org/10.1007/s13349-023-00731-3）（Open Access）

5 T. Yamaguchi, T. Mizutani, "Road crack detection interpreting background images by convolutional neural networks and a self-organizing map," Computer-Aided Civil and Infrastructure Engineering（WILEY）, 2023.（DOI: doi.org/10.1111/mice.13132）（Open Access）

6 T. Imai, and T. Mizutani, "Reflectivity-Consistent Sparse Blind Deconvolution for Denoising and Calibration of Multichannel GPR Volume Images," IEEE Transactions on Geoscience and Remote Sensing, Vol. 61, pp.1-10, 2023.（DOI: doi.org/10.1109/TGRS.2023.3317846）（Open Access）

7 高橋佑弥、古川智也、房捷、土屋智史、石田哲也、マルチスケール統合解析による道路橋ＲＣ床版の疲労損傷理解と社会実装、橋梁と基礎、56（2）, 33-38, 2022

8 Jie Fang, Tetsuya ISHIDA, EissaFathalla, Satoshi Tsuchiya: Full-scale fatigue simulation of the deterioration mechanism of reinforced concrete road bridge slabs under dry and wet conditions, Engineering Structures, 245, 112988, 2021

9 Yoneda, T., Fang, J., Otani, H., Tsuchiya, S., Oishi, S. and Ishida, T.（2022）. "Development of a 3D Finite-Element Modelling Generation System Based on Data Processing Platform and Fatigue Analysis of Full-Scale Reinforced-Concrete Bridge", In:

Proceedings of IABSE Symposium Prague 2022, 415-422.

10 石橋寛樹，陣内寛大，石神晴久，森田大樹，岩城一郎，仮想パーソントリップデータを活用した迂回シミュレーションに基づく橋梁の重要度評価，ＡＩ・データサイエンス論文集４(3) 1-9 ２０２３年11月

11 石橋寛樹，飯土井剛，石神晴久，森田大樹，岩城一郎，気候変動を考慮した機械学習による橋梁の劣化発生推移予測，土木学会論文集Ｆ４（建設マネジメント）特集号 79 (23) 23-23172, ２０２３年12月

12 国土交通省道路局、道路橋定期点検要領、２０２４年４月

13 土木学会、２０２２年制定コンクリート標準示方書［維持管理編］

14 岩城一郎、インフラメンテナンス最後の挑戦、月間建設、２０２４年２月

15 岩城一郎、小規模自治体のインフラメンテナンスについて考える、建設マネジメント技術、２０２４年８月

16 JST-RISTEX［研究開発成果実装支援プログラム］、「社会実装の手引き——研究開発成果を社会に届ける仕掛け」、工作舎、２０１９年

17 茅明子、奥和田久美：研究成果の類型化による「社会実装」の道筋の検討　社会技術研究論文集　Vol. 12, 12-22. April 2015. https://www.jstage.jst.go.jp/article/sociotechnica/12/0/12_12/_pdf（２０２５年１月８日閲覧）

18 馬田隆明、「未来を実装する——テクノロジーで社会を変革する４つの原則」、英治出版、２０２１年

19 内閣府 科学技術・イノベーション推進事務局、「次期戦略的イノベーション創造プログラム（ＳＩＰ）の検討状況について」、２０２２年９月、https://www8.cao.go.jp/cstp/gaiyo/sip/taskforce/smartbousai_3/siryo5.pdf（２０２５年１月８日閲覧）

20 君津市、「ドローンを活用した橋梁点検実証実験の成果を報告します」、２０２０年３月25日、https://www.city.kimitsu.lg.jp/site/drone/（２０２５年１月８日閲覧）

21 玉名市役所 土木課 課長補佐 木下 義昭、「第４回 土木技術者実践論文集研究発表会 基調講演　自治体体職員が直営施工を実践する『橋梁補修ＤＩＹ』の構築～なぜ直営化なのか？～」、https://committees.jsce.or.jp/kenc04/system/files/第４回土木技術者実践論文集研究発表会｜配布資料（基調講演資料）.pdf（２０２５年１月８日閲覧）

22 国土交通省、「インフラメンテナンスを取り巻く状況」、https://www.mlit.go.jp/common/001124697.pdf（２０２５年１月８日閲覧）

23 デジタル庁、「アナログ規制の見直し状況に関する

ダッシュボード」、https://www.digital.go.jp/resources/govdashboard/administrative_research（2025年1月8日閲覧）

24 国土交通省 道路局 国道・技術課、「2023.8.30　第16回CAESAR講演会　新技術導入と社会実装の取組み」、https://www.pwri.go.jp/caesar/lecture/pdf16/2-takamatsu.pdf（2025年1月8日閲覧）

25 国土交通省道「老朽化対策に係る新技術活用事例（地方公共団体）」https://www.mlit.go.jp/road/sisaku/yobohozen/pdf/chiho-katsuyo-jirei.pdf（2025年1月8日閲覧）


## ▼第2章

1 Maekawa, K., Ishida, T. and Kishi, T.（2008）, Multi-Scale Modeling of Structural Concrete. Taylor & Francis.

2 テクノアイ　清水建設の技術「高速道路リニューアルに欠かせない床版更新工事を革新した技術者たち」https://www.shimztechnonews.com/topics/engineer/2022/2022-06.html

3 西川和廣：総論　道路橋床版に求められる保全技術と展望、橋梁と基礎、Vol.54, No.8, pp.9～12, 2020.8

4 青野昌行：橋梁点検の罠　ひそかに進む床版の土砂化、日経クロステック／日経コンストラクション、2021.02.22、https://xtech.nikkei.com/atcl/nxt/mag/ncr/18/00122/021600004/

5 東日本高速道路株式会社、中日本高速道路株式会社、西日本高速道路株式会社：東・中・西日本高速道路株式会社が管理する高速道路における大規模更新・大規模修繕計画（概略）について、2014年1月22日、https://www.e-nexco.co.jp/rest/pressroom/press_release/head_office/h26/0122/pdfs/pdf.pdf

6 愛知道路コンセッション株式会社　https://www.arcc.jp

7 Maekawa, K., Pimanmas, A. and Okamura, H.,（2003）. "Nonlinear Mehcanics of Reinforced Concrete." Spon Press, London, 2003.

8 Maekawa, K., Chaube, R., Kishi, T.,（1999）. "Modeling of Concrete Performance." E & FN SPON.

9 愛知アクセラレートフィールド　プロジェクトレポート 0017 コンクリート床版の土砂化劣化予測技術 https://www.acceleratefield.com/projectreport/2022/10/19/8528.html

10 Hiratsuka, Y., Maekawa, K.: Multi-scale and Multi-chemo-physics Analysis Applied to fatigue Life Assessment of Strengthened Bridge Decks, Proceedings of XIII International Conference on Computational Plasticity, Fundamentals and

Applications, pp.596 ~ 607 (2015)

11 高橋佑弥，古川智也，房捷，土屋智史，石田哲也，マルチスケール統合解析による道路橋ＲＣ床版の疲労損傷理解と社会実装，橋梁と基礎，56 (2) ,33-38,2022

12 愛知県有料道路運営等事業における新技術実証の仕組み　愛知アクセラレートフィールド　https://www.acceleratefield.com/

13 国土技術政策総合研究所、データ交換を目的としたパラメトリックモデルの考え方（素案）、https://www.mlit.go.jp/tec/content/001395569.pdf

14 Yuya Takahashi, Data-driven preventive maintenance framework for reinforced concrete bridge slabs using public database integration and full-scale simulation, Proceedings of the 1st International Conference on Recent Innovation of Civil Engineering & Architecture for Sustainable Development (IICASD-2024)

15 国土交通省　電子納品保管管理システムの概要 https://www.mlit.go.jp/tec/it/cals/arcsys/gaiyou.htm

16 https://mycityconstruction.jp

17 https://www.mlit.go.jp/plateau/

18 https://road-structures-db.mlit.go.jp

19 独立行政法人土木研究所：非塩化物型凍結防止剤の開発等に関する共同研究報告書 整理番号第２９３号，２００３．

20 国土交通省：国土数値情報 平年値メッシュデータ（２０１２年データ作成），https://nlftp.mlit.go.jp/ksj/gml/（２０２２年８月26日閲覧）

21 石橋寛樹，飯土井剛，石神晴久，森田大樹，岩城一郎：気候変動を考慮した機械学習による橋梁の劣化発生推移予測，土木学会論文集，Vol.79, No.23, pp.23-23172, 2023.

▼第３章

1 長谷川登他：ジュール級パルスレーザーによるインフラ先進診断－レーザー打音法－、レーザー研究、第51号第９号、pp.579-584、２０２３年９月

2 戸本悟史他：弾性波法による波形エネルギーを用いたコンクリート内部のうき・剥離の損傷レベル評価指標に関する研究、構造工学論文集、70A、pp.728-744、２０２４年３月

3 染川智弘他：レーザー誘起ブレークダウン分光法を利用したコンクリート構造物の遠隔塩害評価手法の開発、レーザー研究、第50号第６号、pp.318-321、２０２２年６月

4 牧千尋他：劣化したコンクリート部材表層部の元素分析に関する基礎的研究、V-36、令和6年度土木学会全国大会第79回年次学術講演会、２０２４年９月

5 中村光他：静的破砕剤による各種形態と損傷度を有する模擬腐食ひび割れの生成、構造工学論文集、69A、pp.718-733、２０２３年３月

6 村下剛，小林憲一，谷川健一，大平英生，齋藤玄：一般国道18号妙高大橋の損傷と現状報告について，国土交通省 平成22年業務研究発表資料，２０１０年

7 田中泰司，他６名：高出力Ｘ線および磁気計測によるＰＣ橋梁の腐食状況の検出と構造安全性評価に関する技術開発，国土交通省道路局 道路政策の質の向上に資する技術研究開発 成果報告レポート，No.2021-4 '2023.5

8 登石清隆：妙高大橋の損傷と管理，第29回プレストレストコンクリートの発展に関するシンポジウム論文集，Vol.29, pp.183-186, 2020

9 寺尾静夏，田中泰司，新井崇裕，登石清隆：塩害腐食が進行した４径間連続ＰＣ箱桁橋の載荷試験とモニタリングによる安全性評価の検討，構造工学論文集，70A 巻 p. 762-773 '2024.3

10 飯土井 剛、前島 拓、子田 康弘、宮村 正樹、上田 洋、石田 哲也、岩城 一郎：水の作用に着目した既設道路橋ＰＣ上部構造の維持管理手法に関する一提案、構造工学論文集、Vol.67A、pp.659-672、2021.

11 相内豪太、前島拓、面政也、飯土井剛、岩城一郎：蛍光Ｘ線分析計によるコンクリート構造物の塩分評価手法に関する実験的検討、インフラメンテナンス実践研究論文集、Vol.2, No.1, pp.179-186, 2023.3

12 若林 泰生、Mingfei Yan、岩本 ちひろ、藤田 訓裕、水田 真紀、高村 正人、大石 龍太郎、渡瀬 博、池田 裕二郎、大竹 淑恵：小型中性子源ＲＡＮＳならびにカリフォルニウム線源を利用したコンクリート構造物の塩害に対する非破壊検査装置の開発、日本コンクリート工学会「中性子線を用いたコンクリートの検査・診断に関するシンポジウム」論文集

## ▼第4章

1 国土交通省道路局：道路統計年報、2023.

2 国土交通省道路局：舗装点検要領，2016.

3 国土交通省道路局：xROADを活用した次世代の舗装マネジメント，第９回 道路技術懇談会配付資料，https://www.mlit.go.jp/road/ir/ircouncil/dourogijutsu/doc09.html, 2023.

4 道路メンテナンス年報２０２４年８月（国土交通省道路局）

5 竹内康，藪雅行，前島拓：次世代舗装マネジメントの実現に向けて，道路建設７月号，Vol.806, 2024.

6 竹内康：舗装路面の動的たわみ計測装置の開発と健全度評価，道路政策の質の向上に資する技術研究開発成果レポート，No.24-9，第27回新道路技術会議，2015.

7 梅田隼，塚本真也，山口和郎，綾部孝之，寺田剛：移動式たわみ測定装置（ＭＷＤ）のたわみ量解析手法の提案，土木学会論文集E1, Vol.77, No.2, I_179-I_187, 2021.

8 竹内康・山本尚毅・川名太・藪雅行・渡邉一弘：ＦＷＤたわみ特性によるアスファルト舗装の粒状路盤の圧縮ひずみ予測法，インフラメンテナンス実践研究論文集，Vol.3, pp.40-47, 2024.

## ▼第5章

1 ここまで来た建設３Ｄプリンター、日経アーキテクチュア、２０２２年3月10日発売号

2 「３Ｄプリンティング技術の土木構造物への適用に関する研究小委員会（３６４委員会）」成果報告書、土木学会コンクリート委員会３６４委員会、２０２３年10月

3 ２０１０～２０２０年実施国勢調査、総務省統計局

4 ２０１５～２０２２年実施型枠大工雇用実態調査報告書、日本型枠工事業協会

5 特殊なセメント系材料を用いた３Ｄプリンターを開発、大林組、２０１７年10月13日

6 高精度で自由形状に自動打設コンクリート３Ｄ プリンターを開発、前田建設工業、２０１９年1月16日

7 On-Site Shot Printer の開発、施工技術総合研究所、２０２０年4月13日、清水建設

8 建設用３Ｄプリンタ「T-3DP（Taisei-3D Printing）」を開発、２０１８年12月10日、大成建設

9 ３Ｄプリンターで工期を4割短縮、日経クロステック、2024.03.21

10 木ノ村幸士、張文博、川端康平、川村圭亮、３Ｄプリンティングで外殻を構築したデモ橋脚の交番載荷試験による性能評価、コンクリート工学年次論文集、Vol. 44、No. 1、pp. 1528-1533、2022

11 山本伸也、小倉大季、阿部寛之、菊地竜：テクニカルレポート―建設用３Ｄプリンティング技術の開発とその実用化―、コンクリート工学、Vol.59、No.8、pp.655-660、2021.8

12 建設３Ｄプリンター爆発的普及へ、土木学会が1年半で指針作成、日経クロステック、2023.09.19

13 建設３Ｄプリンターの指針作成、製造物を構造部材として活用へ、日経クロステック、2024.01.22

14 建設用３Ｄプリンターを利用した建築物に関する規制の在り方について、国土交通省住宅局、２０２４年

8月

15 岩田秀治，長谷川明紀，石田哲也：バサルトＦＲＰ筋コンクリート柱部材の載荷試験，第79回土木学会年次学術講演会講演概要集，V-88 ，2024

16 Ryota Kurihara, Yasuo Yamasaki, Motohiro Ohno, Tetsuya Ishida, Experimental and numerical study on the flexural response of concrete beam reinforced with basalt FRP bars, Sustainable construction materials and technologies, Vol. 6, 221, 2024

17 Yamasaki, Y., Kurihara, R., Ohno, M., and Tetsuya Ishida, Experimental and FE analytical study on flexural load-bearing mechanism of hybrid Basalt FRP-steel-RC beams, Proceedings of the 18th East Asia-Pacific Conference on Structural Engineering and Construction, A0065, 2024

18 Hussein, A., Huang, H., Okuno, Y., & Wu, Z., Experimental and numerical parametric study on flexural behavior of concrete beams reinforced with hybrid combinations of steel and BFRP bars. Composite Structures, Vol.302, 116230, 2022


### ▼第6章


1 国土交通省道路局：道路橋定期点検要領　令和６年３月，p.1, ２０２４年３月

2 国土交通省社会資本整備審議会・交通政策審議会技術分科会　技術部会：総力戦で取り組むべき次世代の「地域インフラ群再生戦略マネジメント」～インフラメンテナンス第２フェーズへ～，p.1, ２０２２年12月

3 浅野和香奈，子田康弘，岩城一郎：簡易橋梁点検チェックシートと橋マップを用いた住民主導型橋梁セルフメンテナンスモデルの構築と実装，土木学会論文集Ｆ４（建設マネジメント），Vol.75, No.2, pp.I_36-I_49, ２０１９年

4 浅野和香奈，岩城一郎：地域の橋はみんなで守る—橋梁の維持管理における地域住民との連携—，橋梁と基礎，株式会社建設図書，Vol.51, No.8, pp.147-150 ２０１７年８月

5 浅野和香奈，子田康弘，岩城一郎：住民主導によるチェックシートを用いた簡易橋梁点検手法の導入に関する提案，コンクリート工学年次論文集，Vol.38, No.2, pp.1573-1578 ２０１６年６月

6 浅野和香奈，井林康，岩城一郎：効率的な点検データの活用に向けた市民向け簡易橋梁点検アプリケーションの構築，Vol.3, No.1, pp.273-281 ２０２４年３月

7 社会資本整備審議会・交通政策審議会技術分科会技術部会：市町村における持続的な社会資本メンテナンス体制の確立を目指して，２０１５年２月

## ▼第7章


1 Tsukasa Mizutani, Jingzi Chen, and Shuto Yotsumoto, "The 3D Localization of Subsurface Pipes from Ground Penetrating Radar Images Using Edge Detection and Point Cloud Segmentation," Measurement（Elsevier）, Vol. 236, Article Ref. 115102, 2024.（DOI: 10.1016/j.measurement.2024.115102）

2 Takanori Imai, Tsukasa Mizutani, Tatsuya Iguchi, Toshihiro Haneda, "Enhancing Deep Learning-Based GPR Data Inversion with Unsupervised Domain Adaptation: Comparison of Domain Classifiers," IEEE TechRxiv, 2024.（DOI: 10.36227/techrxiv.172651805.55325875/v1）

3 インフラ維持管理・更新・マネジメント技術成果事例紹介（https://www.jst.go.jp/sip/dl/k07/sip_infra_seika2018.pdf）

4 道路橋床版の維持管理マニュアル2020，土木学会

5 ｘＲＯＡＤ：道路施設点検データベース（https://road-structures-db.mlit.go.jp）

6 竹内渉, 2018. 衛星搭載合成開口レーダーＳＡＲによるインフラヘルスモニタリング，地質と調査，２０１８年１月号, 37-40.

7 合成開口レーダー（ＳＡＲ）の 道路土構造物の維持管理への活用マニュアル（案），国立大学法人東京大学 基礎地盤コンサルタンツ株式会社，2021，https://www.mlit.go.jp/road/tech/jigo/r03/pdf/manual29-9.pdf （２０２５年１月28日アクセス）

8 長野県を対象としたInSAR解析ダッシュボード，東京大学生産技術研究所，https://x.gd/3EVbT （２０２５年１月28日アクセス）

9 中園 悦子 ，竹内 渉, 2021. リモートセンシングによるインフラヘルスモニタリングの実装について，生産研究, 73（5）, 309-313; https://doi.org/10.11188/seisankenkyu.73.309.

10 空から地表からインフラを診る（RC-106）, 生産技術奨励会. https://geo.iis.u-tokyo.ac.jp/rc-106 （２０２５年１月28日アクセス）

11 国土交通省（２０２４）令和６年度全国水道主管課長会議，https://www.mlit.go.jp/mizukokudo/watersupply/content/001741375.pdf.

12 日本ダクタイル鉄管協会技術資料（２０２０）埋設管路の腐食原因とその防食について ．

13 藤井宏明，久保俊裕ほか（２００２）交流インピーダンス法を用いたダクタイル鋳鉄管の腐食予測方法，「材料」（J. Soc. Mat. Sci., Japan）, Vol.51, No.11, pp. 1203-1209.

14 角田知巳，秋庭徹郎（１９８７）土壌の腐食性を評価

するための視点, Boshoku Gijutsu, 36, 168-177.

15 川勝 智，滝沢 智，Bootstrap 法による鋳鉄製水道管の腐食深さの確率分布推定と腐食性土壌が周辺土壌の腐食性に及ぼす影響の評価，（２０１８）、土木学会論文集Ｇ（環境），Vol.74 ，No.7 ，III_123-III_132.

16 Jinguji, M. and Yokota, T. (2022) Investigating soil conditions around buried water pipelines using VLF-AC electrical resistivity survey. Near Surface Geophysics, 20, 192–207.

### ▼第8章

1 古屋星斗＋リクルートワークス研究所、「働き手不足１１００万人」の衝撃、プレジデント社、２０２４年

2 春日昭夫、実践　建設カーボンニュートラル、日経ＢＰ、２０２４年

3 経済産業省、レジリエンス社会の実現に向けた産業政策研究会中間整理、２０２３年４月

4 日本電気株式会社、慶應義塾、ＮＥＣと慶應義塾、脱炭素社会の実現に向けて防災・減災による将来の62抑制量を金融商品化する新たなアプローチ「潜在カーボンクレジット」を共創　―社会実装を推進、２０２３年度のコンソーシアム設立を目指す―、https://jpn.nec.com/press/202302/20230206_01.html、２０２５年１月24日閲覧

5 鎌谷、川端、春日、藤井、防災インフラ投資における成果連動型民間委託契約（ＰＦＳ）に関する研究、実践政策学第7巻1号　２０２１年

6 鎌谷、防災インフラ投資のおけるＰＦＳ（成果連動型民間委託契約）の成立性に関する研究、京都大学大学院工学研究科　都市社会工学専攻修士論文、２０２０年２月

7 Amit Gill, Maddegedara Lalith, Muneo Hori, Yoshiki Ogawa, Analysis of postdisaster economy using high-resolution disaster and economy simulations, Society for Risk Analysis, Risk Analysis, 2024

8 Gill, A., Lalith, M., Kawashima, M., Kasuga, A., Assessment of Environmental Burden of Natural Disasters by Estimation CO2-Emissions by Performing Fine-Grained End-to-End Simulations of Disasters and Economy, fib Symposium 2023

9 Azote for Stockholm Resilience Centre, Stockholm University CC BY-ND 3.0.

10 社会資本整備審議会道路分科会：道路の老朽化対策の本格実施に関する提言、２０１４年４月

11 内閣府「令和６年版高齢社会白書」（２０２４年６月）に筆者加筆

12 国土交通省道路局：道路メンテナンス年報、２０２４年８月

13 NIST GCR02-841 Between Invention and Innovation、An Analysis of Funding for Early-Stage Technology Development より筆者作成

14 内閣府「戦略的イノベーション創造プログラム（ＳＩＰ）スマートインフラマネジメントシステムの構築　社会実装に向けた戦略及び研究開発計画」、２０２４年６月

15 国土交通省東北地方整備局酒田河川国道事務所・東北技術事務所（２０１５）「長期保証を付した新設アスファルト舗装工事の試行結果について」https://www.thr.mlit.go.jp/bumon/kisya/kisyah/images/55990_1.pdf

16 国土交通省（２０２４）「効果的な入札・契約方式の選定について」令和６年度発注者責任を果たすための今後の建設生産・管理システムのあり方に関する懇談会・第１回維持管理部会資料2. https://www.nilim.go.jp/lab/peg/img/file2160.pdf

17 国土交通省（２０２４）「群マネモデル地域における検討状況」第５回群マネ計画検討会・第４回群マネ実施検討会 資料4 ˋhttps://www.mlit.go.jp/sogoseisaku/maintenance/_pdf/gunmane_kentou_keikaku05_04.pdf

18 Yoshihiro Kawahara, Steve Hodges, Benjamin S. Cook, Cheng Zhang, and Gregory D. Abowd. 2013. Instant inkjet circuits: lab-based inkjet printing to support rapid prototyping of UbiComp devices. In Proceedings of the 2013 ACM international joint conference on Pervasive and ubiquitous computing (UbiComp '13). Association for Computing Machinery, New York, NY, USA, 363–372. https://doi.org/10.1145/2493432.2493486

19 エレファンテック株式会社, https://elephantech.com/, Accessed ２０２４年12月１日

20 西山 勇毅 ，川原 圭博 ，瀬崎 薫 ，MOCHA：Bluetoothビーコンを用いた学内位置情報サービスの開発・運用―ウィズコロナ・アフターコロナに向けた安心・安全・便利なキャンパスを目指して― ，画像電子学会誌, 2021, 50巻, ３号, p. 459-461, ２０２３年12月25日

21 馬田隆明 ，未来を実装する――テクノロジーで社会を変革する４つの原則, 英治出版, 2021.

# 執筆者紹介

…担当パート

◆ **石田 哲也**（いしだ・てつや） はじめに、1-1

東京大学大学院工学系研究科 教授

1971年生まれ。1999年東京大学大学院工学系研究科博士課程修了後、2002年講師、2003年助（准）教授を経て、2013年より現職。博士（工学）。2023年より内閣府大臣官房政策参与を兼務。主な著書に「新設コンクリート革命」（日経BP）、「マンガでわかるコンクリート」（オーム社）など

◆ **岩城 一郎**（いわき・いちろう） 1-2、おわりに

日本大学工学部 工学研究所長／土木工学科 教授

1963年生まれ。1988年東北大学大学院工学研究科修士課程修了後、首都高速道路公団に入社。1996年東北大学、2005年日本大学を経て現在に至る。博士（工学）。土木学会構造工学委員会委員長、同土木学会誌編集委員長などを務める。専門はインフラメンテナンス工学

◆ **宮﨑 文平**（みやざき・ぶんぺい） 1-3

三菱総合研究所 社会インフラ事業本部 都市インフラDXグループ 主任研究員

1989年生まれ。2014年大阪大学大学院工学研究科地球総合工学専攻社会基盤工学コースを修了後、株式会社三菱総合研究所に入社。専門はアセットマネジメント、インフラDX。技術士（総合技術監理部門、建設部門：道路）

◆ **柏 貴裕**（かしわ・たかひろ） 1-3、9

三菱総合研究所 社会インフラ事業本部 都市インフラDXグループ 研究員

◆ **高橋 佑弥**（たかはし・ゆうや） 2-1

東京大学大学院工学系研究科社会基盤学専攻 准教授

1986年生まれ。2013年東京大学大学院工学系研究科社会基盤学専攻博士課程修了。同専攻助教・講師を経て2022年より現職。博士（工学）。専門はコンクリート工学

◆ **米田 大樹**（よねだ・たいじゅ） 2-1

前田建設工業 ICI総合センター 土木構造グループ長

◆ **石橋 寛樹**（いしばし・ひろき） 2-2

日本大学工学部土木工学科 専任講師

1991年生まれ。2018年に西日本旅客鉄道に入社。2021年に早稲田大学創造理工学研究科建設工学専攻博士後期課程修了後、日本大学工学部土木工学科助教に着任。2024年より現職。博士（工学）。専門は地震防災工学

◆ **中村 光**（なかむら・ひかる） 3-1

名古屋大学大学院工学研究科工学専攻 教授

1964年生まれ。1992年名古屋大学大学大学院博士後期課程土木工学専攻修了後、山梨大学工学部講師。2004年より現職。博士（工学）。土木学会構造工学委員会委員長、インフラ健康診断小委員会委員長などを務める。専門はコンクリート構造学、維持管理工学

◆ **戸本 悟史**（ともと・さとし） **3**-1
建設技術研究所 東京本社 上席技師長

◆ **長谷川 登**（はせがわ・のぼる） **3**-1
量子科学技術研究開発機構関西光量子科学研究所 上席研究員

◆ **染川 智弘**（そめかわ・としひろ） **3**-1
公益財団法人レーザー技術総合研究所 レーザー計測研究チーム 主任研究員

◆ **田中 泰司**（たなか・やすし） **3**-2

金沢工業大学 教授
1978年生まれ。2003年東京大学大学院社会基盤学専攻修士課程修了。長岡技術科学大学助教、東京大学生産技術研究所特任准教授を経て2018年より金沢工業大学に着任。2021年より現職。博士（工学）。専門はコンクリート構造

◆ **石橋 奈都実**（いしばし・なつみ） **3**-3、**6**、**9**

日本大学工学部 研究員
1995年生まれ。2019年横浜国立大学大学院都市イノベーション学府都市地域社会専攻修士課程終了後、鉄道総合技術研究所に入社。2024年より現職。専門はコンクリート工学

◆ **飯土井 剛**（いいどい・つよし） **3**-3
復建技術コンサルタント構造技術部 副部長

◆ **前島 拓**（まえしま・たくや） **4**

日本大学工学部 准教授
1989年生まれ。2016年3月に日本大学大学院工学研究科を修了、日本大学博士研究員を経て2017年4月に株式会社NIPPO入社。2019年4月に日本大学工学部土木工学科に着任。助教、専任講師を経て2025年4月より現職。博士（工学）。専門は舗装工学。

◆ **藪 雅行**（やぶ・まさゆき） **4**
土木研究所 道路技術研究グループ長

◆ **竹内 康**（たけうち やすし） **4**
東京農業大学地域環境科学部 教授

◆ **大野 元寛**（おおの・もとひろ） **5**-1、**5**-3

東京大学大学院工学系研究科 特任講師（短時間）
1987年生まれ。2017年ミシガン大学大学院土木環境工学専攻博士課程修了後、2018年に東京大学大学院工学系研究科助教に着任。2023年より現職。博士（工学）。専門はコンクリ―ト工学

◆ **岩本 卓也**（いわもと・たくや） **5**-1

Polyuse 代表取締役

1993年生。信州大学理学部卒。一橋大学大学院商学卒（MBA）。大学院在学中にスタートアップを経営、その後ベイカレントコンサルティングにて経営戦略、事業推進などを行ったのちにPolyuseを創業。建設用3Dプリンタに関する国内外の審議委員会にて社会実装を推進

◆ **木ノ村 幸士**（きのむら・こうじ） **5**-1

大成建設技術センター社会基盤技術研究部 次長

◆ **栗原 遼大**（くりはら・りょうた） **5**-2、**9**

東京大学大学院工学系研究科社会基盤学専攻 助教

1994年生まれ。2022年東京工業大学土木・環境工学系博士課程修了後、東京大学大学院社会基盤学専攻助教に着任（現職）。博士（工学）。専門はコンクリート構造・数値解析

◆ **浅野 和香奈**（あさの・わかな） **6**、**9**

日本大学工学部 客員研究員

1993年生まれ。宮城県仙台市出身。2016年日本大学工学部土木工学科卒業、2018年日本大学大学院工学研究科土木工学専攻修了。2022年博士（工学）を取得。日本大学工学部客員研究員。市民協働による橋のセルフメンテナンスを推進

◆ **水谷 司**（みずたに・つかさ） **7**-1

東京大学生産技術研究所 准教授

1983年生まれ。2017年東京大学工学部卒、2011年同大学院工学系研究科博士課程修了（短縮）。2019年より現職。博士（工学）。東京大学工学部長賞、文部科学大臣表彰若手科学者賞ほか受賞。2021年に東京大学卓越研究員、科学技術振興機構創発研究者に選出

◆ **井口 達也**（いぐち・たつや） **7**-1

土木管理総合試験所 次長／東京大学生産技術研究所 受託研究員

◆ **竹内 渉**（たけうち・わたる） **7**-2

東京大学生産技術研究所 教授

1975年石川県生まれ。博士（工学）．アジア工科大学院AIT客員教員、JSPSバンコク研究連絡センター長、内閣府CSTI上席調査員を経て2018年より現職。東京大学ワンヘルス・ワンワールド連携研究機構長、環境・災害リモートセンシングに関する研究に従事

◆ **神宮司 元治**（じんぐうじ・もとはる） **7**-3

産業技術総合研究所 地圏資源環境研究部門 物理探査研究グループ 研究グループ長

1967年生まれ。1996年、九州大学大学院工学研究科博士課程（資源工学専攻）を修了し、同年に通商産業省工業技術院 資源環境技術総合研究所へ入所。2001年より現職。博士（工学）。専門は物理探査・地盤工学

◆ 藤井 宏明（ふじい・ひろあき） 7-3
クボタ パイプシステム事業部 パイプネットワーク技術部 第一課長

◆ 小林 優一（こばやし・ゆういち） 7-3
クボタ パイプシステム事業部 パイプネットワーク技術部 第一課

◆ 北出 信（きたで・まこと） 7-3
管総研 技術第三部長

◆ 春日 昭夫（かすが・あきお） 8-1
三井住友建設 エグゼクティブフェロー
東京大学大学院工学系研究科 社会基盤学専攻 上席研究員
1980年九州大学工学部土木工学科卒業、住友建設（現、三井住友建設）に入社。橋梁の設計、施工、技術開発に従事。2021年～2022年、fib（国際コンクリート連合）の会長を務める。2021年、Albert Caquot Prizeをフランス土木学会より授かる。博士（工学）

◆ 木村 嘉富（きむら・よしとみ） 8-2
橋梁調査会 専務理事
1962年生まれ。1987年長岡技術科学大学大学院修士課程修了後、建設省に入省。土木研究所構造物メンテナンス研究センター、国土技術政策総合研究所長を経て、2024年より現職。土木学会理事、日本道路協会理事などを務める。専門は道路橋の維持管理

◆ 堀田 昌英（ほりた・まさひで） 8-3
東京大学大学院工学系研究科社会基盤学専攻 教授
1992年東京大学工学部土木工学科卒業、99年ロンドン・スクール・オブ・エコノミクス博士課程修了、2000年東京大学大学院工学系研究科講師を経て21年より現職。国土交通省中央建設業審議会委員、土木学会建設マネジメント委員長などを務める。専門は建設マネジメント

◆ 川原 圭博（かわはら・よしひろ） 8-4
東京大学大学院工学系研究科 教授
1977年生まれ。2005年東京大学大学院情報理工学系研究科博士課程修了後、助手に着任。助教、講師、准教授を経て2019年より現職。博士（情報理工学）。内閣府AI戦略会議構成員、JST CRONOSプログラムオフィサーなどを務める。専門はIoT・AI応用

◆ 門馬 真帆（もんま・まほ） 9
アイ・エス・エス コンサルティング事業部

◆ 松﨑 奈々恵（まつざき・ななえ） 9
アイ・エス・エス・アールズ 代表取締役

◆ 柿崎 赳（かきざき・たけし） 9
新庄砕石工業所 管理部長

# インフラメンテナンス大変革

**老朽化の危機を救う建設DX**

2025年4月21日　初版第1刷発行
2025年6月17日　初版第2刷発行

| | |
|---|---|
| 編者 | 石田 哲也<br>岩城 一郎<br>日経コンストラクション |
| 編集スタッフ | 佐藤 斗夢 |
| 発行者 | 浅野 祐一 |
| 発行 | 株式会社日経BP |
| 発売 | 株式会社日経BPマーケティング<br>〒105-8308　東京都港区虎ノ門4-3-12 |
| アートディレクション | 奥村 靫正（TSTJ Inc.） |
| デザイン | 真崎 琴実（TSTJ Inc.） |
| 印刷・製本 | TOPPANクロレ株式会社 |

ISBN：978-4-296-20784-8
Printed in Japan



本書籍に関するお問い合わせ、ご連絡は下記にて承ります。
https://nkbp.jp/booksQA